国家精品课教材
国家级精品资源共享课教材
教育部大学计算机课程改革项目成果

网络信息检索与利用

董卫军　高　飞　编著
耿国华　主审

電子工業出版社
Publishing House of Electronics Industry
北京 • BEIJING

内 容 简 介

本书是教育部大学计算机课程改革项目成果之一，也是国家精品课和国家级精品视频共享课“计算机基础”的辅助教材。教材立足于“面向实践，突出应用”，满足广大信息用户快速、准确、有效地获取有效网络信息资源的需求。

本书理论与实践相结合，课题查新案例分析与科技创新引导交融，共 7 章，包括：信息检索概述，网络基础与网络信息安全，Internet 信息检索，常见中文数据库的使用，常见外文数据库的使用，PDF 文件与 CAJ 文件的处理，论文的撰写。在介绍基本理论的基础上，每章内容设计了大量的检索示例，便于学习者快速掌握相关技术。

本书可作为高等学校各专业“网络信息资源检索”课程的教材，也可以作为各类计算机应用技能社会培训课程教材和广大科研工作者掌握网络信息检索方法与技巧的实用参考工具书。

图书在版编目(CIP)数据

网络信息检索与利用 / 董卫军，高飞编著. —北京：电子工业出版社，2014.4
ISBN 978-7-121-22629-8
Ⅰ. ①网… Ⅱ. ①董… ②高… Ⅲ. ①网络检索－高等学校－教材 Ⅳ. ①G354.4

中国版本图书馆 CIP 数据核字（2014）第 045286 号

策划编辑：任欢欢
责任编辑：章海涛　　　　特约编辑：何　雄
印　　刷：三河市鑫金马印装有限公司
装　　订：三河市鑫金马印装有限公司
出版发行：电子工业出版社
　　　　　北京市海淀区万寿路 173 信箱　邮编　100036
开　　本：787×1092　1/16　印张：12　字数：340 千字
印　　次：2014 年 4 月第 1 次印刷
定　　价：32.00 元

凡所购买电子工业出版社图书有缺损问题，请向购买书店调换。若书店售缺，请与本社发行部联系，联系及邮购电话：（010）88254888。

质量投诉请发邮件至 zlts@phei.com.cn，盗版侵权举报请发邮件至 dbqq@phei.com.cn。

服务热线：（010）88258888。

前　言

信息资源与材料资源、能源资源共同构成经济和社会发展的三式战略资源。互联网的广泛应用彻底改变了人类社会获取、处理与利用信息的方式和效率。然而，在海量信息中存在着大量虚假无用信息，这使得获取有用的信息资源变得越来越困难。因此，人们不仅需要多种知识，更需要掌握发现知识、过滤知识、分析利用知识的能力。作为新时代的大学生，信息检索能力的培养显得尤为重要，这不仅是现代人才的必备素质，也是一个人知识和能力可持续发展的重要条件。

本书是**国家精品课程、国家精品视频共享课“计算机基础”**的辅助教材，也是教育部大学计算机课程改革项目——**“基于计算思维的大学计算机系列课程及教材建设”项目**的成果之一。本书是在总结信息检索与利用课程的教学实践和经验，体现计算思维教学改革的基础上，以教育部高等学校大学计算机课程教育教学指导委员的基本要求为指导而精心撰写的。

本书立足于“面向实践，突出应用”，课题查新案例分析与科技创新引导交融，满足广大信息用户快速、准确、有效地获取网络信息资源的需求。

全书共 7 章，包括：信息检索概述，网络基础与网络信息安全，Internet 信息检索，常见中文数据库的使用，常见外文数据库的使用，PDF 文件与 CAJ 文件的处理，论文的撰写。在介绍基本理论的基础上，每章内容中设计了大量的检索示例，便于学习者快速掌握通过网络和文献数据库获取有效信息的方法和手段，为自主学习和兴趣研究提供支持。

教材突出技术性、应用性与示范性，优先注重内容在应用上的层次性，适当兼顾整体在理论上的系统性。本书可作为高等学校“网络信息资源检索”课程的教材，也可作为“大学计算机”课程的辅助教材，还可作为各类计算机应用技能社会培训课程教材和广大科研工作者掌握网络信息检索方法与技巧的实用参考工具书。

本书由董卫军编写，由西北大学耿国华教授主审。在成书之际，感谢教学团队成员的样例支持。由于水平有限，书中难免有不妥之处，恳请指正。

本书为读者提供相关教学资料，可从华信教育资源网站（http://www.hxedu.com.cn）下载。

作　者

目　　录

第 1 章　信息检索概述……1

1.1　信息概述……1

1.1.1　信息……1

1.1.2　文献……4

1.2　信息检索……7

1.2.1　信息检索的概念……7

1.2.2　信息检索系统……7

1.2.3　计算机检索……11

1.2.4　检索效果的评价……14

1.3　信息检索的基本步骤……15

1.3.1　分析研究课题……15

1.3.2　制订检索策略……16

1.3.3　选择检索工具……17

1.3.4　确定检索途径与选定检索方法……18

1.3.5　查找文献……18

1.3.6　检索举例……19

习题 1……20

第 2 章　网络基础与网络信息安全……22

2.1　网络基础……22

2.1.1　计算机网络的产生和发展……22

2.1.2　计算机网络的基本概念……23

2.2　计算机网络的基本组成……24

2.2.1　联网计算机……24

2.2.2　通信线路……25

2.2.3　通信设备……28

2.2.4　网络软件……30

2.3　因特网基础……31

2.3.1　因特网体系结构……31

2.3.2　IP 地址……33

2.3.3　域名系统……35

2.4　因特网基本服务……36

2.4.1　WWW 服务……37

2.4.2　电子邮件服务……38

2.4.3　文件传输服务……39

2.4.4　远程登录服务……40

2.5 代理服务器……40
2.5.1 代理服务器简介……40
2.5.2 代理服务器的获取与设置……42
2.6 网络安全……43
2.6.1 网络安全的含义与特征……43
2.6.2 网络安全攻击……43
2.6.3 基本网络安全技术……44
2.6.4 计算机病毒防治……49
习题 2……58
第 3 章 Internet 信息检索……60
3.1 Internet 信息资源……60
3.1.1 Internet 信息资源特点……60
3.1.2 Internet 信息资源分类……60
3.1.3 Internet 信息资源的组织……62
3.1.4 影响 Internet 信息检索的因素……66
3.2 搜索引擎……67
3.2.1 搜索引擎概述……67
3.2.2 基本搜索技巧……70
3.2.3 常见搜索引擎简介……71
3.3 Google 信息检索……73
3.3.1 Google 的基本特点……74
3.3.2 基本搜索……74
3.3.3 字段搜索……77
3.3.4 高级搜索与学术搜索……79
3.3.5 其他重要功能……80
3.4 百度信息检索……81
3.4.1 主要服务介绍……81
3.4.2 基本检索……82
3.4.3 特殊检索……82
3.4.4 百度特色搜索……83
3.5 查询策略……83
3.5.1 合理选择查询关键词……83
3.5.2 综合使用各种查询方法……86
3.6 因特网文件下载……87
3.6.1 文件下载原理……87
3.6.2 利用 IE 浏览器下载……88
3.6.3 利用 BitComet 下载文件……88
3.6.4 利用迅雷下载文件……90
习题 3……94

第 4 章 常见中文数据库的使用……96
4.1 常见中文数据库……96
4.2 中文科技期刊数据库的使用……97
4.2.1 中文科技期刊数据库简介……97
4.2.2 基本功能……99
4.2.3 基础检索……99
4.2.4 高级检索……102
4.3 中国知网数据库的使用……104
4.3.1 中文知网数据库简介……104
4.3.2 初级检索……106
4.3.3 高级检索……107
4.4 万方数据资源系统的使用……108
4.4.1 万方数据库简介……108
4.4.2 初级检索……110
4.4.3 高级检索……110
4.5 超星数字图书馆的使用……111
4.5.1 超星数字图书馆的特点……111
4.5.2 超星数字图书馆全文检索……112
习题 4……115
第 5 章 常见外文数据库的使用……118
5.1 常见外文数据库简介……118
5.1.1 常见的美国数据库……118
5.1.2 其他国家常见数据库……121
5.1.3 三大检索工具……122
5.2 Web of Science……123
5.2.1 Web of Science 简介……123
5.2.2 Web of Science 的使用……124
5.2.3 Web of Science 应用举例……128
5.3 ISTP 的使用……132
5.3.1 ISTP 简介……132
5.3.2 检索方法……132
5.3.3 检索结果的处理……134
5.4 EI 的使用……134
5.4.1 EI 简介……135
5.4.2 EI Compendex Web 检索方法……135
习题 5……144
第 6 章 PDF 文件和 CAJ 文件的处理……147
6.1 PDF 文件处理……147

6.1.1 PDF 文件简介……147
6.1.2 Adobe Reader 的使用……148
6.1.3 Foxit PDF Editor 的使用……152
6.1.4 通过 Word 生成 PDF 文件……158
6.2 CAJ 文件处理……159
6.2.1 CAJViewer 阅读器基本功能……159
6.2.2 CAJViewer 的使用……159
习题 6……162
第 7 章 论文的撰写……163
7.1 科技论文的常见形式……163
7.1.1 学术论文、科技报告和专题研究论文……163
7.1.2 学位论文……164
7.1.3 简报、综述和评论……165
7.1.4 设计计算、理论分析和理论推导……165
7.2 科技论文的撰写……166
7.2.1 科技论文的特点……166
7.2.2 科技类论文的基本结构……166
7.2.3 科技论文的基本写法……168
7.2.4 摘要的书写……171
7.2.5 如何面对审稿意见……174
7.3 学士学位论文的撰写……174
7.3.1 学士学位论文的特点……174
7.3.2 学士学位论文的选题……175
7.3.3 学士学位论文的开题……177
7.3.4 学士学位论文的书写……177
7.3.5 学位论文写作应注意的问题……181
7.3.6 学位论文答辩……182
习题 7……183
参考文献……184

第 1 章　信息检索概述

信息已成为人类最重要的资源之一，如何获取信息、掌握信息和利用信息已经成为人们学习、工作和生活的基本技能，是否善于获取信息、掌握信息也成为影响成败的关键因素之一。

1.1　信息概述

1.1.1　信息

1．信息的概念

信息广泛存在于自然界、生物界和人类社会之中。不同事物有不同的本质、特征和运动规律，事物的特征通过一定的媒介或传递方式（如信号、声波、电磁波、图像等）使其他事物感知。从本质上讲，信息是事物存在的方式和运动状态及其规律的表征，是事物的一种普遍属性。对人类来说，信息与空气、水、食物等一样，都是不可缺少的。

2．信息的特征

信息具有以下基本特征。

① 客观性。信息客观存在，不以人的意志为转移。信息是现实世界中各种事物运动与状态的反映，可以被人们感知、处理、存储和使用。信息的客观性还表现在反映客观世界变化的信息包含在各种物质之中。

② 时效性。客观事物总是不断地发展变化，因而信息也会发展变化，如果信息不能适时地反映事物存在的方式和运动状态，那么该信息就失去其效用。

③ 传递性。信息的传递性是指任何信息只有从信源出发，经过信息载体传递才能被信宿接收并进行处理和运用。也就是说，信息可以在时间上或空间上从一点移动到另一点，可以通过语言、动作、文字、通信、计算机等多种渠道和媒介传播。

④ 共享性。同一内容的信息可以在同一时间或不同时间里被多个信息用户使用。一条信息被用户吸收和利用并不影响信息的本身和被其他用户的反复使用，各用户分享的份额也不会因为分享人数而受影响。

3．信息的常见类型

按照信息资源的开发程度，信息可分为潜在信息资源与现实信息资源两大类。现实信息资源又可分为口语信息资源、肢体语信息资源、实物信息资源、文献信息资源、网络信息资源和多媒体信息资源。

① 口语信息资源。口语信息资源是以交谈、聊天、授课、讨论等方式传递的信息资源。其特点是传递迅速，互动性强，但稍纵即逝、久传易出差异。因此，通过这种方式了解到的信息应记录下来，并加以证实。

② 肢体语信息资源。肢体语信息资源是以手势、表情、姿势（如舞蹈、体育比赛、杂技）等方式传递的信息资源。其特点是直观性强、生动丰富、印象深刻、富有感染力，但此类信息的容量有限。

③ 实物信息资源。实物信息资源是以诸如文物、产品样本、模型、碑刻、雕塑等实物形式表示的信息资源。其特点是直观性强、感觉实在、信息量大，但需要通过知识、智慧、经验和工具挖掘大量隐含的信息。

④ 文献信息资源。文献信息资源是以文字、图形、符号、音频、视频等方式记录在各种载体上的知识和信息，包括图书、连续出版物、小册子以及学位论文、专利、标准、回忆录、政府出版物等特种文献。其特点是经过加工、整理，较为系统、准确、可靠，便于保存和利用，但存在信息相对滞后、部分信息尚待证实的情况。

4．信息加工与数据挖掘

信息加工是对收集来的信息进行去伪存真、去粗取精、由表及里、由此及彼的加工过程，是在原始信息的基础上，生产出价值含量高、方便用户利用的二次信息的活动过程。这一过程将使信息增值，只有对信息进行适当处理，才能产生新的、用以指导决策的有效信息或知识。

随着信息技术的高速发展，人们积累的数据量急剧增长，如何从海量的数据中提取有用的知识成为当务之急。数据挖掘就是为顺应这种需要应运而生发展起来的数据处理技术。其主要任务是关联分析、分类、预测时序模式和偏差分析等。

（1）数据挖掘（data mining）的现实需求

随着数据库技术的迅速发展以及数据库管理系统的广泛应用，人们积累的数据越来越多。激增的数据背后隐藏着许多重要的信息，人们希望能够对其进行更高层次的分析，以便更好地利用这些数据。

（2）支持数据挖掘技术的基础

数据挖掘技术是人们长期对数据库技术进行研究和开发的结果。起初，各种商业数据是存储在计算机的数据库中的，然后发展到可对数据库进行查询和访问，进而发展到对数据库的即时遍历。数据挖掘使数据库技术进入了一个更高级的阶段，不但能对过去的数据进行查询和遍历，而且能够找出过去数据之间的潜在联系，从而促进信息的传递。

（3）数据挖掘的概念

数据挖掘是从大量的、不完全的、有噪声的、模糊的、随机的实际应用数据中，提取隐含在其中的、人们事先不知道的、但又是潜在有用的信息和知识的过程。与数据挖掘相近的同义词有数据融合、数据分析和决策支持等。

数据挖掘包括以下含义：① 数据源必须是真实、海量、含噪声的；② 发现的是用户感兴趣的知识；③ 发现的知识要可接受、可理解、可运用；④ 发现的知识仅支持特定的发现问题。

因此，数据挖掘是一门交叉学科，把人们对数据的应用从低层次的简单查询提升到从数据中挖掘知识，提供决策支持。

（4）数据挖掘的任务

数据挖掘的任务主要是关联分析、聚类分析、分类、预测、时序模式和偏差分析等。通常所说的数据挖掘会通过这些任务中的一个或者多个来对数据进行处理。

① 预测任务。这些任务的目标是根据其他属性的值，预测特定属性的值。被预测的属性一般称为目标变量或因变量，而用来做预测的属性称为说明变量或自变量。

描述任务的目标是导出概括数据中潜在联系的模式（相关、趋势、聚类、轨迹和异常）。本质上，描述性数据挖掘任务通常是探查性的，并且常常需要后处理技术验证和解释结果。

预测建模涉及以说明变量函数的方式为目标变量建立模型。预测建模任务有两类：分类和回归。分类用于预测离散的目标变量，回归用于预测连续的目标变量。例如，预测一个 Web 用户是否会在网上书店买书是分类任务，因为该目标变量是二值的，而预测某股票的未来价格则是回归任务，因为价格具有连续值属性。两项任务目标都是训练一个模型，使目标变量预测值与实际值之间的误差达到最小。预测建模可以用来确定顾客对产品促销活动的反应，预测地球生态系统的扰动，或根据检查结果判断病人是否患有某种疾病。

② 关联分析（association analysis）。两个或两个以上变量的取值之间存在某种规律性，就称为关联。数据关联是数据库中存在的一类重要的、可被发现的知识。关联分为简单关联、时序关联和因果关联。关联分析用来发现描述数据中强关联特征的模式，所发现的模式通常用蕴含规则或特征子集的形式表示。由于搜索空间是指数规模的，关联分析的目标是以有效的方式提取最有趣的模式。关联分析的应用包括找出具有相关功能的基因组、识别用户一起访问的 Web 页面、理解地球气候系统不同元素之间的联系等。

③ 聚类分析（clustering analysis）。聚类是把数据按照相似性归纳成若干类别，同一类中的数据彼此相似，不同类中的数据相异。聚类分析可以建立宏观的概念，发现数据的分布模式以及可能的数据属性之间的相互关系。聚类分析旨在发现紧密相关的观测值组群，使得与属于不同簇的观测值相比，属于同一簇的观测值相互之间尽可能类似。聚类可用来对相关的顾客分组、找出显著影响地球气候的海洋区域以及压缩数据等。

④ 异常检测（anomaly detection）。异常检测的任务是识别其特征显著不同于其他数据的观测值。这样的观测值称为异常点或离群点。异常检测算法的目标是发现真正的异常点，而避免错误地将正常的对象标注为异常点。换言之，一个好的异常检测器必须具有高检测率和低误报率。异常检测的应用包括检测欺诈、网络攻击、疾病的不寻常模式、生态系统扰动等。

（5）数据挖掘的过程

从数据本身来考虑，通常数据挖掘需要有信息收集、数据集成、数据规约、数据清理、数据变换、数据挖掘实施过程、模式评估和知识表示等 8 个步骤，如图 1.1 所示。

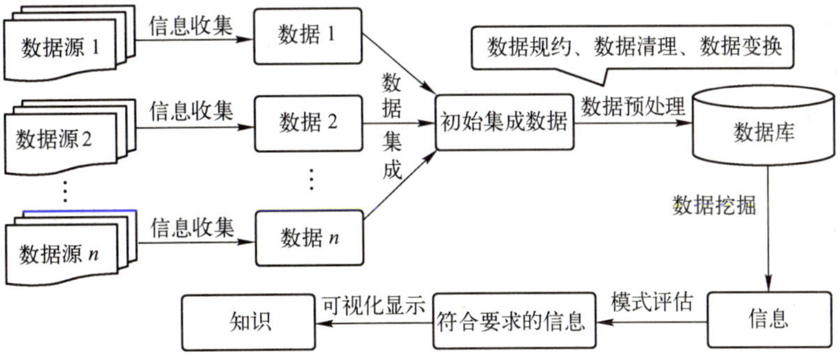

图 1.1　数据挖掘的基本过程

① 信息收集：根据确定的数据分析对象抽象出在数据分析中所需要的特征信息，然后选择合适的信息收集方法，将收集到的信息存入数据库。对于海量数据，选择一个合适数据仓库是至关重要的。

② 数据集成：把不同来源、格式、特点性质的数据在逻辑上或物理上有机地集中，从而为企业提供全面的数据共享。

③ 数据规约：数据挖掘算法即使在少量数据上也需要很长的时间，而做商业运营数据挖掘时往往数据量非常大。数据规约技术可以用来得到数据集的规约表示，规约表示数据量明显少于

原始数据，但仍然接近于保持原数据的完整性，并且规约后执行数据挖掘结果与规约前执行结果相同或几乎相同。

④ 数据清理：在数据库中的数据有一些是不完整的（有些感兴趣的属性缺少属性值）、含噪声的（包含错误的属性值），并且是不一致的（同样的信息不同的表示方式），因此需要进行数据清理，将完整、正确、一致的数据信息存入数据仓库，否则挖掘的结果会差强人意。

⑤ 数据变换：通过平滑聚集、数据概念化、规范化等方式，将数据转换成适用于数据挖掘的形式。对于有些实数型数据，通过概念分层和数据的离散化来转换数据也是重要的一步。

⑥ 数据挖掘：根据数据仓库中的数据信息，选择合适的分析工具，应用统计方法、事例推理、决策树、规则推理、模糊集甚至神经网络、遗传算法的方法处理信息，获得有用的分析信息。

⑦ 模式评估：从商业角度，由行业专家来验证数据挖掘结果的正确性。

⑧ 知识表示：将数据挖掘所得到的分析信息以可视化的方式呈现给用户，或作为新的知识存放在知识库中，供其他应用程序使用。

数据挖掘过程是一个反复循环的过程，如果没有达到预期目标，每个步骤都需要回到前面的步骤，重新调整并执行。当然，不是每个数据挖掘的工作都需要每个步骤，如在某个工作中不存在多个数据源的时候，数据集成的步骤便可以省略。

数据规约、数据清理、数据变换又合称数据预处理。在数据挖掘中，至少 60%的费用可能要花在信息收集阶段，至少 60%以上的精力和时间是花在数据预处理上。

1.1.2 文献

文献是记录信息和知识基本载体。狭义的文献主要指具有历史意义的书面材料，广义的文献是指记录知识的一切载体。

1. 文献的构成要素

文献包含 4 个基本要素。

① 知识、信息内容：指文献所表达的思想意识、知识信息的含义和内容。

② 信息符号：是揭示和表达知识、信息内容的标识符号，是物化和标识文献信息内容的工具。现代文献采用的信息符号有：文字、图形、编码、声频、视频等。

③ 载体材料：是承载文献信息符号，使信息内容有所依附，便于传播交流的物质材料。载体材料一般可分为纸型和非纸型两大类。纸型是以纸张为载体；非纸型的载体材料很多，如甲骨、金石、缣帛、竹木、贝叶、兽皮、胶片、磁带、磁盘、光盘等。

④ 记录方式：指将包含信息内容的信息符号存储到载体材料上的方式，如书写、雕刻、打字、印刷、拍摄、录制、复印和计算机录入等。

2. 文献的主要类型

文献的分类方法很多，按载体形式区分为印刷型（纸型）、机读型（电子型）、声像型（视听型资料）。按出版形式，文献可分为以下 7 类。

① 图书。图书是篇幅达到 48 页以上并构成一个书目单元的文献。其优点是内容全面而系统，观点较成熟，是求知解惑时主要利用的文献之一。其缺点是由于出版周期长，不能及时、迅速地反映最新科研成果。

② 期刊。期刊又称为杂志，是指定期或不定期的连续出版物。在期刊上可刊登多位作者的

文章，设置若干栏目，是求知或开展科学研究的重要文献信息源。电子期刊是利用计算机和通信系统进行撰写、编辑、传送的期刊形式。电子期刊具有报道速度快、出版周期短、数量大、品种多等特点。目前，在科研人员利用的各类文献中，期刊占 85%以上。

③ 报纸。报纸按出版发行周期分、报纸有日报、晚报、双日报、周报、旬报等。报纸的特点是传递迅速，发行广泛，信息量大，政策性强。

④ 会议文献。会议文献是指在学术会议和专业会议上宣读或交流的论文、材料、讨论记录、会议纪要等文献，能反映某些学科或领域的最新研究进展和成就，具有较高的研究价值。会议文献分为会前文献和会后文献。会前文献包括会议征文通知、会议预印本、会议论文摘要等。会后文献出版形式多样，有连续性会议文集、专题论文集、期刊论文、会议报告等。

⑤ 政府出版物。政府出版物是指各国政府部门及其专设机构出版的会议文件、法规、法令、政策、统计、调查报告等。政府出版物可分为行政性文献和科技性文献，具有正式性和权威性，对了解各国政治、经济、科技发展有着独特的参考作用。

⑥ 学位论文。学位论文是指高等院校、科研机构的毕业生和研究生，为获取相应学位所提交的学术论文（硕士、博士论文等）。学位论文一般具有一定的独创性，内容系统详尽，是启迪思路、开创新研究领域的重要研究资料。

⑦ 档案。档案是社会活动、生产建设和技术工作中所形成文件的总称，有“一手材料”、“历史凭证”之称。

3. 文献加工

文献加工是将大量分散、零乱、无序的文献进行整理、浓缩、提炼，并按照一定的逻辑顺序和科学体系加以编排存储，使之系统化，以便于检索利用。

文献加工是情报部门的基础工作之一，是建立文献数据库必不可少的前处理工作。文献加工包括：著录、标引、编目以及题录、简介、文摘的编制。

（1）著录

著录是对文献的各种特征进行分析、选择和记录的过程。通过著录，将文献的各种特征反映在检索工具的各种载体上，情报用户利用检索工具即可方便地了解和掌握所需要的特定文献。文献著录必须遵循一定的规则。

在国际上，著录规则有《国际标准书目著录》（ISBD）等。中国的著录规则有《文献著录总则》（GB3792.1—1983）和《检索期刊条目著录规则》（GB3793—1983）等。著录项目一般包括题名、责任者项、版本项、文献特殊细节项、出版发行项、载体形态项、丛编项、附注项、文献标准编号及有关记载项、提要项。

著录的载体形式有卡片、书本和数据库等。卡片式与书本式是传统手工方式著录。计算机应用后，著录项直接输入计算机，并利用计算机一次输入多次使用的功能，存入数据机库，同时打印编排卡片式、书本式检索工具。

（2）标引

标引是对文献的内容特征进行分析，并以标识符号（作为检索标识），揭示该文献的工作，最常用的为分类标引和主题标引。

分类标引是指以一定的观点为指导，按文献学科知识内容，参考用户需求以及文献形式体裁，依据一定的分类法，选标分类号码，借以组织分类目录和索引。

主题标引是指以一定的观点为指导，按文献所论述的主题内容，参考用户需求以及文献形式体裁，依据一定的主题词表，选标主题词，借以组织主题目录和索引。

由于分类法和主题法具有不同功能，中国很多情报部门同时采用两种方法，以满足用户从不同角度检索文献的要求。

分类标引与主题标引的工作程序包括 3 步：① 对文献论述的内容进行主题分析，通过分析提炼主题概念；② 依据事先选定的分类法与主题词表，从中选择和组配恰当的标识符号（分类法用的是分类号码，主题法用的是经过规范化处理的词语）；③ 按一定顺序将有关文献的题名或代号（如文摘号）列在该标识符号后面。

（3）编目

对文献进行著录和标引，形成一系列描述和揭示文献外表特征和内容特征的条目，并将这些条目有序排列成文献目录一类检索工具的工作。目录的种类很多，功能和排序方法也有所不同。

- 供用户随时查用的称为读者目录，供情报部门内部使用的称为公务目录。
- 按不同文献类型组成的目录有图书目录、期刊目录、科技报告目录、会议文献目录、学位论文目录、专利文献目录、技术标准目录、声像资料目录等。
- 按目录反映的文献收藏范围分，有馆藏目录、联合目录等。
- 按目录反映的文献内容分，有综合目录、专科目录、 专题目录等。
- 按目录的不同编排方法分，有分类目录、主题目录、作者目录、书名目录等。
- 按目录的载体形式分，有卡片式、书本式及磁带式目录等。

（4）题录、简介、文摘的编制

题录、简介、文摘的编制是对每篇文献进行的不同深度的加工工作。

① 题录：仅根据文献题名、作者、出处等外表特征进行著录、标引的条目。

② 简介：除题录部分外，再对文献内容进行一般性介绍。

③ 文摘：对文献内容进行实质性描述。

将一系列题录、简介、文摘条目有序编排，并定期或不定期出版，就分别成为题录式检索刊物、简介式检索刊物和文摘杂志。再对文献进行深一步加工，即对相关的一系列原始文献进行分析研究和综合评论，从而形成综述报告和述评报告等。

4. 一次文献、二次文献和三次文献

从对文献的生产加工层次来看，文献可以分成一次文献、二次文献和三次文献。

① 一次文献。专著、报纸、期刊、专利文献、标准文献、会议文献、样本等成品文献属于一次文献，即人们对自然和社会信息进行首次加工而成的文字记载。这是文献信息源的主要部分，数量极为庞大，由于在内容上是分散的、无系统的，因此不便于管理和传播。

② 二次文献。为了控制文献，便于人们查找，对一次文献进行再加工，通过整理、提炼和压缩，并按其外部特征（题名、作者、文献物理特征）和内容特征序化，形成另一类新的文献形式——目录、书目、索引、文摘——就是二次文献。二次文献不是一次文献本身的汇集，而是一次文献特征的汇集，从而使人们方便地找到一次文献，或了解一次文献的内容。

③ 三次文献。利用二次文献，选择有关的一次文献再加以分析、综合而编写出来的第三个层次的文献形式——专题报告、综述、进展以及手册、百科全书、年鉴等工具书——就是三次文献。三次文献具有系统性、综合性、知识性和概括性的特点，便于人们高效率地了解某一领域的状况、动态、发展趋势和有关情况。

1.2 信息检索

1.2.1 信息检索的概念

信息检索起源于图书馆的参考咨询和文摘索引工作。随着计算机问世，计算机技术逐步应用于信息检索领域，并与信息检索理论紧密结合起来。20 世纪 60 年代到 80 年代，在信息处理技术、通信技术、计算机和数据库技术的推动下，信息检索在教育、军事和商业等领域高速发展，得到了广泛的应用。

广义的信息检索是指将信息按一定的方式组织和存储起来，并根据信息用户的需要找出有关的信息过程。狭义的信息检索仅指从信息集合中找出所需要的信息的过程，相当于人们通常所说的信息查寻。

（1）信息检索的过程

信息检索的实质是将描述用户所需信息的提问特征，与信息存储的检索标识进行比较，从中找出与提问特征（对信息的需求分析后，从中选出能代表信息需求的主题词、分类号或其他符号）一致或基本一致的信息。现在最普遍的信息检索是计算机信息检索。

信息检索应包括两个主要方面：信息标引和存储过程，信息的需求分析和检索过程。

① 信息标引和存储过程。标引是用检索语言和分类号、主题词表示信息，通过对大量无序信息资源进行标引处理，使之有序化，并按科学的方法存储组成检索工具或检索文档的过程。

② 信息的需求分析和检索过程。是指分析用户的信息需求，利用组织好的检索系统，按照系统提供的检索方法和途径检索有关信息的应用过程。

（2）信息检索的意义

掌握各种文献的检索方法，也就掌握了获取知识的窍门，提高了综合能力，对于充分发挥创造力将产生极大的帮助。

① 有助于知识更新。科技发展使得人类社会的产业结构正处在急剧变化之中，大批知识密集型工业相继涌现，边缘交叉学科大量出现，知识老化现象也不断加重，只有不断自学才能拓宽知识面，适应信息时代的要求才能在未来的竞争中取得更大的主动权。

② 有助于发展教育。新技术革命也可称为“知识革命”，由此带来的信息时代也应称为“知识时代”，各种现代化技术将会渗透到所有行业和部门，这就对当代教育提出了更高的要求，必须加快教育信息化的步伐，推进信息化教育。

③ 有助于科学研究。通过对有关文献进行全面的调查研究，摸清国内外最新研究动态（什么人在做，取得了什么成果，尚存在什么问题），从而避免重复劳动，有所创新、有所前进，提高科研的速度和效益。

1.2.2 信息检索系统

信息检索系统是指根据特定的信息需求而建立起来的一种有关信息搜集、加工、存储和检索的多功能开放系统，其主要目的是为人们提供信息服务。任何具有信息存储与检索功能的系统，均可以称为信息检索系统。

1. 信息检索系统的分类

信息检索系统的划分有多种方法。

（1）按照检索的功能划分

按照检索的功能划分，信息检索系统可以分为书目检索系统和事实数据检索系统。

书目检索系统主要对某一研究课题的相关文献进行检索，其结果是获得一批相关文献的线索，检索作业的对象是检索工具。书目检索按检索手段可以分为手工书目检索和计算机书目检索。

事实数据检索系统用于各种事实或数据的检索，如查找某一词的解释，某人、某事件、某地名、某企业及其产品情况等，其结果是获得直接的、可供参考的答案。进行事实数据检索时，人们要使用各种参考工具，如词典、百科全书、年鉴、手册、名录、表谱或者使用相应的数据库。

（2）按照检索的手段划分

按照检索的手段划分，信息检索系统可以分为手工检索系统和计算机检索系统。

手工检索系统是以手工方式存储和检索信息的系统，检索时使用各种纸质工具，检索入口少、速度慢、效率较低。计算机检索系统是用计算机进行信息存储和检索的系统，检索时使用各种数据库，检索灵活、检索入口多、速度快、效率高。

2. 书目检索系统

按检索手段，书目检索可分为手工书目检索和计算机书目检索。

（1）检索工具的结构

检索工具主要由以下几部分组成。

① 说明：介绍检索工具的编辑方针、收录范围、总体结构、各部分的功能、体例及使用方法等，是使用检索工具的指南。

② 正文（主文档）：指文献条目（也称为记录）的有序集合，是检索工具的主体。条目（记录）通常由文献的顺序号、篇名、著者、来源等著录项目（也称为字段）组成。为便于计算机识别，每个著录项目都设有字段标识符，常见的字段标识符如表 1.1 所示。

表 1.1　常见的字段标识符

字段名	标识符	全　称	字段名	标识符	全　称
文献题名	TI	Title	语种	LA	Language
摘要	AB	Abstract	国际标准刊号	IS	ISSN
叙词	DE	Descriptor	分类号	AF	Author affiliation
关键词	ID	Identifier	记录存储号	CP	Country of publication
文献类型	DT	Document type	出版年	PY	Publication year
著者	AU	Author	分类号	CC	Classification code
出版者	PB	Publisher	—	—	—

③ 索引。索引由各种辅助索引组成，在数据库中被称为索引文档。索引提供多种检索途径（检索入口），满足用户不同的检索需要，提高检索的速度和准确性。常见的辅助索引有著者索引、主题索引、文献号码索引等。

④ 附录。附录由来源期刊一览表、缩略语与全称对照表、不同语种音译对照表等组成。附录是正文的必要补充，有利于用户进一步理解正文的著录内容，了解文献来源情况，根据缩写查找全称等。

⑤ 词表。词表是检索系统中文献信息整序的依据，如分类表、主题词表等。词表通常独立存在，是准确选择检索分类号和主题词的依据。

（2）检索工具的类型

按照描述文献信息特征的方式不同、用途不同，检索工具可以分为目录、题录、文摘、索引。

① 目录。目录是以完整的出版单元（如一种图书、一种期刊）为单位，按照一定次序编排的对文献信息进行描述和报道的工具，也称为书目。目录对文献的描述比较简单，每条记录的字段主要包括文献题名、责任者、出版事项、分类号、主题词等。一种出版物经过如此描述后形成一条记录，将所有的记录组织起来就形成了目录。

按照收录文献的类型，检索工具可分为：图书目录、期刊目录、标准目录、报纸目录、地图目录、档案目录等；按照收录文献的内容范围，可分为：综合目录、专题和专科目录、个人著述目录（亦称个人著述考，揭示与报道特定人物的全部著作以及有关该人物的文献）、地方文献目录（揭示与报道某地区文献的目录）等；按照功用划分，可分为：登记书目、书业书目、收藏目录、专题目录、推荐书目、书目之书目。

② 题录。题录是描述文献各种特征的一条记录，通常由文献的分类号、文献篇名、著者及其单位、文献来源、主题词等项组成。题录型检索工具（简称题录）是以单篇文献（如一篇论文、书中的一章）为报道单位。这是它与目录的主要区别，题录揭示文献比目录更详细。

③ 文摘。文摘是指通过描述文献的各种特征，并介绍文献主要内容来报道文献的工具。与题录型检索工具的报道单位一样，文摘也是单篇文献，只是著录项目（字段）比题录多了一个摘要项。文摘型检索工具（简称文摘）是书目检索系统的核心，是书目检索的主要工具。

④ 索引。索引是将某种信息集合（如目录、题录、文摘）中的一组相关信息，按照某种顺序组织并指引给用户的一种指南。索引具有便于检索，揭示文献信息深入、详细的优点。通常，索引从属于特定的信息集合，为其提供多种不同的检索途径（入口），在检索系统中占有重要地位。索引条目一般由检索标志和存储地址组成。标识是索引条目所指示的文献信息某方面的特征，如主题词、著者姓名、分类号等。存储地址是指明标识所表达的特定信息在信息集合中的地址，它通常是文献存取号（文摘号）。不同的标识系统构成不同的索引，常见的索引有以下几种。

- 分类索引：以分类号或类目名称作为索引标识，按照分类号排列形成的索引。
- 主题索引：以主题词（叙词或关键词）作为索引标识，按其字顺排列形成的索引。
- 著者索引：以文献上署名的著者、译者、编者等责任者的姓名或机关团体名称作为索引标识，按其字顺排列形成的索引。
- 专用索引：以某些领域专用的名词术语或符号作为索引标识编排形成的索引。
- 引文索引：以引文著者和引文的其余题录部分作为标识编制成的索引。

3. 事实数据检索系统

事实数据检索系统用于各种事实或数据的检索，如查找某一词的解释，某人、某事件、某地名、某企业及其产品情况等，其结果是获得直接的、可供参考的答案。进行事实数据检索时，使用各种参考工具，如词典、百科全书、年鉴、手册、名录、表谱、图录或者相应的数据库。表 1.2 描述了不同类型检索系统的用途。

① 字典/词典。字典/词典是以字/词为标目，着重解释字/词的读音、形体、意义及其用法，并按一定次序（通常为字顺）编排形成的工具。字典/词典主要回答有关词的读音、意义、用法、来源、演变，以及同义词、反义词、缩写等方面的问题。词典一般可划分为语文词典和专科词典两大类。通过网络，可以使用各种在线词典。

表 1.2　不同类型检索系统的用途

检索系统类型	查找的问题
词典、百科全书、手册或相应的数据库	字/词的形、音、义及用法；专业术语的解释
百科全书、年鉴、专业手册或相应的数据库	概念的定义、背景资料；事物的起源与发展
百科全书、年鉴、统计汇编或相应的数据库	各种统计资料/统计数字等
百科全书、年鉴、年表或相应的数据库	重大事件的情况
百科全书、综合性手册或相应的数据库	奇特事物
专业性手册或相应的数据库	数据、公式
传记工具、综合性词典、百科全书、年鉴、机构名录或相应的数据库	人物传记资料
地名工具、综合性词典、百科全书、年鉴或相应的数据库	地名/地理资料
机构名录、百科全书、年鉴或相应的数据库	组织机构资料
百科全书、法律法规汇编或相应的数据库	政策法规、法律条文
专题目录、题录、文摘或书目数据库	某一课题的相关资料
馆藏目录、联合目录或联机公共目录（OPAC）	书、刊等出版物的收藏地点
年表、历表	不同历法间的日期转换

② 百科全书。百科全书是以条目的形式，全面、系统概述各学科知识或某一领域知识，按词典形式编排的工具。与词典、索引、文摘、年鉴等工具相比，百科全书素有“工具书之王”的美誉，上自天文，下至地理、社会生活、科学技术，凡人类的知识几乎无所不收。

按收录范围，百科全书可分为：综合性百科全书、专科性百科全书、地域性百科全书、百科词典等，如《中国大百科全书》、《科学技术百科全书》、《亚洲百科全书》等，有些百科全书可以通过网络检索使用。

③ 年鉴。年鉴是指汇集一年内的重大事件、各方面进展情况、最新成果及统计数据，按年度连续出版的工具，其内容包括大事记、专论或综述、事实概览、统计资料等。年鉴的资料主要取材于政府公报和文件、有关部门的统计、重要报刊的报道以及专业工作者的撰述，所述内容总结统计性强，而且多为一年一鉴，报道有关方面的最新资料，反映各领域的发展趋势与动态，年鉴具有资料性、时限性和新颖性等特点。

按收录范围及侧重点不同，年鉴可分为：综合性年鉴、专门性年鉴、统计性年鉴、地方性年鉴等，如《世界知识年鉴》、《中国百科年鉴》、《中国统计年鉴》、《中国教育年鉴》等。通过网络，可以使用它们的网络版。

④ 手册。手册是汇集某一方面的基本知识和数据资料的速查性工具，亦称指南、便览、大全等。手册简要概述某一学科、专业的基本知识与基本资料，常以分类形式编排，所提供的资料、公式和数据一般比较成熟、准确、可靠，主要回答各种常识性的问题，说明如何操作等。

手册按收录范围可分为综合性和专门性。专门性的手册居多，科技领域的手册数量庞大，内容涉及产品参数、工程设计与管理、各种实用数据、物质属性、具体操作等方面，如《吉尼斯世界纪录全书》、《经济工作手册》、《出国留学手册》等。

⑤ 名录。名录是专门收录有关人物、地名、机构信息的工具。词典、百科全书、年鉴、手册等工具中也有大量的人名、地名和机构资料，相对它们而言，名录汇集的有关信息更广泛、全面，而且针对性强，检索方便。

名录按收录的具体内容又可以分为人名录、地名录、机构名录。互联网上有大量的名录数据库，如 Dialog 系统、万方数据资源系统中都有许多名录数据库。

⑥ 表谱。表谱是按事物类别或系统编制的反映时间和历史概念的表册工具书，是年表、历

表和其他历史表谱的总称。表谱简明扼要，提纲挈领，以简驭繁，将纷繁复杂的历史人物、事件、年代用简明的表格、谱系等形式表现出来。表谱一般按年代顺序编排，具有精要、便览、易查等特点，便于人们系统了解历史人物、事件发展演变情况，并有助于对中外历史进行横向比较研究。

⑦ 图录。图录是收录有关地理、人物、艺术、文物等方面图像的工具。按收录内容，图录可分为地图和图谱。

1.2.3 计算机检索

计算机检索是在计算机技术和通信技术发展的基础上建立起来的，产生于20世纪50年代，发展于80年代中期，90年代后随着国际互联网技术的发展而进入了一个崭新的时期，大致经过脱机检索、联机检索与网络系统3个阶段。

1. 计算机信息检索的特点

与传统的手工信息检索相比，计算机信息检索具有以下特点。

① 检索速度快：手工检索需要数日甚至数周的课题，计算机检索只需要数小时甚至数分钟。

② 检索途径多：除手工检索工具提供的分类、主题、著者、题名等检索途径外，还能提供更多的检索途径。

③ 更新快：尤其是国外的计算机检索工具，光盘多为月更新、周更新，网络信息为日更新。

④ 资源共享：通过网络，用户可以不受时空限制共享服务器上的检索数据库。

⑤ 检索更方便、灵活：支持自然语言检索，并可用逻辑组配符将多个检索词组配起来进行检索，也可以用通配符、截词符等进行模糊检索。

⑥ 检索结果可以直接输出：可以选择性打印、存盘或E-mail发送检索结果，有的还可以在线直接订购原文。

2. 计算机检索系统的基本类型

计算机信息检索服务已成为信息检索服务中最重要的方式，常见的有如下2种。

① 光盘检索系统。光盘网络检索系统由光盘服务器、计算机局域网、光盘库/磁盘阵列、检索软件等组成。其特点是设备简单，费用低，检索技术易掌握，但检索范围受光盘数据库的限制，更新不够及时；相对于手工检索而言，它的检索速度快，检索灵活方便，检索入口多。

② 网络检索系统。网络检索系统由计算机服务器、用户终端、通信网络、网络数据库等组成，其特点是检索方法较简单，检索较灵活、方便，及时性好。

3. 计算机检索系统的构成

计算机检索系统由计算机硬件、软件、数据库和通信网络构成。

① 计算机硬件。计算机硬件是系统采用的各种硬设备的总称，主要包括具有一定性能的主计算机、外围设备，以及与数据处理或数据传送有关的其他设备。

② 软件。软件由系统维护软件与检索软件构成。系统维护软件（如数据库管理程序、词表管理程序等）的作用是保障检索系统的高效运转。检索软件是用户与系统的界面，用户通过检索软件进行检索，检索软件功能的强弱直接影响着检索效果。检索软件可以分为指令式、菜单式和智能接口等。

③ 数据库。数据库是在计算机存储设备上按一定方式存储的有联系的数据集合，是检索的数据源。

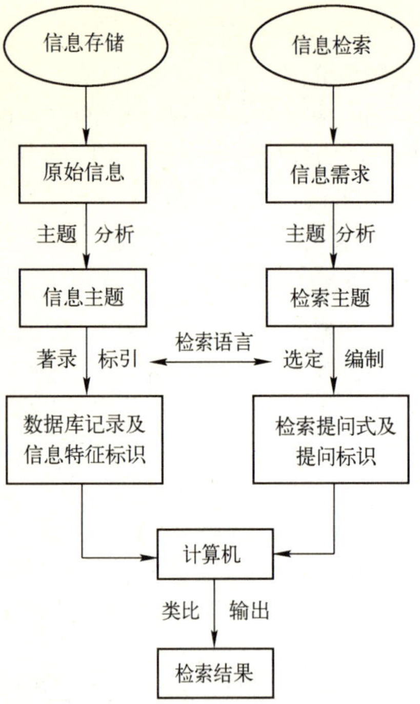

图 1.2　计算机信息检索的基本原理

④ 通信网络。由于现代通信技术的发展，公共数据传输技术为信息的传递提供了保障，信息检索逐渐发展成为网络检索，通过数据传输网将各个计算机连接起来。每个计算机成为网络中的一个节点，每个节点可含一个或多个数据库，网络上的每个节点和其终端只要有授权均可对网络中的数据库进行访问，实现资源共享。

4. 计算机检索的基本原理

计算机信息检索是在计算机和人的共同作用下，按照一定的方法组织和存储信息，并通过人机对话，从计算机存储的大量数据中自动输出用户所需的那部分信息的过程。图 1.2 描述了计算机信息检索的基本原理。

5. 计算机检索的基本检索方法

（1）布尔检索

布尔逻辑检索是指采用布尔逻辑表达式来表达用户的检索要求，并通过一定的算法和手段进行检索的过程。布尔逻辑式的原理与检索方法取自于布尔代数与集合运算。常用的布尔逻辑算符有 3 种，分别是逻辑或“OR”、逻辑与“AND”、逻辑非“NOT”。使用这些逻辑算符将检索词组配构成检索提问式，计算机将根据提问式与系统中的记录进行匹配，两者相符时则命中，并自动输出命中的文献记录。

检索中逻辑算符使用频繁，并对检索结果有决定性影响。用布尔逻辑表达检索要求，除要掌握检索课题的相关因素外，还应在布尔算符对检索结果的影响方面引起注意。另外，对同一个布尔逻辑提问式来说，不同的运算次序会有不同的检索结果。

① AND。AND 也可用“*”表示，是用来组配不同的概念的检索词，是一种概念相交和限定关系的组配。其基本作用是对检索范围加以限定，逐步缩小检索范围，提高检索结果的查准率。

例如，“**A AND B**”或“**A * B**”的含义是：检出的信息中必须同时含有检索词“A”和“B”。又如，检索“计算机在图书馆中的应用”方面的文献，其提问式可写成“**计算机 AND 图书馆**”或“**计算机*图书馆**”，表示查找出既含有检索词“计算机”又含有检索词“图书馆”的文献。

② OR。OR 也可用“+”表示，是用来组配具有同义或同族概念的检索词。其基本作用是扩大检索范围，增加命中文献量，提高文献的查全率。

例如，“**A OR B**”或“**A + B**”的含义是：数据库记录中任何一条记录，只要含有“A”或“B”中任何一个检索词即为命中的文献。又如，“**计算机 OR 文献检索**”或“**计算机 + 文献检索**”表示查找文献内容中含有“计算机”或含有“文献检索”以及两词都包含的文献。

③ NOT。NOT 也可用“-”表示，是排除含有某些词的记录，其基本作用是缩小检索范围，但并不一定提高文献命中的准确性，一般只起到减少文献输出量的作用，在联机检索中可降低检索费用。例如，“**A NOT B**”或“**A - B**”表示检出的记录中只能含有“NOT”算符前的检索词 A，但不能同时含有检索词 B。又如，“**计算机 NOT 文献检索**”或“**计算机 - 文献检索**”表示查找含有“计算机”而不含有“文献检索”的那部分文献。

注意，由于“NOT”算符有排除掉相关文献的可能，因此在实际检索中应慎重使用。

（2）截词检索

截词检索是预防漏检，提高查全率的一种常用检索技术，大多数系统都提供截词检索功能。截词检索既可节省输入的字符数目，又可达到较高的查全率。尤其在西文检索系统中，使用截词符处理自由词，对提高查全率的效果非常明显。

常用的截词符有“?”、“$”、“*”等，分为有限截词（即一个截词符只代表一个字符）和无限截词（一个截词符可代表多个字符）。截词检索可以作为扩大检索范围的手段，具有方便用户、增强检索效果的特点，但一定要合理使用，否则会造成误检。

截词按截断位置不同可分为后截词、前截词、中截词。

① 后截词：前方一致，后方变化。如“**comput?**”表示 computer、computers、computing 等。

② 前截词：前方变化，后方一致。如“**?computer**”表示 minicomputer、microcomputers 等。

③ 中截词：也称为屏蔽词。一般来说，中截词仅允许有限截词，主要用于英、美拼写不同的词和单复数拼写不同的词。如“**organi?ation**”可检索出含有 organisation 和 organization 的记录。

（3）原文检索

原文是指数据库中的原始记录，原文检索以原始记录中的检索词与检索词间特定位置关系为对象的运算。运用原文检索方法，可以增强选词的灵活性，部分地解决布尔检索不能解决的问题，从而提高文献检索的水平和筛选能力。原文检索不依赖叙词表而直接使用自由词检索，其运算符通称为位置运算符，主要有 4 个级别。

① 记录级检索：要求检索词出现在同一记录中。

② 字段级检索：要求检索词出现在同一字段中。

③ 子字段或自然句级检索：要求检索词出现在同一子字段或同一自然句中。

④ 词位置检索：要求检索词之间的相互位置满足某些条件。

（4）加权检索和聚类检索

① 加权检索。加权检索的侧重点不在于判定检索词或字符串是否在数据库中存在、与别的检索词或字符串是什么关系，而在于判定检索词或字符串在满足检索逻辑后对文献命中与否的影响程度。加权检索的基本方法是：在每个提问词后面给定一个数值表示其重要程度，这个数值称为权，检索时先查找这些检索词在数据库记录中是否存在，然后计算存在的检索词的权值总和。权值之和达到或超过预先给定的阈值，该记录即为命中记录。

运用加权检索可以命中核心概念文献，因此，它是一种缩小检索范围、提高检准率的有效方法。并非所有系统都能提供加权检索，而且能提供加权检索的系统，对权的定义、加权方式、权值计算和检索结果的判定等方面也有不同的技术规范。

② 聚类检索。聚类检索是在对文献进行自动标引的基础上，构造文献的形式化表示——文献向量，然后通过一定的聚类方法，计算出文献与文献之间的相似度，并把相似度较高的文献集中在一起，形成多个文献类的检索技术。根据不同的聚类水平的要求，可以形成不同聚类层次的类目体系。在这样的类目体系中，主题相近、内容相关的文献便聚在一起，而相异的则被区分开。

（5）扩检与缩检

扩检与缩检是检索过程中经常面临的问题。在拟定检索策略时，应该同时考虑命中文献太少或太多时如何处理的办法，否则会增加检索时间，而且不易得到满意的结果。

① 扩检。扩检是指初始设定的检索范围太小，命中文献不多，需要扩大检索范围的方法。扩检的方法主要有：扩大概念，扩大范围，增加同义词，扩大年代等。

② 缩检。缩检是指开始的检索范围太大，命中文献太多，或查准率太低，需要增加查准率的一个方法。缩检与扩检相反，主要方法有缩小概念、限定范围、减少年代等。还可以通过限定核心概念、限定语种、限定期刊来实现缩检。

1.2.4 检索效果的评价

检索效果是指利用检索系统（或工具）开展检索服务时所产生的有效结果。计算机检索效果如何，直接反映检索系统的性能，影响系统在信息市场上的竞争能力和用户的利益。

（1）评价的目的和范围

评价系统检索效果的目的是为了准确地掌握系统的各种性能和水平，找出影响检索效果的各种因素，以便有的放矢，改进系统的性能，提高系统的服务质量，保持并加强系统在市场上的竞争力。

检索效果包括技术效果和社会经济效果两方面。技术效果主要是指系统的性能和服务质量，系统满足用户信息需要的程度。社会经济效果是指系统如何经济有效地满足用户需要，使用户或系统本身获得一定的社会和经济效益。因此，技术效果评价又称为性能评价。社会经济效果评价则属于效益评价，而且与费用、成本相关，比较复杂。

（2）评价标准

判定一个检索系统的优劣主要从质量、费用和时间三方面来衡量。因此，对计算机信息检索的效果评价也应该从这三方面进行。质量标准主要有：查全率、查准率（也称适中率）、漏检率、误检率（也叫检索噪声）等。费用标准即检索费用是指用户为检索课题所投入的费用。时间标准是指花费时间，包括检索准备时间、检索过程时间、获取文献时间等。查全率和查准率是判定检索效果的主要标准。

设 n 为检索系统中文献总量，m 为检索输出的文献量，a 为 n 中与检索课题有关的文献量，b 为 m 中与检索课题有关的文献量（检准文献量）。

令 R 表示查全率、P 表示查准率、M 表示漏检率、N 表示误检率，则 R、P、M、N 定义如下。

① 查全率 R：

$R=b/a\times100\%$　　（查全率=(检出相关文献量/文献库内相关文献总量)×100%）

例如，要利用某个检索系统查某课题。假设在该系统文献库中共有相关文献为 40 篇，只检索出来 30 篇，那么查全率就等于 75%。

② 查准率 P：

$P=b/m\times100\%$　　（查准率=(检出相关文献量/检出文献总量)×100%）

如果检出的文献总篇数为 100 篇，经审查确定其中与项目相关的只有 90 篇，另外 10 篇与该课题无关，那么这次检索的查准率就等于 90%。显然，查准率是用来描述系统拒绝不相关文献的能力，有人也称查准率为“相关率”。查准率和查全率结合起来，描述了系统的检索成功率。

③ 漏检率 M：

$$M=(1-b/a)\times100\%=100\%-R$$

④ 误检率 N：

$$N=(1-b/m)\times100\%=100\%-P$$

最理想的检索效果是 M、N 均为 0，即 R、P 均为 100%，但实际上这是不可能的。

实验表明：R 和 P 之间存在相反的相互依赖关系，即提高 R 会降低 P，反之亦然。

（3）影响检索效果的因素

查全率和查准率是评价检索效果的两项重要指标，与文献的存储与信息检索两个方面是直接相关的，即与系统的收录范围、索引语言、标引工作和检索工作等有着非常密切的关系。

从文献存储来看，影响查全率的因素主要有：文献库收录文献不全；索引词汇缺乏控制和专指性；词表结构不完整；词间关系模糊或不正确；标引不详；标引前后不一致；标引人员遗漏了原文的重要概念或用词不当等。此外，从情报检索来看，影响查全率的因素主要有：检索策略过于简单；选词和进行逻辑组配不当；检索途径和方法太少；检索人员业务不熟练和缺乏耐心；检索系统不具备截词功能和反馈功能，检索时不能全面地描述检索要求等。

影响查准率的因素主要有：索引词不能准确描述文献主题和检索要求；组配规则不严密；选词及词间关系不正确；标引过于详尽；组配错误；检索时所用检索词（或检索式）专指度不够，检索面宽于检索要求；检索系统不具备逻辑“非”功能和反馈功能；检索式中允许容纳的词数量有限；截词部位不当，检索式中使用逻辑“或”不当等。

影响检索效果的因素非常复杂。根据国外有关专家所做的实验表明，查全率和查准率是呈反比关系的。要想做到查全，势必要对检索范围和限制逐步放宽，则结果是会把很多不相关的文献也带进来，影响了查准率。应当根据具体课题的要求，合理调节查全率和查准率，保证检索效果。

1.3 信息检索的基本步骤

信息检索的基本步骤如图 1.3 所示。

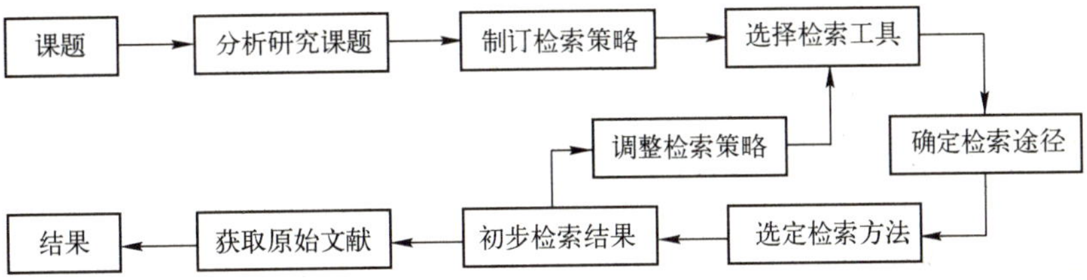

图 1.3 信息检索的基本步骤

1.3.1 分析研究课题

分析研究课题是指在着手查找信息前对课题进行分析，明确学科或专业范围，弄清检索的真正意图及实质。分析研究课题一般包括如下内容：① 了解课题的内涵概念范围和外延概念范围，以便确定检索标识（检索词、分类等）；② 明确课题所需信息的内容、性质、水平以及出版国别、语种和年限；③ 了解并掌握课题的国内外情况；④ 在分析的基础上形成主题概念。

（1）按需求及目的分析所需文献

不同的需求决定了文献的类型。

① 需要课题的详尽信息。这类需求要求检索全面彻底，检索的资源多，覆盖的时间年限长。为满足这类需求，要尽可能使用光盘数据库和网络数据库，降低检索成本。

② 需要课题的最新信息。一般长期从事某个课题的研究，或从事管理决策、工程工艺的最新设计等工作时，就需要了解课题的最新信息。对于这样的检索目的，需要检索的资源必须更新速度较快，如联机数据库、网络数据库、搜索引擎等。

③ 需要了解一些片断信息，解决一些具体问题。这类需求不需要查找大量资源，但针对性很强，结果必须准确，速度要快。解决这类需求，除数据库外，网上搜索引擎、专题 BBS 都是使

用的资源。

（2）分析确定课题的检索点

检索点就是课题自身所包含的某种可供检索的线索。在实际检索中，检索者就是依据这种线索去查找答案的。检索点分析的根本原则就是要分析出那些真正可供检索的标志。也就是要能够首先与信息集合、工具书、数据库的收录范围和内容相匹配，然后与一般信息的内容和辅助资料（如目次、索引、参考信息等）相匹配，这样分解出的检索标志才具有明确的检索意义。

分析出检索点后还需要将检索点转换成规范化的语言，即检索工具或数据库所使用的语言。另外，检索点要有主次之分、合理的检索点顺序，从而提高检索效率。

例如，有一课题“**2010—2013 年度发表的有关计算机图像识别方面的论文有多少**”，可以得到检索点并确定其顺序为：2010—2013 年度（时间）→论文（范围）→计算机科学（学科）→图像识别（主题）。通过时间确定期数范围为“2010—2013”；通过范围确定检索工具为《中国期刊网数据库》；确定学科为“计算机科学”；确定主题为“图像识别”。

1.3.2 制订检索策略

1．检索策略

检索策略是为实现检索目标而实施的方法，也就是为满足信息需求所制订的一系列检索方案。计算机信息检索实质上是一个由计算机将输入的检索策略与系统中存储的文献特征标识及其逻辑组配关系进行类比、匹配的过程。由于信息需求本身具有不确定性，加之对数据库中文献特征标识不能充分了解，以及系统功能的某些限制，都会不同程度地影响检索效果。

但是，只要遵循一定的检索步骤，制订良好的检索策略，便可减少各种不利因素的影响，尽可能地使检索提问标识与信息需求和检索系统保持良好的一致性，从而在系统中检索出满足用户需求的信息。最终达到优化检索过程，提高检索效率，全面、准确、快速、低成本地找到所需信息的目的。

制订检索策略时必须遵守“快、准、全、效益”的原则：① 快，即从检索请求的提出到检索结果的提交要快速；② 准，即检索结果要准确，避免检索出过多无关内容；③ 全，检索结果全面，满足用户的需求；④ 效益，即以最低的费用获取最佳的信息。

2．制订检索策略的基本步骤

制订检索策略遵守以下基本步骤。

（1）分析主题内容，确定正确的检索词。正确的主题分析是制订检索策略的保证，决定了检索策略的质量和检索效果的好坏。因此，务必掌握检索课题的内容实质，概括出能最恰当地代表主题概念的检索词。

选择检索词时应考虑将课题内容分解或综合成某些概念，提炼核心概念，发掘隐含概念，排除非核心与宽泛概念，力求检索词能反映用户信息需求和检索主题内容。另外，选择检索词时还应遵循主题词（规范性的受控词）优先以及关键词、自由词配合使用的原则。

例如，有关室内装修污染方面的研究，关键词为“室内”、“装修”、“污染”，同义词或近义词为“室内（住宅、居室、房屋）”、“污染（放射性、化学、氡气、甲醛、苯等）”。

（2）正确选择运算符（如逻辑运算符，位置运算符，截词符，字段限定符等），编制合理的计算机检索式。

（3）分析学科范畴，以便确定所要检索的学科领域，提高查全率。

（4）确定检索年代、文献类型。检索目的和要求不同，检索的策略和范围也不同。检索要求主要反映在用户对命中文献的类型、语种及所需文献的年代等不同。

（5）选择检索方法。常见的检索方法主要有以下几种。

① 顺查法。顺查法是从用户要求查找的起始年代，或从课题分析得出的该课题研究起始年代开始，顺着时间推移由远及近地查找文献的方法。运用这种方法查找文献，查找的文献比较全面、系统、可靠，查全率比较高，在一定程度上可以反映该课题研究发展的全过程。不足之处是耗时费力，劳动强度大，效率较低。

② 倒查法。倒查法是一种逆时间顺序，由近及远地往前追溯查找文献的方法。检索时，从当前开始，逐年向前查找，直到查到的结果满意为止。这种方法主要适用于一些前人没有研究过的新课题；或者前人虽然已经做过研究，但现在仍有研究价值；或者科技工作者在工作中碰到了问题需要解决，查找解决问题的办法。倒查法查找文献比顺查法节约时间，效率较高。但对于有些课题，特别是带有周期性的或阶段性研究的检索课题，如果未查到研究阶段，容易造成漏检。

③ 抽查法。抽查法是针对某一学科的发展特点，在发表文献较多的一段时间内（几年或十几年）进行检索，用以解决要求快速检索的课题。由于学科发展的高峰期，发表文献数量也较多，这种方法可以在较短的时间内检索到较多的文献，但前提是必须了解该学科和课题研究发展的历史背景。

④ 参考文献法。参考文献法主要利用文献的参考文献查找到一批文献，又利用所查到的这批文献的参考文献追溯检索的方法。使用这种方法检索文献时，最好先获取几篇与研究课题有关的综述文献，因为综述文献的参考文献较多，可视为小型情报源。但用此种方法检索容易漏检，所查文献很不全面，往前追溯的年代越远，所获得的文献就越陈旧。

⑤ 科学引文法。科学引文法从被引用作者的文献查找引用作者文献的方法。这种方法可以通过先期的文献被当前文献的引用，来说明文献之间的相关性及先前文献对当前文献的影响力。可以以某一特定论文的作者为线索，从被引用作者追溯检索引用作者的文献，了解同行的研究状况，达到扩大检索的目的。

（6）确定检索的信息源。在分析检索课题、明确检索要求的基础上，必须在综合考虑检索系统的特点、收录的学科范围、各数据库的专业范围、主题内容、数据来源与文献类型、技术含量、数据的存储年限、更新频率、检索费用以及使用方法的基础上，确定信息源。

3. 调整检索策略的方法

① 提高查全率：可以通过扩检，减少限定条件；可以使用上位主题词（指概念上外延更广的主题词，如“花”是“鲜花”的上位词）或上位分类号检索；也可以用相关主题词或相关类号进行检索。

② 提高查准率：可以通过缩检，对原检索词增加限定条件；也可以换用下位主题词或下位分类号为检索标识。

1.3.3 选择检索工具

选择检索工具应注意以下问题：

① 根据课题要求选择与所查课题相适应、质量较高、检索手段比较完善的检索工具。

② 优先选择机检工具，但若需较久远的信息，往往要借助手检工具。

③ 考虑价格和可获得性。不同的检索工具具有不同的侧重点。

不同检索工具的侧重点不同。

事实检索是对包括事实、数值与全文的检索，提供原始信息，给出直接、确定性的答案，回答的问题诸如"**我国最近一年在《SCI》上被收录的文献量是多少**"等问题。这些问题的答案明确、直接和肯定，通过事实检索工具一次完成。事实检索的书本型工具称为参考工具书，如字典、词典、百科全书、年鉴、手册、名录及书目指南等。

目录检索是间接的、相关性检索，给出来源文献线索，指引原始文献。信息用户经常使用的目录有馆藏目录、联合目录、机读目录等。

文摘索引检索是一种参考型、相关性的检索，提供相关参考文献的线索，包括文献来源出处，也常带有文献的内容摘要，但不是文献原文。文摘索引检索是能揭示到文章、论文级的检索，这些文章大量的是来自期刊及会议论文集。

1.3.4 确定检索途径与选定检索方法

1. 确定检索途径

（1）常见的检索途径

在利用检索工具查找文献信息时，主要利用检索工具的各种索引，每种索引提供一种文献信息检索途径。每种检索工具都为用户提供几种检索途径，归纳起来一般可以分为下列几种。

① 分类途径：按检索课题内容的学科属性，将其与检索工具所采用的分类表的类目相对照，确定所属分类号，然后进行检索。

② 主题途径：从文献主题概念出发，按相应主题词检索文献的一种途径。检索工具大都附有主题索引，检索时应根据检索工具所采用主题语言的选词规定来确定所检索课题的主题词。

③ 责任者途径：责任者包括著者、专利发明人、学术会议主办单位等，根据检索工具里的已知责任者索引来查找文献。

④ 题名途径：文献题名主要指文献书名、刊名、篇名等。常用检索工具有"书名目录"、"期刊目录"、"篇名目录"。

（2）确定检索途径

可以根据已知信息特征选择检索途径，可以根据课题检索要求选择检索途径，也可以根据检索工具提供的索引选择检索途径。

例如，了解某一学科的发展历史、研究现状和发展趋势，为制订战略决策和进行预测而搜集信息，应以分类途径为主，辅以主题检索；为研究解决某一具体问题或攻克某一技术难关，应以主题检索为主，辅以分类检索。

2. 选定检索方法

选择检索方法时，应视不同要求而采取不同策略。对于"普查"型的信息检索，要求"广、精"，宜采用顺查法；而对于"攻关"型的信息检索，要求"快、准"，宜采用倒查法。

对于新兴学科，年代较短，一般采用顺查法。对于传统学科，年代久远，起始年代无法查考，只能倒查。

1.3.5 查找文献

① 查找文献线索。当检索到研究课题的相关文献后，应仔细阅读文献著录条目的内容，判定是否有参考价值，如符合检索需要，则要准确记录下文献的分类号、题名、著者、出处和入藏

号等，以便索取原始文献，并用以积累资料。

② 查找原始文献。查找原始文献是文献检索的最终目的。网络技术的发展和全文数据库的兴起，使得原始文献信息的获取方式变的多种多样。根据检索到的文献线索，利用各种类型的馆藏目录、联合目录、网上全文数据库、网上杂志即可查到文献原文。

1.3.6 检索举例

1. 多功能 MP3 的制作

【课题分析】现今信息技术发展十分迅速，各种数码设备应运而生，诸如 MP3、MP4 播放器，数码相机，数码摄像机等。以 MP3 这种体积小、价格适中的为代表的多媒体存储放音设备，受到年轻人的青睐，所以其发展势头也是一浪高过一浪。DIY 一个 MP3 不但有助于提高动手能力，还能够培养学习兴趣。在广泛收集了资料之后，总结出在今后一段时间 MP3 播放器的发展趋势可能如下：① 注重外形的美观和做工的精致；② 采用大容量的存储设备如大容量 Flash、高速硬盘等；③ 采用更高速的 DSP 芯片或者是专用芯片提高音质和各种音效；④ 提供对多种文件格式的支持，如 MP3、MP4、WMA、WAV、MOV 等；⑤ 开发如红外遥控，机与机接口等功能。

由以上课题分析，制订以下检索策略。

（1）自拟主题词，关键词，并构件计算机逻辑检索表达式

① 主题词，关键词：MP3/MP4、多功能、大容量、文件格式。

② 基本的逻辑检索表达式：中文为"**(MP3 + MP4) * (硬盘 + FLASH + 功能 + 芯片 + 文件格式 + 接口)**"；英文为"**(MP3 + MP4) * (HARD DISK + FLASH + FUNCTION + CHIP + FILE TYPE + INTERFACE)**"。

（2）确定学科范畴

由课题分析可以知道，该课题主要涉及电子信息、通信、计算机科学等领域。

（3）确定检索年代，文献类型和检索方法

MP3 的普及主要开始于 20 世纪 90 年代后期，广泛普及是在 2000 年以后。考虑到绝大多数中文数据库的收录数据年限为 20 世纪 80～90 年代，因而时间范围选择从 90 年代开始；国外的数据库的收录年限也较早，检索时间范围也应从 90 年代开始。

鉴于所查领域是涉及 MP3 的最新发展，而且涉及的知识与工程技术结合较为紧密，所以文献类型主要选择科技图书、学位论文、科技期刊、科技报告及专利等，检索方法主要选择倒查法和追溯法，能够满足较高的查全率和查准率。

（4）选择要检索的中外数据库

要检索的中外数据库为中国期刊网、重庆维普、万方数据库、IEEE/IEE、CSA、EI。

2. 地震研究与预报

【课题分析】 地震是一种自然现象，在一次强烈地震之前往往会出现地震前兆。地震前兆一般分为微观前兆和宏观前兆两类。人类能凭听、看、嗅、触等感觉器官直接感觉到的称为宏观前兆，宏观前兆主要有动植物异常、地下水异常、地气、地光异常等。这就使得地震预报成为可能，从而减少人命伤亡与经济损失。如何来预报？靠什么来感知？

由以上课题分析，制订以下检索策略。

（1）根据课题自拟主题词，关键词，并构件计算机逻辑检索表达式如下。

① 主题词，关键词：地震研究、地震预报、地震、地震的发生。

② 基本的逻辑检索表达式：中文为“**地震 AND (研究 OR 预报)**”，英文为“**earthquake AND (research OR forecast)**”。

（2）检索时间范围和文献类型

① 时间范围：近代，地震的预报需要越来越精确，又形成了一种新的预测地震的方法，所以主要的查找还是从20世纪初开始的。

② 文献类型：鉴于地震的研究与预报的广泛性与专业性，可以从科技图书、学位论文、科技期刊、科学报告及会议文献等入手。

（3）课题涉及的相关学科领域

由课题分析知道，地震是一门非常复杂的学科，与许多的科目都有联系，如地理学、物理振动学、计算机科学、测绘学科、热力学等。

（4）选择合适的检索方法

针对这个课题的性质、特点及内容，采用倒查法比较合适，能够满足较高的查全率和查准率。

（5）选择适合本课题的检索数据库

中文数据库：万方数据库、维普数据库、中国期刊网、超星中文电子图书。

外文数据库：IEEE、EI、Elsevier SDOS、CSA、PQDD。

习 题 1

一、填空题

1. ________就是事物存在的方式和运动状态及其规律的表征，是事物的一种普遍属性。

2. ________是记录信息和知识基本载体。

3. ________指从信息集合中找出所需要的信息的过程，相当于人们通常所说的信息查寻。

4. 信息检索应________以及信息的需求分析和检索过程两个主要方面。

5. ________是指根据特定的信息需求而建立起来的一种有关信息搜集、加工、存储和检索的多功能开放系统。

6. 计算机检索系统由________构成。

7. ________是指采用布尔逻辑表达式来表达用户的检索要求，并通过一定的算法和实现手段进行检索的过程。

8. 截词检索是________的一种常用检索技术，大多数系统都提供截词检索功能。

9. ________为实现检索目标而实施的方法，也就是为满足信息需求所制订的一系列检索方案。

二、选择题

1. 文献是记录有知识的（　　）。

A. 媒体　　B. 纸张　　C. 光盘　　D. 磁盘

2. 下列（　　）属于一次文献。

A. 期刊论文　　B. 百科全书　　C 综述　　D. 文摘

3. 下列（　　）属于二次文献。

A. 专利文献　　B. 学位论文　　C. 会议文献　　D. 目录

4. 下列（　　）属于三次文献。

A. 标准文献　　B. 学位论文　　C. 综述　　D. 文摘

5. 下列属于连续出版物类型的选项有（　　）。

A. 图书　　B. 学位论文　　C. 科技期刊　　D. 会议文献

6. 下列属于特种文献类型的有（　　）。

A. 报纸　　B. 图书　　C. 科技期刊　　D. 标准文献

7. 以刊载新闻和评论为主的文献是（　　）。

A. 图书　　B. 报纸　　C. 期刊　　D. 会议文献

8. 利用文献末尾所附参考文献进行检索的方法是（　　）。

A. 倒查法　　B. 顺查法　　C. 引文追溯法　　D. 抽查法

9. 至少由一种文档组成并能满足某一特定目的或某一特定数据处理系统需要的一种数据集合，称为（　　）。

A. 数据库　　B. 记录　　C. 字段　　D. 文档

10. 广义的信息检索包含两个过程（　　）。

A. 检索与利用　　B. 存储与检索　　C. 存储与利用　　D. 检索与报道

11. 期刊论文记录中的“文献出处”字段是指（　　）。

A. 论文的作者　　B. 论文作者的工作单位

C. 刊载论文的期刊名称及年卷期、起止页码　　D. 收录论文的数据库

12. 以下检索出文献最少的检索式是（　　）。

A. a and b　　B. a and b or c　　C. a and b and c　　D. (a or b) and c

三、简答题

1. 什么是信息？信息具有哪些基本特点？

2. 计算机信息检索有哪些基本特点？

3. 简述信息检索的原理。

四、操作题

1. 几位大学生打算共同开办计算机服务超市，计划中的主营业务暂时是计算机维修和装机，兼营二手计算机和计算机外围设备批零，发展方向是企事业单位安防监控系统、工业流水线控制系统。

请为他们提供信息咨询服务：

（1）主、兼营业务项目在本地区、本行业是否存在过度竞争现象？

（2）发展方向项目的主要竞争对象。

（3）以统计分析结果判断创业计划的可行性。

请根据上述要求，拟写《可行性研究报告》的提纲（列出每项内容的信息搜集方向、途径、工具），实施检索并提供检索结果和判断意见。

第2章　网络基础与网络信息安全

计算机网络是由多种通信手段相互连接起来，实现数据通信和资源共享的计算机复合系统。因特网（Internet）是范围涵盖全球的计算机网络，通过因特网，人们不仅可以获取分布在全球的多种信息资源，还能够获得方便、快捷的电子商务服务及方便的远程协作。

2.1　网络基础

21世纪已进入计算机网络时代，计算机网络已成为计算机行业的一部分。新一代的计算机已将网络接口集成到主板上，网络功能已嵌入到操作系统之中。

2.1.1　计算机网络的产生和发展

1. 计算机网络的产生

早期的计算机是大型计算机，其包含很多个终端，不同终端之间可以共享主机资源，可以相互通信。但不同计算机之间相互独立，不能实现资源共享和数据通信，为了解决这个问题，美国国防部的高级研究计划局（ARPA）于1968年提出了一个计算机互连计划，并与1969年建成世界上第一个计算机网络ARPAnet。ARPAnet通过租用电话线路将分布在美国不同地区的4所大学的主机连成一个网络，如图2.1所示。

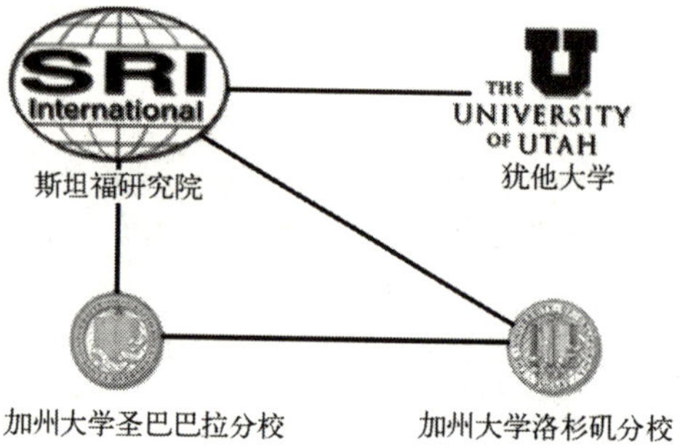

图2.1　阿帕网的连接方式

作为Internet的早期骨干网，ARPAnet试验并奠定了Internet存在和发展的基础。1984年，美国国家科学基金会（NSF）决定组建NSFnet。NSFnet通过56kbps的通信线路将美国6个超级计算机中心连接起来，实现资源共享。NSFnet采取三级层次结构，整个网络由主干网、地区网和校园网组成。地区网一般由一批在地理上局限于某一地域、在管理上隶属于某一机构的用户的计算机互连而成。连接各地区网上主通信节点计算机的高速数据专线构成了NSFnet的主干网。这样，当一个用户的计算机与某一地区相连以后，除了可以使用任一超级计算中心的设施，可以同网上任一用户通信，还可以获得网络提供的大量信息和数据。这一成功使得NSFnet于1990年彻底取代了ARPAnet而成为Internet的主干网。

2. 计算机网络的发展

计算机网络从产生到现在，总体来说可以分成4个阶段。

① 远程终端阶段。该阶段是计算机网络发展的萌芽阶段。早期计算机系统主要为分时系统，远程终端计算机系统在分时计算机系统的基础上，通过调制解调器（Modem）和公用电话网（PSTN），向分布在不同地理位置上的许多远程终端用户提供共享资源服务。这虽然不能算是真正的计算机网络系统，但它是计算机与通信系统结合的最初尝试。

② 计算机网络阶段。在远程终端计算机系统基础上，人们开始研究通过PSTN等已有的通信系统把计算机与计算机互连起来。于是以资源共享为主要目的计算机网络便产生了，ARPAnet是这一阶段的典型代表。网络中计算机之间具有数据交换的能力，提供了更大范围内计算机之间协同工作、分布式处理的能力。

③ 体系结构标准化阶段。计算机网络系统非常复杂，计算机之间相互通信涉及许多技术问题，为实现计算机网络通信，计算机网络采用分层策略解决网络技术问题。但是，不同的组织制定了不同的分层网络系统体系结构，它们的产品很难实现互连。为此，国际标准化组织ISO在1984年正式颁布了“开放系统互连基本参考模型 OSI/RM”国际标准，使计算机网络体系结构实现了标准化。20世纪80年代是计算机局域网和网络互连技术迅速发展的时期。局域网完全从硬件上实现了 OSI/RM，局域网与局域网互连、局域网与各类主机互连及局域网与广域网互连的技术也日趋成熟。

④ 因特网阶段。进入20世纪90年代，计算机技术、通信技术及计算机网络技术得到了迅猛发展。特别是1993年美国宣布建立国家信息基础设施（NII）后，全世界许多国家纷纷制订和建立本国的 NII，极大地推动了计算机网络技术的发展，使计算机网络进入了一个崭新的阶段，即因特网阶段。目前，高速计算机互联网络已经形成，已经成为人类最重要的、最大的知识宝库。

2.1.2 计算机网络的基本概念

1. 网络的概念

计算机网络是指将地理位置不同的具有独立功能的多台计算机及其外部设备，通过通信线路连接起来，在网络操作系统、网络管理软件及网络通信协议的管理和协调下，实现资源共享和信息传递的计算机系统。

从宏观角度看，计算机网络一般由资源子网和通信子网两部分构成，如图2.2所示。

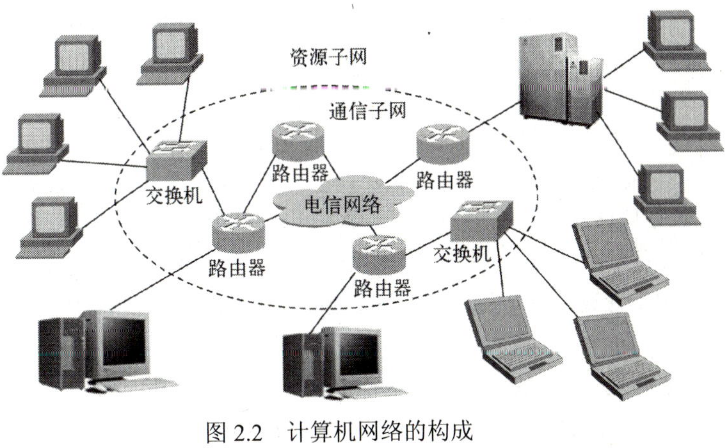

图2.2 计算机网络的构成

① 资源子网。资源子网主要由网络中所有的主计算机、I/O设备和终端、各种网络协议、网络软件和数据库等组成，负责全网的信息处理，为网络用户提供网络服务和资源共享功能等。

② 通信子网。通信子网主要由通信线路、网络连接设备（如网络接口设备、通信控制处理机、网桥、路由器、交换机、网关、调制解调器和卫星地面接收站等）、网络通信协议和通信控制软件等组成，主要负责全网的数据通信，为网络用户提供数据传输、转接、加工和转换等通信处理工作。

2. 基本特征

网络的定义从不同的方面描述了计算机网络的 3 个特征。

① 联网的目的在于资源共享。可共享的资源包括硬件、软件和数据。

② 互连的计算机应该是独立计算机。联网的计算机可以联网工作也可以单机工作。如果一台计算机带多台终端和打印机，这种系统通常被称为多用户系统，而不是计算机网络。由一台主控机和多台从控机构成的系统是主从式系统，也不是计算机网络。

③ 联网计算机遵守统一的协议。计算机网络是由许多具有信息交换和处理能力的节点互连而成。要使整个网络有条不紊地工作，就要求每个节点必须遵守一些事先约定好的有关数据格式及时序等规则。这些为实现网络数据交换而建立的规则、约定或标准就称为网络协议。

2.2 计算机网络的基本组成

根据网络的概念，计算机网络一般由三部分组成：计算机、通信线路和设备、网络软件。

2.2.1 联网计算机

联网计算机根据其作用和功能不同，可分为服务器和客户机两类。

① 服务器。服务器是整个网络系统的核心，它为网络用户提供服务并管理整个网络。随着局域网络功能的不断增强，根据服务器在网络中所承担的任务和所提供的功能不同，把服务器分为：文件服务器、邮件服务器、打印服务器和通信服务器等。

② 客户机，又称为工作站。服务器为网络上许多用户提供服务和共享资源。客户机是用户和网络的接口设备，可以与网络交换信息、共享网络资源。现在的客户机都由具有一定处理能力的个人计算机机来承担。

③ 移动终端。在计算机网络中有一类特殊的客户机，即移动终端。移动终端是指可以在移动中使用的计算机设备，广义地讲包括手机、笔记本、平板电脑、POS 机甚至包括车载计算机，但大部分情况下是指手机或者具有多种应用功能的智能手机以及平板电脑。随着网络和技术朝着越来越宽带化的方向的发展，移动终端正在从简单的通话工具变为一个综合信息处理平台。

在便携状态下，人们对随时获得信息的要求更为迫切，并对设备的电池续航能力有着高度的要求。移动设备应该具有消费类电子的若干特性：简单易用、即开即用和功能完备。

与移动终端密切相关的是移动 APP。APP 在手机中的意思其实是 application 的简称，即“应用”的意思，通常用于苹果、安卓及 Windows Phone 等智能手机中。随着移动互联网时代的发展，移动 APP 应用开发市场的突飞猛进，移动 APP 成为移动互联网的主流。因为智能手机的流行，现在 APP 一般代指其他第三方的应用软件。

iPhone 和 iPad 的产生促进了内容商、运营商、IT 厂商、用户这四者之间联系，由此大大地推进了内容的建设、应用程序的建设、用户体验的经验。人们逐渐习惯了使用 APP 客户端上网的方式，目前 APP 给手机电商带来的流量远远超过了传统互联网（PC 端）的流量，通过 APP 进行盈利也是各大电商平台的发展方向。事实表明，各大电商平台向移动 APP 的倾斜也是十分明显的，原因不仅仅是每天增加的流量，更重要的是由于手机移动终端的便捷，为企业积累了更多的用户，更有一些用户体验不错的 APP 使得用户的忠诚度、活跃度都得到了很大程度的提升，从而为企业的创收和未来的发展起到了关键性的作用。表 2.1 列出了常见的移动 APP 分类。

表 2.1 常见移动 APP 分类

分 类	应 用
社交应用	微信、新浪微博、QQ 空间、人人网、开心网、腾讯微博、米聊、Facebook、朋友网、米聊、在身边、世纪佳缘、Weico、遇见、人人网、YY 语音、连我、飞聊
地图导航	Google 地图、导航犬、凯立德导航、百度地图、悠悠手机导航、SOSO 地图、天翼导航、中国移动手机导航、老虎宝典、图吧导航、高德地图、8684 公交地铁、搜狗地图、谷歌街景、坐车网
网购支付	淘宝、天猫、京东商城、大众点评、淘打折、团购大全、拉手团购、美丽说、豆角优惠、蘑菇街、美团、掌上亚马逊、当当网、苏宁易购、支付宝
通话通讯	手机 QQ、Youni 短信、飞信、QQ 通讯录、YY 语音、QQ 同步助手、通通免费电话、来电通、掌上宝、旺信、阿里旺旺、阿里通网络电话、掌上免费电话、云呼免费网络电话、UU 电话、QT 语音
生活消费类	去哪儿旅行、携程无线、114 商旅、百度旅游、穷游锦囊、大众点评、布丁优惠券、食神摇摇、58 同城、赶集网、百姓网、号百餐厅
查询工具	墨迹天气、我查查、快拍二维码、盛名列车时刻表、航班管家
拍摄美化	美图秀秀、快图浏览、3D 全景照相机、百度魔图、美人相机、磨屏漫画、照片大头贴、PhotoWarp、GIF 快手、多棱相机
影音播放	酷狗音乐、酷我音乐、奇艺影视、多米音乐、手机电视、PPTV、优酷、快播、QQ 音乐、暴风影音
图书阅读	91 熊猫看书、iReader、Adobe 阅读器、云中书城、懒人看书、书旗免费小说、QQ 阅读、手机阅读、百阅、开卷有益
浏览器	UC 浏览器、QQ 浏览器、ES 文件浏览器
新闻资讯	搜狐新闻、VIVA 畅读、网易新闻、鲜果联播、掌中新浪、中关村在线

2.2.2 通信线路

通信线路也称为传输介质，是数据信息在通信系统中传输的物理载体，也是影响通信系统性能的重要因素。传输介质通常分为有线介质和无线介质。有线介质包括双绞线、同轴电缆和光纤等。无线介质利用自由空间进行信号传播，包括卫星、红外线、激光、微波等。衡量传输介质性能时有几个重要的概念：带宽、衰减损耗、抗干扰性。带宽决定了信号在传输介质中的传输速率，衰减损耗决定了信号在传输介质中能够传输的最大距离，传输介质的抗干扰特性决定了传输系统的传输质量。

1. 有线传输介质

（1）双绞线

双绞线是最常用的传输介质，可以传输模拟信号或数字信号。双绞线是由两根相同的绝缘导线相互缠绕而形成的一对信号线，一根是信号线；另一根是地线，两根线缠绕的目的是减小相互之间的信号干扰。如果把多对双绞线放在一根导管中，便形成了由多根双绞线组成的电缆。

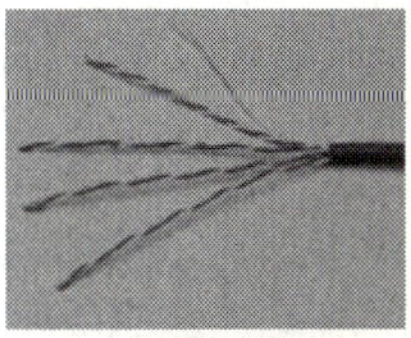

(a)非屏蔽双绞线

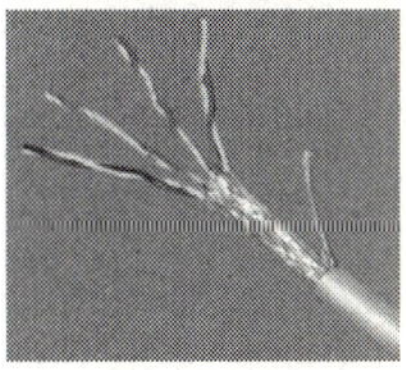

(b)屏蔽双绞线

图 2.3 双绞线

局域网中的双绞线分为两类：非屏蔽双绞线（Unshielded Twisted Pair，UTP）、屏蔽双绞线（Shielded Twisted Pair，STP），如图 2.3 所示。屏蔽双绞线由外部保护层、屏蔽层与多对双绞线组成；非屏蔽双绞线由外部保护层与多对双绞线组成。屏蔽双绞线对电磁干扰具有较强的抵抗能力，适用于网络流量较高的高速网络，非屏蔽双绞线适用于网络流量较低的低速网络。

双绞线的衰减损耗较高，因此不适合远距离的数据传输。普通双绞线传输距离限定在 100 m 之内，一般速率为 100 Mbps，高速可到 1 Gbps。

（2）同轴电缆

同轴电缆由中心铜线、绝缘层、网状屏蔽层及塑料封套组成，如图 2.4 所示。按直径不同，同轴电缆可分为粗缆和细缆。一般，粗缆的损耗小，传输距离比较远，单根传输距离可达 500 m；细缆由于功率损耗比较大，传输距离比较短，单根传输距离为 185 m。

同轴电缆最大的特点是可以在相对长的无中继器的线路上支持高带宽通信，屏蔽性能好，抗干扰能力强，数据传输稳定，目前主要应用于有线电视网、长途电话系统及局域网之间的数据连接。其缺点是成本高，体积大，不能承受缠结、压力和严重的弯曲，所有这些缺点正是双绞线能克服的。因此，现在的局域网环境中，同轴电缆基本已被双绞线所取代。

（3）光纤

光纤是光导纤维的简称，是一种利用光在玻璃或塑料制成的纤维中的按照全反射原理进行信号传递的光传导工具。光纤由纤芯、包层、涂覆层和套塑四部分组成，如图 2.5(a)所示。纤芯在中心是由高折射率的高纯度二氧化硅材料组成的，主要用于传输光信号。包层由掺有杂质的二氧化硅组成，其光折射率要比纤芯的折射率低，使光信号能在纤芯中产生全反射传输。涂覆层及套塑的主要作用是加强光纤的机械强度。

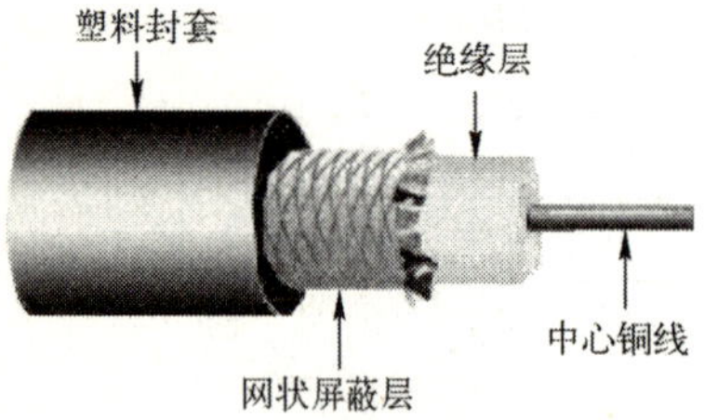

图 2.4　同轴电缆的结构示意

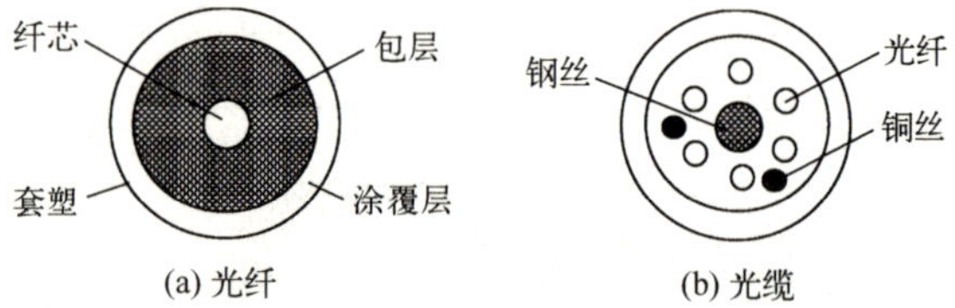

图 2.5　光纤与光缆

在实际工程应用中，光纤要制作成光缆，光缆一般由多根纤芯绞制而成，纤芯数量可根据实际工程要求而绞制，如图 2.5(b)所示。光缆要有足够的机械强度，所以在光缆中用多股钢丝来充当加固件。有时还在光缆中绞制一对或多对铜线，用于电信号传送或电源线。

2．无线传输介质

无线传输以电磁波为传输介质，电磁波又称为电磁辐射，其传播方向垂直于电场与磁场构成的平面，能有效的传递能量和动量。电磁辐射可以按照频率分类，从低频率到高频率，包括有无线电波、红外线、可见光、紫外光、X 射线和 γ 射线等。常见的无线通信的方法有微波、红外线和激光等。

（1）微波

微波是指频率为 300 MHz～300 GHz 的电磁波，是无线电波中一个有限频带的简称，即波长为 1 mm～1 m 之间的电磁波，是分米波、厘米波、毫米波的统称。微波频率比一般的无线电波频率高，通常也称为“超高频电磁波”。微波沿着直线传播，具有很强的方向性，只能进行视距离传播，因此发射天线和接收天线必须精确地对准。由于微波长距离传送时会发生衰减，所以每隔一段距离就需要一个中继站。为了增加微波的传输距离，应提高微波收发器或中继站的高度。当将微波中继站放在人造卫星上时，便形成了卫星通信系统，可见，卫星通信是一种特殊的微波中继系统。

卫星通信可以分为两种方式：一种是点对点方式，通过卫星将地面上的两个点连接起来；另一种是多点对多点的方式，一颗卫星可以接收几个地面站发来的数据信号，然后以广播的方式将所收到的信号发送到多个地面站。多点对多点方式主要应用于电视广播系统、远距离电话及数据通信系统。卫星通信的优点是：覆盖面积大，可靠性高，信道容量大，传输距离远，传输成本不随距离的增加而增大，主要适用于远距离广域网络的传输。其缺点是：卫星成本高，传播延迟时间长，受气候影响大，保密性较差。

（2）红外线

红外线是太阳光线中众多不可见光线中的一种，太阳光谱上红外线的波长大于可见光线，波长为 0.75～1000 μm。红外线可分为三部分：近红外线，波长为 0.75～1.50 μm；中红外线，波长为 1.50～6.0 μm；远红外线，波长为 6.0～1000 μm。

红外线通信有两个最突出的优点：① 保密性强，不易被人发现和截获；② 抗干扰性强，几乎不会受到电气、天电、人为干扰。此外，红外线通信机体积小，重量轻，结构简单，价格低廉。但是它必须在直视距离内通信，且传播受天气的影响。在不能架设有线线路，而使用无线电又怕暴露的情况下，使用红外线通信是比较好的。

（3）激光

激光是一种方向性极好的单色相干光。激光通信系统包括发送和接收两部分。发送部分主要有激光器、光调制器和光学发射天线。接收部分主要包括光学接收天线、光学滤波器、光探测器。需要传送的信息首先被送到与激光器相连的光调制器中，光调制器将信息调制在激光上，然后通过光学发射天线发送出去。在接收端，光学接收天线将激光信号接收下来，送至光探测器，光探测器将激光信号变为电信号，经放大、解调后变为原来的信息。

激光通信具有通信容量大、保密性强、结构轻便和设备经济等优点，但也存在大气衰减严重、瞄准困难的缺点。

3. 移动通信技术

移动通信技术已经历了三个主要发展阶段。第一代起源于 20 世纪 80 年代，主要采用模拟和频分多址（FDMA）技术。第二代（2G）起源于 90 年代初期，主要采用时分多址（TDMA）和码分多址（CDMA）技术。第三代移动通信系统（3G）可以提供更宽的频带，不仅传输话音，还能传输高速数据，从而提供快捷方便的无线应用。然而，第三代移动通信系统仍是基于地面标准不一的区域性通信系统，尽管其传输速率可高达 2 Mb/s，仍无法满足多媒体通信的要求，因此第四代移动通信系统（4G）的研究随之应运而生。

4G 是集 3G 与 WLAN 于一体，并能够传输高质量视频图像，图像传输质量与高清晰度电视不相上下。4G 系统能够以 100 Mb/s 的速率下载，比目前的拨号上网快 2000 倍，上传速度能达到 20 Mb/s，并能够满足几乎所有用户对于无线服务的要求。在用户最为关注的价格方面，4G 与固定宽带网络在价格方面不相上下，而且计费方式更加灵活、机动，用户完全可以根据自身的需求确定所需的服务。此外，4G 可以在 DSL 和有线电视调制解调器没有覆盖的地方部署，再扩展到整个地区。显然，4G 有着不可比拟的优越性。

4G 与 3G 之间的主要区别在于终端设备的类型、网络拓扑的结构以及构成网络的技术类型。终端设备除了手机之外应当包括头戴式话机、PDA 终端、膝上机、手表式话机、电视机、游戏机、

DVD、零售机，甚至宠物机等，凡是人所能构想的和能够识别IP地址的无线电收发信机。其次，4G是由多种技术组成的，包括彼此似乎不相干的技术，如WiFi、超宽带无线电、便携式计算机、软件无线电等技术构成的高速全球通网络。4G网络结构如图2.6所示。

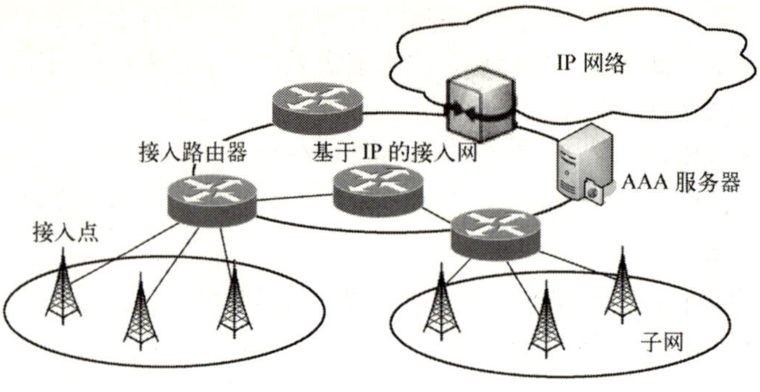

图2.6　4G网络结构

4G通信包括以下关键技术。

① 正交频分复用（OFDM）。OFDM技术的主要思想就是在频域内将给定信道分成许多窄的正交子信道，在每个子信道上使用一个子载波进行调制，并且各子载波并行传输，因此可以大大消除信号波形间的干扰。OFDM还可以在不同的子信道上自适应地分配传输负荷，这样可优化总的传输速率。OFDM技术还能对抗频率选择性衰落或窄带干扰。在OFDM系统中由于各个子信道的载波相互正交，于是它们的频谱是相互重叠的，这样不但减小了子载波间的相互干扰，同时又提高了频谱利用率。

② 智能天线（SA）与多入多出天线（MIMO）技术。智能天线具有抑制信号干扰、自动跟踪以及数字波束调节等智能功能，被认为是未来移动通信的关键技术。智能天线成形波束能在空间域内抑制交互干扰，增强特殊范围内想要的信号，这种技术既能改善信号质量又能增加传输容量，其基本原理是在无线基站端使用天线阵和相关无线收发信机来实现射频信号的接收和发射。同时通过基带数字信号处理器，对各个天线链路上接收到的信号按一定算法进行合并，实现上行波束整形。目前智能天线的工作方式主要有两种：全自适应方式和基于多波束的波束切换方式。

利用多入多出天线MIMO（Multiple-Input Multiple-Out-put）系统，可成倍地提高无线信道容量，在不增加带宽和天线发送功率的情况下，频谱利用率可以成倍地提高。利用MIMO技术可以提高信道的容量，同时也可以提高信道的可靠性，降低误码率。

③ 软件无线电技术。软件无线电技术被认为是可以将不同形式的通信技术有效联系在一起的唯一技术。在4G移动通信系统中，软件将会变得非常繁杂。为此专家们提议引入软件无线电技术，将其作为从第二代移动通信通向第三代和第四代移动通信的桥梁。软件无线电技术能够将模拟信号的数字化过程尽可能地接近天线，即将A/D和D/A转换器尽可能地靠近RF前端，利用软件无线电技术进行信道分离、调制解调和信道编译码等工作。软件无线电技术旨在建立一个无线电通信平台，在平台上运行各种软件系统，以实现多通路、多层次和多模式的无线通信。因此应用软件无线电技术，一个移动终端就可以实现其在不同系统和平台之间畅通无阻的使用。

2.2.3　通信设备

通信设备包括用于网内连接的网络适配器、调制解调器、集线器、交换机和网间连接的中继器、路由器、网桥、网关等。

（1）网络适配器

网络适配器（Network Interface Card，NIC）简称网卡。用于实现联网计算机和网络电缆之间的物理连接，完成计算机信号格式和网络信号格式的转换。通常，网络适配器就是一块插件板，插在 PC 的扩展槽中并通过这条通道进行高速数据传输。在局域网中，每台联网计算机都需要安装一块或多块网卡，通过网卡将计算机接入网络电缆系统。常见的网卡如图 2.7 所示。

（2）ADSL 调制解调器

ADSL 的一般接入方式如图 2.8 所示。计算机内的信息是数字信号，而电话线上传递的是模拟电信号。所以，当两台计算机要通过电话线进行数据传输时，需要一个设备负责数据的数模转换，即 Modem。计算机在发送数据时，先由 Modem 把数字信号转换为相应的模拟信号，这个过程称为调制。经过调制的信号通过电话载波在电话线上传送，到达接收方后，要由接收方的 Modem 负责把模拟信号还原为数字信号，这个过程称为解调。

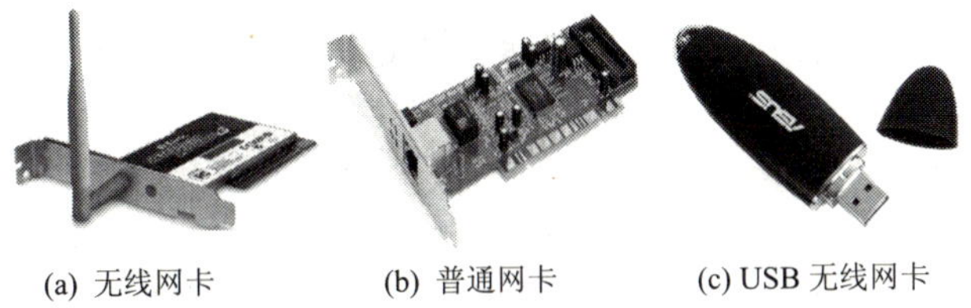

图 2.7　网卡

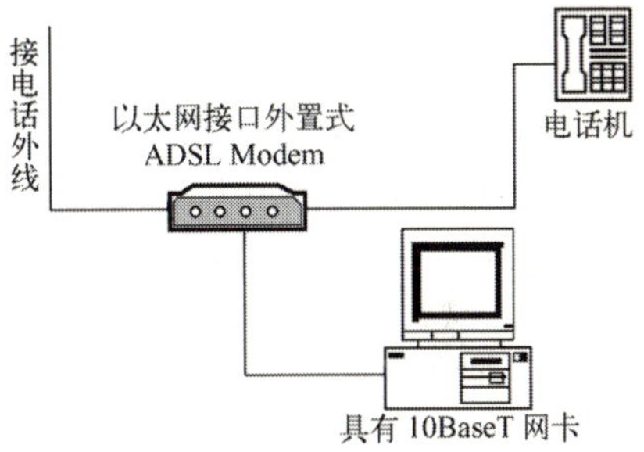

图 2.8　ADSL 的一般接入方式

ADSL Modem 是为非对称用户数字环路（ADSL）提供数据调制和数据解调的设备，其上有一个 RJ-11 电话线端口和一个或多个 RJ-45 网线端口，支持最高下行 8 Mbps 速率和最高上行 1 Mbps 速率，抗干扰能力强，适合普通家庭用户使用。某些型号的产品还带有路由功能和无线功能。ADSL 采用离散多音频（DMT）技术，将原先电话线路 0～1.1 MHz 频段以 4.3 kHz 为单位划分成 256 个子频带，其中，4 kHz 以下频段仍用于传送传统电话业务（POTS），20～138 kHz 频段用来传送上行信号，138 kHz～1.1 MHz 频段用来传送下行信号。DMT 技术可根据线路的情况调整在每个信道上所调制的比特数，以便更充分地利用线路。

（3）交换机

交换机（Switch）是一种用于电信号转发的网络设备，可以为接入交换机的任意两个网络节点提供独享的电信号通路。最常见的交换机是以太网交换机。

交换机拥有一条很高带宽的背部总线和内部交换矩阵。交换机所有的端口都挂接在这条背部总线上，控制电路收到数据包以后，会查找地址映射表以确定目的计算机挂接在哪个端口上，通过内部交换矩阵迅速在数据帧的始发者和目标接收者之间建立临时的交换路径，使数据帧直接由源地址到达目的地址。交换机的工作原理如图 2.9 所示。

图中的交换机有 6 个端口，其中端口 1、4、5、6 分别连接节点 A、B、C、D，那么交换机的“端口号/MAC 地址映射表”就可以根据以上端口号与节点 MAC 地址的对应关系建立起来。如果节点 A 与节点 D 同时要发送数据，那么它们可以分别在数据帧的目的地址字段（DA）中添上该帧的目的地址。例如，节点 A 要向节点 C 发送帧，那么该帧的目的地址 DA=节点 C；节点 D 要向节点 B 发送帧，那么该帧的目的地址 DA=节点 B。当节点 A、节点 D 同时通过交换机传送帧时，交换机的交换控制中心根据“端口号/MAC 地址映射表”的对应关系找出帧的目的地址的

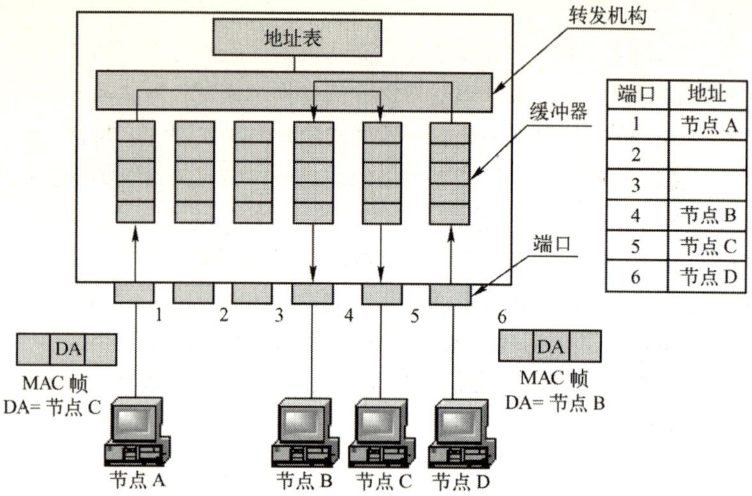

图 2.9　交换机的工作原理

输出端口号，那么它就可以为节点 A 到节点 C 建立端口 1 到端口 5 的连接，同时为节点 D 到节点 B 建立端口 6 到端口 4 的连接。这种端口之间的连接可以根据需要同时建立多条，也就是说可以在多个端口之间建立多个并发连接。

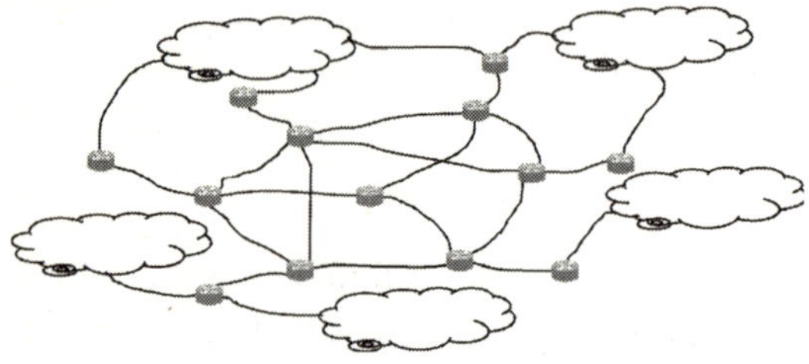

图 2.10　路由器联网示意

（4）路由器

路由器（Router）是互联网的主要节点设备，作为不同网络之间互相连接的枢纽，路由器系统构成了基于 TCP/IP 的 Internet 的骨架。路由器联网示意如图 2.10 所示。

路由器通过路由选择决定数据的转发，它的处理速度是网络通信的主要瓶颈之一，它的可靠性则直接影响着网络互连的质量。因此，在地区网乃至整个 Internet 研究领域中，路由器技术始终处于核心地位。

路由器的主要工作就是为经过路由器的每个数据报寻找一条最佳传输路径，并将该数据有效地传送到目的站点。选择最佳路径的策略是路由器的关键所在，为了完成这项工作，在路由器中保存着各种传输路径的相关数据（即路由表）。路由表保存着子网的标志信息、网上路由器的个数和下一个路由器的名字等内容。路由表可以是由系统管理员固定设置（静态路由表），也可以由系统动态修改（动态路由表）。

2.2.4　网络软件

网络软件在网络通信中扮演了极为重要的角色。网络软件可大致分为网络系统软件和网络应用软件。

（1）网络系统软件

网络系统软件控制和管理网络运行、提供网络通信和网络资源分配与共享功能，为用户提供了访问网络和操作网络的友好界面。网络系统软件主要包括网络操作系统（Network Operation System，NOS）和网络协议软件。

一个计算机网络拥有丰富的软件、硬件和数据资源，为了能使网络用户共享网络资源、实现通信，需要对网络资源和用户通信过程进行有效管理，实现这一功能的软件系统称为网络操作系统。常见的网络操作系统有 Microsoft 公司的 Windows 7 和 Sun 公司的 UNIX 等。

为网络数据交换而制定的关于信息顺序、信息格式和信息内容的规则、约定与标准被称为网络协议（Protocol）。目前常见的网络协议有 TCP/IP、SPX/IPX、OSI 和 IEEE802。其中，TCP/IP 是任何要连接到 Internet 上的计算机必须遵守的协议。

（2）网络应用软件

网络应用软件是指为某一个应用目的而开发的网络软件，网络应用软件既可用于管理和维护网络本身，又可用于某一个业务领域，如网络管理监控程序、网络安全软件、数字图书馆、Internet 信息服务、远程教学、远程医疗、视频点播等。网络应用的领域极为广泛，网络应用软件也极为丰富。

2.3 因特网基础

任何网络只有与其他网络相互连接，才能使不同网络上的用户相互通信，以实现更大范围的资源共享和信息交流。通过相关设备，将全世界范围内的计算机网络互连起来形成一个范围涵盖全球的大网，这就是因特网。

2.3.1 因特网体系结构

因特网的核心协议是 TCP/IP，也是实现全球性网络互连的基础。TCP/IP 采用分层化的体系结构，分为 5 个层，分别是物理层、数据链路层、网络层、传输层、应用层，每层都有相应的数据传输单位和不同的协议。因特网体系结构如图 2.11 所示。

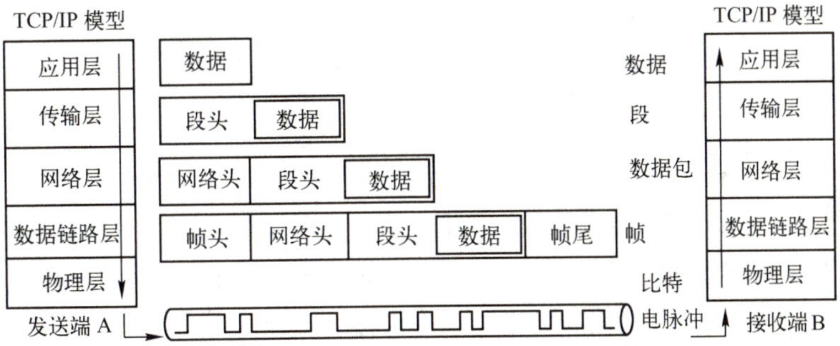

图 2.11 因特网体系结构

工作于传输层的 TCP（Transmission Control Protocol）和工作于网络层的 IP（Internet Protocol）是因特网层次模型中的两个重要协议。网络层的功能是在不同网络之间以统一的数据分组格式（IP 数据报）传递数据信息和控制信息，从而实现网络互连。传输层的主要功能是对网络中传输的数据分组提供必要的传输质量保障。应用层可以实现多种网络应用，如 Web 服务、文件传输、电子邮件服务等。

因特网数据传输的基本过程如下。

发送端 A：应用层负责将要传递的信息转换成数据流，传输层将应用层提供的数据流分段，称为数据段（段头+数据），段头主要包含该数据由哪个应用程序发出、使用什么协议传输等控制信息；传输层将数据段传给网络层；网络层将传输层提供的数据段封装成数据包（网络头+数据段），网络头包含源 IP 地址、目标 IP、使用什么协议等控制信息，网络层将数据包传输给数据链路层；数据链路层将数据封装成数据帧（帧头+数据包），帧头包含源 MAC 地址、目标 MAC 地址、使用什么协议封装等信息，数据链路层将帧传输给物理层形成比特流，并将比特流转换成电脉冲通过传输介质发送出去。

接收端 B：物理层将电信号转变为比特流，提交给数据链路层，数据链路层读取该帧的帧头信息，如果是发给自己的，就去掉帧头，并交给网络层处理；如果不是发给自己的，则丢弃该帧。网络层读取数据包头的信息，检查目标地址，如果是自己的，去掉数据包头交给传输层处理；如果不是，则丢弃该包。传输层根据段头中的端口号传输给应用层某个应用程序。应用层读取数据段报文头信息，决定是否做数据转换、加密等，最后 B 获得了 A 发送的信息。

1. 网络层协议

网络层的主要协议是 IP，是建造大规模异构网络的关键协议，各种物理网络（如各种局域网和广域网）通过 IP 协议能够互连起来。因特网上的所有节点（主机和路由器）都必须运行 IP 协议。为了能够统一不同网络技术数据传输所用的数据分组格式，因特网采用统一 IP 分组（称为 IP 数据报）在网络之间进行数据传输，通常情况下这些数据分组并不是直接从源节点传输到目的节点的，而是穿过由因特网路由器连接的不同的网络和链路。

IP 协议工作过程如图 2.12 所示。

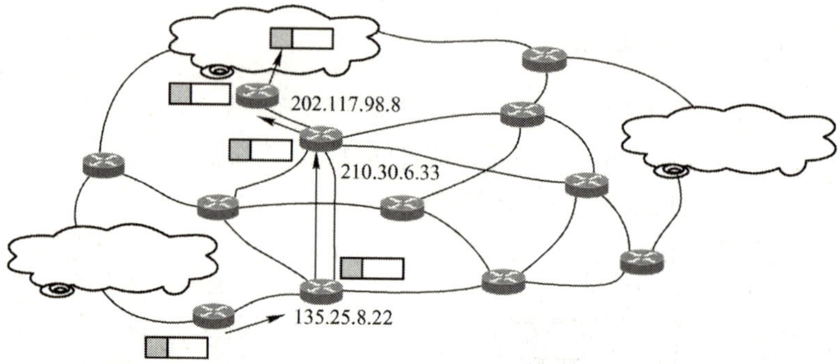

图 2.12　IP 协议工作过程

IP 协议以 IP 数据报的分组形式从发送端穿过不同的物理网络，经路由器选路和转发最终到达目的端。例如，源主机发送一个到达目的主机的 IP 数据包，IP 协议查路由表，找到下一个地址应该发往路由器 135.25.8.22（路由器 1），IP 协议将 IP 数据包转发到路由器 1，路由器 1 收到 IP 数据包，提取 IP 包中的目的地址的网络号，在路由表中查找目的网络应该发往路由器 210.30.6.33（路由器 2），IP 协议将 IP 数据包转发到路由器 2，路由器 2 收到 IP 数据包，提取 IP 包中的目的地址的网络号，在路由表中查找目的网络应该发往路由器 202.117. 98.8（路由器 3），IP 协议将 IP 数据包转发到路由器 3，路由器 3 收到 IP 数据包后将数据包转发到目的主机。

2. 传输层协议

IP 数据报在传输过程中可能出现分组丢失、传输差错等错误。要保证网络中数据传送的正确，应该设置另一种协议，这个协议应该准确地将从网络中接收的数据递交给不同的应用程序，并能够在必要时为网络应用提供可靠的数据传输服务质量，这就是工作于传输层的 TCP 协议和 UDP 协议（用户数据报协议）。这两种协议的区别在于 TCP 对所接收的 IP 数据报通过差错校验、确认重传及流量控制等控制机制实现端系统之间可靠的数据传输；而 UDP 并不能为端系统提供这种可靠的数据传输服务，其唯一的功能就是在接收端将从网络中接收到的数据交付到不同的网络应用中，提供一种最基本的服务。

3. 应用层协议

应用层的协议提供不同的服务，常见的有以下几个。

- DNS（Domain Name System，域名系统）：用来将域名映射成 IP 地址。
- SMTP（Simple Mail Transfer Protocol，简单邮件传输协议）、POP3（Post Office Protocol 3，邮局协议版本 3）：用来收发邮件。
- HTTP（HyperText Transfer Protocol，超文本传输协议）：用于传输浏览器使用的普通文本、超文本、音频和视频等数据。
- TELNET 协议：用于把本地的计算机仿真成远程系统的终端使用远程计算机。
- FTP（File Transfer Protocol，文件传输协议）：用于网络上计算机间的双向文件传输。

2.3.2 IP 地址

Internet 中的主机之间要正确地传送信息，每个主机就必须有唯一的区分标志。IP 地址就是给每个连接在 Internet 的主机分配的一个区分标志。按照 IPv4 协议规定，每个 IP 地址用 32 位二进制数来表示。

1. IP 地址

32 位的 IP 地址由网络号和主机号组成。IP 地址中网络号的位数、主机号的位数取决于 IP 地址的类别。为了便于书写，经常用点分十进制数表示 IP 地址，即每 8 位写成一个十进制数，中间用“.”作为分隔符，如 11001010 01110101 01100010 00001010 可以写成 202.117.98.10。

IP 地址分为 A、B、C、D、E 共 5 类，如图 2.13 所示。

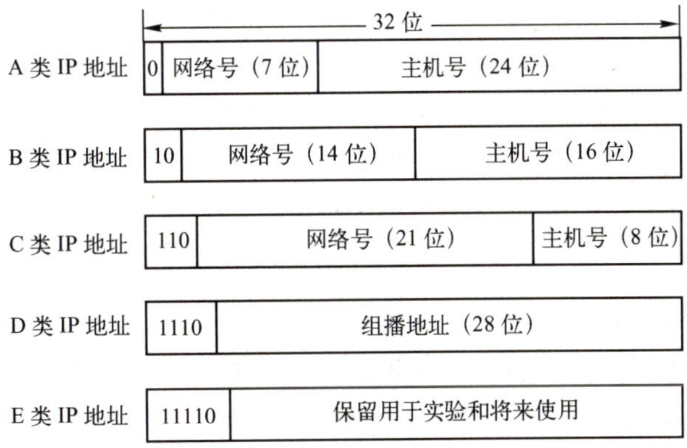

图 2.13　IP 地址的构成及类别

① A 类 IP 地址。一个 A 类 IP 地址以 0 开头，后面跟 7 位网络号，最后是 24 位主机号。如果用点分十进制数表示，A 类 IP 地址就由 1 字节的网络地址和 3 字节主机地址组成。A 类网络地址适用于大规模网络，全世界 A 类网只有 126 个（全 0、全 1 不分配），每个网络所能容纳的计算机数为 16 777 214 台（$2^{24}-2$ 台，全 0、全 1 不分配）。

② B 类 IP 地址。一个 B 类 IP 地址以 10 开头，后面跟 14 位网络号，最后是 16 位主机号。如果用点分十进制数表示，B 类 IP 地址就由 2 字节的网络地址和 2 字节主机地址组成的。B 类网络地址适用于中等规模的网络，每个网络所能容纳的计算机数为 65 534 台（$2^{16}-2$ 台，全 0、全 1 不分配）。

③ C 类 IP 地址。一个 C 类 IP 地址以 110 开头，后面跟 21 位网络号，最后是 8 位主机号。

如果用点分十进制数表示，C 类 IP 地址就由 3 字节的网络地址和 1 字节主机地址组成的。C 类网络地址数量较多，适用于小规模的局域网络，每个网络最多只能包含 254 台计算机（2^8-2 台，全 0、全 1 不分配）。

④ D 类 IP 地址。D 类 IP 地址以 1110 开始，它是一个专门保留的地址。它并不指向特定的网络，目前这一类地址被用在多点广播中。多点广播地址用来一次寻址一组计算机，它标识共享同一协议的一组计算机。

⑤ E 类 IP 地址。E 类 IP 地址以 11110 开始，保留用于将来和实验使用。

2. 子网掩码

子网掩码又叫网络掩码，子网掩码不能单独存在，必须结合 IP 地址一起使用。子网掩码只有一个作用，就是表明一个 IP 地址中哪些位是网络号，哪些位是主机号。子网掩码的长度是 32 位，左边是网络位，用二进制数 1 表示，1 的数目等于网络位的长度；右边是主机位，用二进制数 0 表示，0 的数目等于主机位的长度。A 类地址的默认子网掩码为 255.0.0.0，B 类地址的默认子网掩码为 255.255.0.0，C 类地址的默认子网掩码为：255.255.255.0。

例如，某公司申请到了一个 B 类网的 IP 地址分发权，网络号为 10001010 00001010，意味着该网拥有的主机数为 2^{16}-2=65 534 台，其主机号可以是 00000000 00000001～11111111 11111110，这些主机都使用同一个网络号，这样的网络难以管理。Internet 采用将一个网络划分成若干子网的技术解决这个问题，基本思想是把具有这个网络号的 IP 地址划分成若干个子网，每个子网具有相同的网络号和不同的子网号。例如，可以将 65 534 个主机号按前 8 位是否相同分成 256 个子网，则每个子网中含有 254 个主机号。假定现在从子网号为 10100000 的子网中获得了一个主机号 00001010，则对应的 IP 地址为 10001010 00001010 10100000 00001010，用点分十进制数表示为 138.10.160.10，如果将该 IP 地址传给 IP 协议，若按默认方式理解，将认为该 IP 地址的主机号为 16 位，与实际不符，这时就需要告诉 IP 协议划分了子网，需要设置子网掩码 255.255.255.0。

例如，有一 IP 地址为 202.158.96.238，对应的子网掩码为 255.255.255.240，由子网掩码可知，网络号为 28 位，是 202.158.96.224，主机号为 4 位，是 14。

3. 特殊的 IP 地址

在大约 40 多亿个可用 IP 地址里还有一些常见的有特殊意义地址。

① 0.0.0.0：表示的是这样一个集合：所有不清楚的主机和目的网络。这里的“不清楚”是指在本机的路由表里没有特定条目指明如何到达。如果在网络设置中设置了默认网关，那么 Windows 系统会自动产生一个目的地址为 0.0.0.0 的默认路由。

② 255.255.255.255：限制广播地址。对本机来说，这个地址指本网段内的所有主机。这个地址不能被路由器转发。

③ 127.0.0.1：本机地址，用于测试。在 Windows 系统中，这个地址有一个别名“Localhost”。

④ 224.0.0.1：组播地址，包括 224.0.0.0～239.255.255.255。224.0.0.1 特指所有主机，224.0.0.2 特指所有路由器。这样的地址多用于一些特定的程序以及多媒体程序，如果主机开启了 IRDP（Internet 路由发现协议，使用组播功能）功能，那么主机路由表中应该有这样一条路由。

⑤ 10.x.x.x、172.16.x.x～172.31.x.x、192.168.x. x：私有地址，被大量用于企业内部网络中。一些宽带路由器经常使用 192.168.1.1 作为默认地址。使用私有地址的私有网络在接入 Internet 时，要使用地址翻译将私有地址翻译成公用合法地址。在 Internet 上，这类地址是不能出现的。

4. IP 地址的申请与分配

所有的 IP 地址都由国际组织 NIC（Network Information Center，网络信息中心）负责统一分配，目前全世界有 3 个这样的网络信息中心。ENIC 负责欧洲地区，APNIC 负责亚太地区，InterNIC 负责美国及其他地区。我国申请 IP 地址要通过 APNIC，APNIC 的总部设在澳大利亚布里斯班。申请时要考虑申请哪一类 IP 地址，然后向国内的代理机构提出申请。

5. IPv6 技术

目前使用的 IPv4 技术的核心属于美国，其最大问题是网络地址资源有限，从理论上讲，编址可以拥有 1600 多万个网络、40 多亿台主机。但采用 A、B、C 三类编址方式后，可用的网络地址和主机地址的数目急剧减少，目前 IP 地址已经枯竭。截至 2010 年 6 月，中国的 IPv4 地址数量仅有 2.5 亿左右，不能满足 4.2 亿网民的需求。地址不足严重制约了我国及其他国家互联网的发展。

在这样的环境下，IPv6 应运而生。IPv6 地址长度为 128 位，仅从数字上来说，IPv6 所拥有的地址容量理论上最多可达 2^{128}，是 IPv4 的 2^{96} 倍。这不但解决了传统网络地址数量有限的问题，也为除计算机外的其他设备接入互联网提供了基础。

（1）IPv6 编址

从 IPv4 到 IPv6，最显著的变化就是网络地址的长度。IPv6 地址有 128 位，一般采用 32 个十六进制数表示。IPv6 地址由两个逻辑部分组成：64 位的网络前缀和 64 位的主机地址。主机地址通常根据物理地址自动生成。例如，2F01:00b0:80A3:0803:1310:802E:0070:7044 就是一个合法的 IPv6 地址。

（2）IPv6 的优势

① IPv6 具有更大的地址空间。

② IPv6 使用更小的路由表。IPv6 的地址分配一开始就遵循聚类的原则，这使得路由器能在路由表中用一条记录表示一片子网，大大减小了路由器中路由表的长度，提高了路由器转发数据包的速度。

③ IPv6 增加了增强的组播支持及对流的支持，这使得多媒体应用有了更好的支持。

④ IPv6 加入了对自动配置的支持，使得网络的管理更加方便和快捷。

⑤ IPv6 具有更高的安全性，在 IPv6 网络中，用户可以对网络层的数据进行加密并对 IP 报文进行校验，极大地增强了网络的安全性。

2.3.3 域名系统

通过 TCP/IP 进行数据通信的主机或网络设备都要拥有一个 IP 地址，但 IP 地址不便记忆。为了便于使用，常常赋予某些主机（特别是提供服务的服务器）能够体现其特征和含义的名称，即主机的域名。

（1）域的层次结构

域名系统（Domain Name System，DNS）提供一种分布式的层次结构，位于顶层的域名称为顶级域名，顶级域名有两种划分方法：按地理区域划分和按组织结构划分。

地理域是为国家或地区设置的，如中国是 cn，美国是 us，日本是 jp 等。机构类域定义了不同的机构分类，主要包括 com（商业组织）、edu（教育机构）、gov（政府机构）、ac（学术机构）等。顶级域名下又定义了二级域名，如中国的顶级域名 cn 下又设立了 com、net、org、gov、edu 等组织结构类二级域名，以及按照各个行政区域划分的地理域名如 bj（北京）、sh（上海）等。采用同样的思想可以继续定义三级或四级域名。域名的层次结构可以看成一个树形结构，一个完整的域名中，由树叶到树根的路径点用点“.”分割，如 www.nwu.edu.cn 就是一个完整的域名。

（2）域名解析

网络数据传送时需要 IP 地址进行路由选择，域名无法识别，因此必须有一种翻译机制，能将用户要访问的服务器的域名翻译成对应的 IP 地址。为此因特网提供了域名系统（DNS），DNS 的主要任务是为客户提供域名解析服务。

域名服务系统将整个 Internet 的域名分成许多可以独立管理的子域，每个子域由自己的域名服务器负责管理。这就意味着域名服务器维护其管辖子域的所有主机域名与 IP 地址的映射信息，并且负责向整个 Internet 用户提供包含在该子域中的域名解析服务。基于这种思想，DNS 有许多分布在全世界不同地理区域、由不同管理机构负责管理的域名服务器。全球共有十几台根域名服务器，其中大部分位于北美洲，这些根域名服务器的 IP 地址向所有 Internet 用户公开，是实现整个域名解析服务的基础。

例如，在如图 2.14 所示的 DNS 服务器的分层中，管辖所有顶级域名 com、edu、gov、cn、uk 等的域名服务器也被称为顶级域名服务器；顶层域名服务器下面还可以连接多层域名服务器，如顶级 cn 域名服务器又可以提供在它的分支下面的“com.cn”、“edu.cn”等域名服务器的地址。同样，在 com 顶级域名服务器之下的“yahoo.com”域名服务器，也可以作为该公司的域名服务器，提供其公司内部的不同部门所使用的域名服务器。

域名解析的过程如图 2.15 所示，当客户以域名方式提出 Web 服务请求后，首先要向 DNS 请求域名解析服务，得到所请求的 Web 服务器的 IP 地址之后，才能向该 Web 服务器提出 Web 请求。

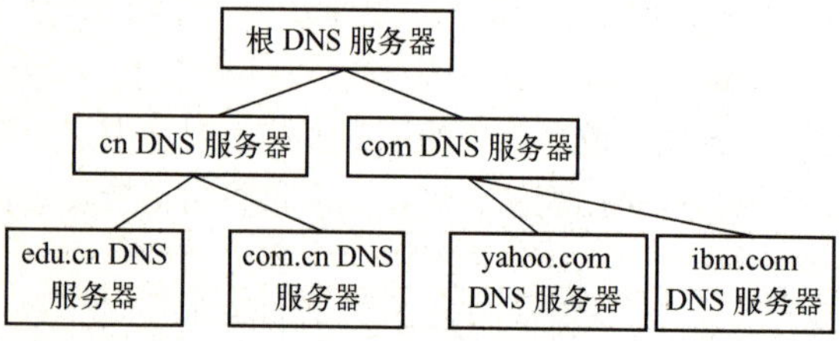

图 2.14　DNS 服务器的分层

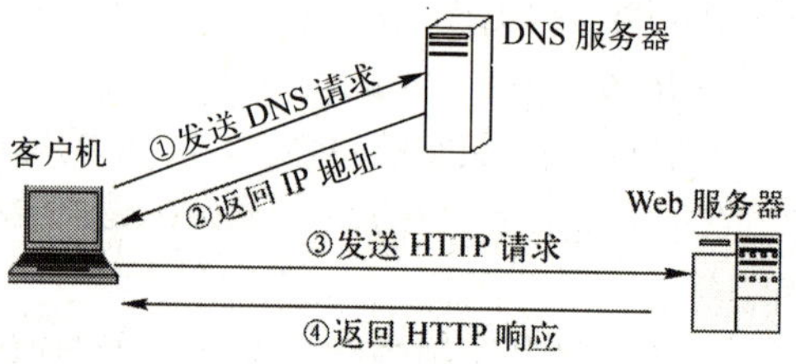

图 2.15　域名解析的过程

（3）域名的授权机制

顶级域名由因特网名字与编号分配机构直接管理和控制，负责注册和审批新的顶级域名及委托并授权其下一级管理机构控制管理顶级以下的域名，还负责根和顶级域名服务器的日常维护工作。中国互联网信息中心（China Internet Network Information Center，CNNIC）作为中国的国家顶级域名 cn 的注册管理机构，负责 cn 域名根服务器和顶级服务器的日常维护和运行，以及管理并审批 cn 域下的域名使用权。因特网始于美国，DNS 服务系统最早在美国国内开始向公共网络用户服务，当然也是美国的组织结构最早向 ICANN 申请域名注册，当 ICANN 意识到需要使用地域标记来扩展越来越多的域名需求时，许多美国的机构已经注册并使用了这些不需要地域标记的域名，因此，大部分美国的企业和组织所使用的域名并不需要加上代表美国的地域标记“us”。

2.4　因特网基本服务

因特网采用客户机/服务器（Client/Server）应用模式，其工作过程如图 2.16 所示。通常情况下，一个客户机启动与某个服务器的对话。服务器通常是等待客户机请求的一个自动程序。客户机通常是作为某个用户请求或类似于用户的某个程序提出的请求而运行的。协议是客户机请求服务器和服务器如何应答请求的各种方法的定义。

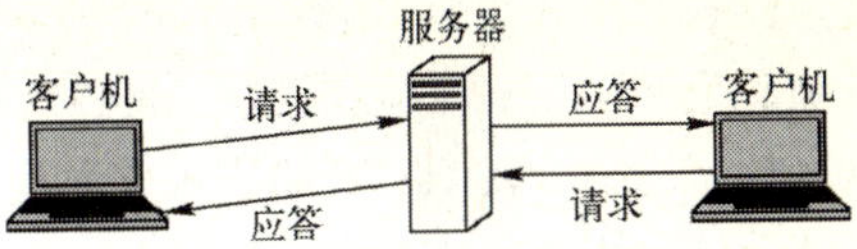

图 2.16　客户机/服务器模式

2.4.1　WWW 服务

万维网（World Wide Web，WWW）是一个以因特网为基础的庞大的信息网络，它将因特网上提供各种信息资源的万维网服务器（也称为 Web 服务器）连接起来，使得所有连接在因特网上的计算机用户能够方便、快捷地访问自己喜好的内容。Web 服务的组成部分包括：提供 Web 信息服务的 Web 服务器、从 Web 服务器获取各种 Web 信息的浏览器、定义服务器和浏览器之间交换数据信息规范的 HTTP 及 Web 服务器所提供的网页文件。

（1）Web 服务器与浏览器

服务器指一个管理资源并为用户提供服务的程序，通常分为文件服务器、数据库服务器和应用程序服务器等。运行以上程序的计算机或计算机系统也被称为服务器，相对于普通 PC 来说，服务器（计算机系统）在稳定性、安全性、性能等方面都要求更高。因此，其 CPU、芯片组、内存、磁盘系统、网络等硬件与普通 PC 有所不同。

这里所说的 Web 服务器是一个程序，运行在服务器计算机中，主要任务是管理和存储各种信息资源，并负责接收来自不同客户端的服务请求。针对客户端所提出各种信息服务请求，Web 服务器通过相应的处理返回信息，使得客户端通过浏览器能够看到相应的结果。

Web 客户端可以通过各种 Web 浏览器程序实现，浏览器是可以显示 Web 服务器或文件系统的 HTML 文件内容，并让用户与这些文件交互。浏览器的主要任务是接收用户计算机的 Web 请求，并将这个请求发送给相应的 Web 服务器，当接收到 Web 服务器返回的 Web 信息时，负责显示这些信息。大部分浏览器本身除了支持 HTML 外，还支持 JPEG、PNG、GIF 等图像格式，并且能够扩展支持众多的插件。常用的 Web 浏览器有 Microsoft Internet Explorer、Netscape Navigator 和 Firefox 等。

（2）统一资源定位

浏览器中的服务请求通过在浏览器的地址栏定位一个 URL（Uniform Resource Locator，统一资源定位）链接提出。URL 是用于完整地描述 Internet 上网页和其他资源的地址的一种标识方法。Internet 上的每个网页都具有一个唯一的名称标识，通常称之为 URL 地址，简单地说，URL 就是 Web 地址，俗称网址。

URL 由 3 部分组成：协议类型、主机名和路径及文件名，基本格式如下：

协议类型://主机名/路径及文件名

如 http://www.nwu.edu.cn/index.html。

协议指所使用的传输协议，最常用的是 HTTP，也是目前 WWW 中应用最广的协议，还可以指定的协议有 FTP、GOPHER、TELNET、FILE 等。

主机名是指存放资源的服务器的域名或 IP 地址。有时，在主机名前可以包含连接到服务器所需的用户名和密码。

路径是由零个或多个“/”符号隔开的字符串，用来表示主机上的一个目录或文件地址。文件名则是所要访问的资源的名字。

（3）超文本传输协议

万维网的另一个重要组成部分是超文本传输协议（HTTP），定义了 Web 服务器和浏览器之间信息交换的格式规范。运行在不同操作系统上的客户浏览器程序和 Web 服务器程序通过 HTTP 实现彼此之间的信息交流和理解。HTTP 是一种非常简单而直观的网络应用协议，主要定义了两种报文格式：一种是 HTTP 请求报文，定义了浏览器向 Web 服务器请求 Web 服务时所使用的报文格式；另一种是 HTTP 响应报文，定义了 Web 服务器将相应的信息文件返回给用户浏览器所使用的报文格式。

（4）Web 网页

网页是构成网站的基本元素，是承载各种网站应用的平台。Web 网页采用超文本标记语言 HTML 格式书写，由多个对象构成，如 HTML 文件、JPG 图像、GIF 图像、Java 程序、语音片段等。不同网页之间通过超链接发生联系。网页有多种分类，通常可分为静态网页和动态网页。静态网页的文件扩展名多为 .htm 或 .html，动态网页的文件扩展名多为 .php 或 .asp。

静态网页由标准的 HTML（HyperText Markup Language，超文本标记语言）构成，不需要通过服务器或用户浏览器运算或处理生成。这就意味着用户对一个静态网页发出访问请求后，服务器只是简单地将该文件传输到客户端。所以，静态页面多通过网站设计软件来进行设计和更改，相对比较滞后。动态网页是在用户请求 Web 服务的同时由两种方式及时产生：一种方式是由 Web 服务器解读来自用户的 Web 服务请求，并通过运行相应的处理程序，生成相应的 HTML 响应文档，并返回给用户；另一种方式是服务器将生成动态 HTML 网页的任务留给用户浏览器，在响应给用户的 HTML 文档中嵌入应用程序，由用户端浏览器解释并运行这部分程序以生成相应的动态页面。

静态网页是网站建设的基础，静态网页和动态网页之间并不矛盾，各有特点。网站采用动态网页还是静态网页主要取决于网站的功能需求和网站内容的多少，如果网站功能比较简单，内容更新量不是很大，采用纯静态网页的方式会更简单，否则要采用动态网页技术来实现。在同一个网站上，动态网页内容和静态网页内容同时存在也是很常见的事情。

2.4.2 电子邮件服务

电子邮件（E-mail）也是因特网最常用的服务之一，可以传输各种格式的文本信息及图像、声音、视频等多种信息。

（1）E-mail 系统的构成

E-mail 服务采用 C/S 工作模式，一个电子邮件系统包含 3 部分：用户主机、邮件服务器和电子邮件协议。用户主机运行用户代理 UA，通过它来撰写信件、处理来信（使用 SMTP 将用户的邮件传送到它的邮件服务器，用 POP 从邮件服务器读取邮件到用户的主机）、显示来信。

邮件服务器运行传送代理 MTA，邮件服务器设有邮件缓存和用户邮箱，主要作用包括：一是接收本地用户发送的邮件，并存于邮件缓存中待发，由 MTA 定期扫描发送；二是接收发给本地用户的邮件，并将邮件存放在收信人的邮箱中。

（2）邮件地址

很多站点提供免费的电子邮箱，只要能访问这些站点的免费电子邮箱服务网页，用户就可以免费建立并使用自己的电子邮箱。每个电子邮箱都有唯一的地址，电子邮箱的地址格式如下：收信人用户名@邮箱所在的主机域名。例如，zhang8808@126.com 表示用户 zhang8808 在主机名为“126.com”的邮件服务器上申请了邮箱。

（3）邮件的收发

发送与接收电子邮件有两种方式：基于 Web 方式的邮件访问协议和客户端软件方式。基于

Web 方式的邮件访问协议，如 126 和 Yahoo，用户使用 HTTP 访问电子邮件服务器的邮箱，在该电子邮件系统网址上输入用户的用户名和密码，进入用户的电子邮件信箱，然后处理用户的电子邮件。这种方式使用方便，但速度比较慢。客户端软件方是指用户通过一些安装在个人计算机上的支持电子邮件基本协议的软件使用和管理电子邮件。这些软件（如 Microsoft Outlook 和 FoxMail）往往融合了先进、全面的电子邮件功能，利用这些客户端软件可以进行远程电子邮件操作，还可以同时处理多个账号的电子邮件，而且速度比较快。邮件的收发过程如图 2.17 所示。

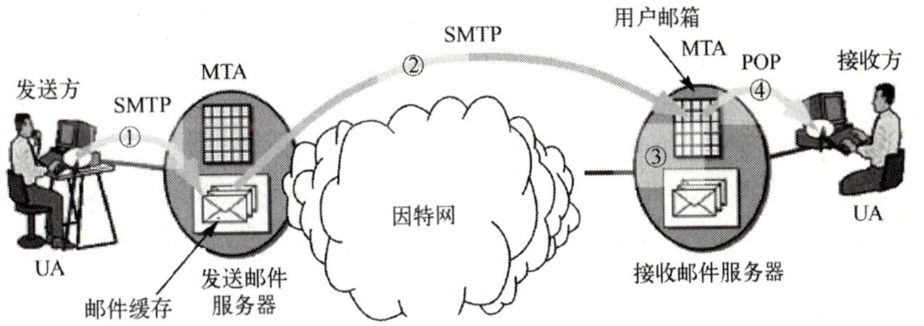

图 2.17　邮件发送过程

① 发送主机调用 UA 撰写邮件，并通过 SMTP 将客户的邮件交付发送邮件服务器，发送邮件服务器将其用户的邮件存储于邮件缓存，等待发送。

② 发送邮件服务器每隔一段时间对邮件缓存进行扫描，如果发现有待发邮件就通过 SMTP 发向接收邮件服务器。

③ 接收邮件服务器接收到邮件后，将它们放入收信人的邮箱中，等待收信随时读取。

④ 接收用户主机通过 POP 从接收方服务器上检索邮件，下载邮件后可以阅读、处理邮件。

2.4.3　文件传输服务

（1）FTP 工作模式

与大多数 Internet 服务一样，FTP 也是一个客户机/服务器系统。用户通过一个支持 FTP 协议的客户机程序连接到远程主机上的 FTP 服务器程序。用户通过客户机程序向服务器程序发出命令，服务器程序执行用户所发出的命令，并将执行的结果返回客户机。FTP 主要用于下载共享软件。在 FTP 的使用当中，用户经常遇到两个概念：下载（Download）和上传（Upload）。下载文件就是从远程主机复制文件至自己的计算机上；上传文件就是将文件从自己的计算机中复制至远程主机上。

用户在访问 FTP 服务器之前必须登录，登录时需要用户给出其在 FTP 服务器上的合法账号和口令。但很多用户没有获得合法账号和口令，这就限制了共享资源的使用。所以，许多 FTP 服务器支持匿名 FTP 服务，匿名 FTP 服务不再验证用户的合法性，为了安全，大多数匿名 FTP 服务器只准下载、不准上传。

（2）FTP 客户程序

需要进行远程文件传输的计算机必须安装和运行 FTP 客户程序。常见的 FTP 客户程序有 3 种类型：FTP 命令行、浏览器和下载软件。

① FTP 命令行。在安装 Windows 操作系统时，通常都安装了 TCP/IP 协议，其中就包含了 FTP 命令。但是该程序是字符界面而不是图形界面，必须以命令提示符的方式进行操作。FTP 命令是因特网用户使用最频繁的命令之一，无论在 DOS 还在 UNIX 操作系统下使用 FTP 都会遇到

大量的 FTP 内部命令。熟悉并灵活应用 FTP 的内部命令，可以收到事半功倍之效。但其命令众多，格式复杂，对于普通用户来说，比较难掌握。所以，一般用户在下载文件时常通过浏览器或专门的下载软件来实现。

② 浏览器。启动 FTP 客户程序的另一途径是使用浏览器，用户只需在地址栏中输入如下格式的 URL 地址“FTP://[用户名:口令@]ftp 服务器域名:[端口号]”，即可登录对应的 FTP 服务器。同样，在命令行下也可以用上述方法连接，通过 put 命令和 get 命令达到上传和下载的目的，通过 ls 命令列出目录。除了上述方法外，还可以在命令行下输入 ftp 并按 Enter 键，然后输入 open 来建立一个连接。通过浏览器启动 FTP 的方法尽管可以使用，但是速度较慢，还会因将密码暴露在浏览器中而不安全。

③ 下载软件。为了实现高效文件传输，用户可以使用专门的文件传输程序，这些程序不但简单易用，而且支持断点续传。所谓断点续传，是指在下载或上传时，将下载或上传任务（一个文件或一个压缩包）划分为几个部分，每一个部分采用一个线程进行上传或下载，如果碰到网络故障而终止，等到故障消除后可以继续上传或下载余下的部分，而没有必要从头开始，可以节省时间，提高速度。迅雷、快车、Web 迅雷、BitComet、优酷、百度视频、新浪视频、腾讯视频等都支持断点续传。

2.4.4 远程登录服务

远程登录是指用户使用 Telnet 命令，使自己的计算机暂时成为远程主机的一个仿真终端的过程。仿真终端只负责把用户输入的每个字符传递给主机，主机进行处理后，再将结果传回并显示在屏幕上。Telnet 是进行远程登录的标准协议和主要方式，它为用户提供了在本地计算机上完成远程主机工作的能力。

但现在 Telnet 已经越用越少了，主要有如下 3 方面原因：① 个人计算机的性能越来越强，致使在远程主机中运行程序的要求逐渐减弱；② Telnet 服务器的安全性欠佳，因为它允许他人访问其操作系统和文件；③ 对初学者而言，Telnet 使用起来不是很容易。

2.5 代理服务器

2.5.1 代理服务器简介

代理服务器英文全称是 Proxy Server，其功能就是代理网络用户去取得网络信息。形象地说：它是网络信息的中转站。代理服务器就好像一个大的 Cache，这样就能显著提高浏览速度和效率。更重要的是，Proxy Server（代理服务器）是 Internet 链路级网关所提供的一种重要的安全功能，它的工作主要在开放系统互联（OSI）模型的会话层。

1. 主要功能

① 设置用户验证和记账功能。可按用户进行记账，没有登记的用户无权通过代理服务器访问 Internet 网。并对用户的访问时间、访问地点、信息流量进行统计。

② 对用户进行分级管理。设置不同用户的访问权限，对外界或内部的 IP 地址进行过滤，设置不同的访问权限。

③ 增加缓冲器（Cache），提高访问速度。对经常访问的地址创建缓冲区，大大提高热门站点的访问效率。通常，代理服务器都设置一个较大的硬盘缓冲区（可能高达几 GB 或更大），当有

外界的信息通过时，同时将其保存到缓冲区中，当其他用户再访问相同的信息时，则直接由缓冲区中取出信息，传给用户，以提高访问速度。

④ 连接内网与 Internet，充当防火墙（Firewall）。因为所有内部网的用户通过代理服务器访问外界时，只映射为一个 IP 地址，所以外界不能直接访问到内部网；同时可以设置 IP 地址过滤，限制内部网对外部的访问权限。

⑤ 节省 IP 开销。代理服务器允许使用大量的伪 IP 地址，节约网上资源，即用代理服务器可以减少对 IP 地址的需求，对于使用局域网方式接入 Internet，如果为局域网（LAN）内的每个用户都申请一个 IP 地址，其费用可想而知。但使用代理服务器后，只需代理服务器上有一个合法的 IP 地址，LAN 内其他用户可以使用 10.*.*.*这样的私有 IP 地址，这样可以节约大量的 IP，降低网络的维护成本。

⑥ 突破限制。代理服务器还可以突破网络限制，如局域网对上网用户的端口、目的网站、协议、游戏、即时通信软件等的限制，都可以突破这些限制。例如，Google 的网页快照有点类似于代理服务器的功能，网站经常发生变动，地址或者网站关了，网站服务器发生故障了，或者已经更新了，但我们仍然要查以前非常有用的资料，网页快照就派上用场了，Google 以其复杂而全自动的搜索方法排除了任何人为因素对搜索结果的影响，保证了网页排名的客观公正，可以方便、诚实、客观地帮用户在网上找到有价值的资料。Google 有一个海量的数据库，如果找不到服务器，Google 存储的网页快照也可救急。虽然网页快照中的信息可能不是最新的，但在网页快照中查找资料要比在实际网页中快得多，这时可以通过加密代理访问 Google，再访问其网页快照来救急。

⑦ 掩藏身份。代理服务器知识是黑客基本功，黑客的很多活动都是通过代理服务器，如扫描、刺探，对局域网内机器进行渗透，黑客一般攻击的时候都是中转了很多级跳板，才攻击目标机器。隐藏了身份，保证了自己的安全。

2. 代理服务器分类

① HTTP 代理。WWW 连接请求采用的就是 HTTP，所以我们在浏览网页、下载数据（也可采用 FTP）时就是用 HTTP 代理。它通常绑定在代理服务器的 80、3128、8080 等端口上。

② SOCKS 代理。相应的，采用 SOCKS 协议的代理服务器就是 SOCKS 服务器，是一种通用的代理服务器。SOCKS 是个电路级的底层网关，是 David Koblas 在 1990 年开发的，此后就一直作为 Internet RFC 标准的开放标准。SOCKS 不要求应用程序遵循特定的操作系统平台，代理与应用层代理、HTTP 层代理不同，SOCKS 代理只是简单地传递数据包，而不必关心是何种应用协议（如 FTP、HTTP 和 NNTP 请求）。所以，SOCKS 代理比其他应用层代理要快得多，通常绑定在代理服务器的 1080 端口上。如果用户在企业网或校园网上，需要透过防火墙或通过代理服务器访问 Internet 就可能需要使用 SOCKS。一般情况下，对于拨号上网用户都不需要使用它。注意，浏览网页时常用的代理服务器通常是专门的 HTTP 代理，与 SOCKS 不同。因此，能浏览网页不等于一定可以通过 SOCKS 访问 Internet。常用的防火墙或代理软件都支持 SOCKS，但需要其管理员打开这一功能。如果不确信是否需要 SOCKS 或是否有 SOCKS 可用，请与网络管理员联系。为了使用 SOCKS，用户需要了解以下内容：SOCKS 服务器的 IP 地址，SOCKS 服务所在的端口，这个 SOCKS 服务是否需要用户认证，如果需要，要向网络管理员申请用户和口令。知道了上述信息，用户就可以把这些信息填入“网络配置”中，或者在第一次登记时填入，就可以使用 socks 代理了。

在实际应用中，SOCKS 代理可以用作为：电子邮件、新闻组软件、网络传呼 ICQ、网络聊天

MIRC 和使用代理服务器上联众打游戏等各种游戏应用软件当中。

③ VPN 代理，指在共用网络上建立专用网络的技术。之所以称为虚拟网，主要是因为整个VPN 网络的任意两个节点之间的连接并没有传统专网建设所需的点到点的物理链路，而是架构在公用网络服务商 ISP 所提供的网络平台之上的逻辑网络。用户的数据是通过 ISP 在公共网络（Internet）中建立的逻辑隧道（Tunnel），即点到点的虚拟专线进行传输的，通过相应的加密和认证技术来保证用户内部网络数据在公网上安全传输，从而真正实现网络数据的专有性。[1]

④ 其他类型。FTP 代理：能够代理客户机上的 FTP 软件访问 FTP 服务器。RTSP 代理：代理客户机上的 Realplayer 访问 Real 流媒体服务器。POP3 代理：代理客户机上的邮件软件用 POP3 方式收发邮件。

2.5.2 代理服务器的获取与设置

1．获取代理服务器

要找代理服务器其实就是要找出该服务器的 IP 地址、服务类型及所用端口，我们可以使用代理猎手 Proxy Hunter 来搜索，也可以通过第三方代理发布网站获取。

（1）通过代理猎手

代理猎手使用方法如下。

① 启动代理猎手，如图 2.18 所示。单击“添加任务”按钮，在“IP 地址范围”输入起止地址，如要查找 IP 段 210.62.0.0～210.63.0.0 内的代理服务器，就在左栏输入“210.62.0.0”，在右栏输入“210.63.0.0”，然后单击“添加地址”按钮，这时该段地址就会加入到搜索任务中。

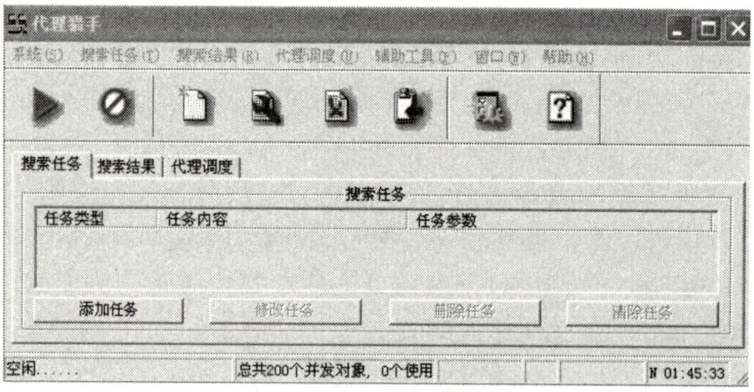

图 2.18　代理猎手主界面

② 选择端口范围。代理猎手支持搜索 HTTP 代理和 SOCKS 代理，可以把上面列出的两种代理常用的端口加入。加入方法：在“端口范围”的第一个空白栏输入“8080”，第二栏也输入“8080”，类型选择“HTTP”，然后单击“添加端口”按钮，则端口列表中出现“8080|8080|HTTP”。按此方法再加入端口“80|80|HTTP”、“3128|3128|HTTP”、“8081|8081|HTTP”、“9080|9080|HTTP”、“1080|1080|SOCKS”。

③ 单击〔参数设定〕按钮，把“搜索验证设置”的“连接超时时间”改为 6，“验证超时时间”改为 30，“并发连接数目”改为 100；把“验证设置”的“连接超时时间”改为 45，“验证超时时间”改为 90。这些数值设置太小会导致代理地址找不全，太大又会浪费时间。确定后返回。

④ 单击“开始搜索”按钮，一找到代理服务器就会显示在左下方的列表中，只有验证状态显示为“Free x 秒”的是可以使用的免费代理服务器。

⑤ 验证。单击“检验全部”可以验证列表中的所有代理是否可以使用，也可以在列表中选

中一个或多个代理地址后单击“检验”按钮，只验证这几个代理是否可以使用。验证完毕后，单击列表中的“验证状态”，可以把可用的代理服务器集中排列在列表的前面，方便查找。

（2）第三方代理发布网站

自己通过代理软件去搜索代理服务器对一般用户来说显然太过漫长，其实已有很多搜索出来的代理服务器分享到了第三方的网站，我们只要到这些网站去搜索和找到符合自己想要的代理服务器就可以了，这样的网站很多，在搜索引擎里搜索代理服务器网就能出来很多这样的网站，在这样的网站查找自己满意的代理服务器就可以了。

2．在 IE 浏览器中使用 HTTP 代理服务器

在 IE 5.0 以上版本中设置代理：选择菜单栏“工具”→“Internet 选项”命令，打开“连接在”选项卡，单击“局域网设置”按钮；然后选中“为 LAN 使用代理服务器”复选框；在“地址”和“端口栏”文本框中输入代理服务器的 IP 地址和端口号，如图 2.19 所示。

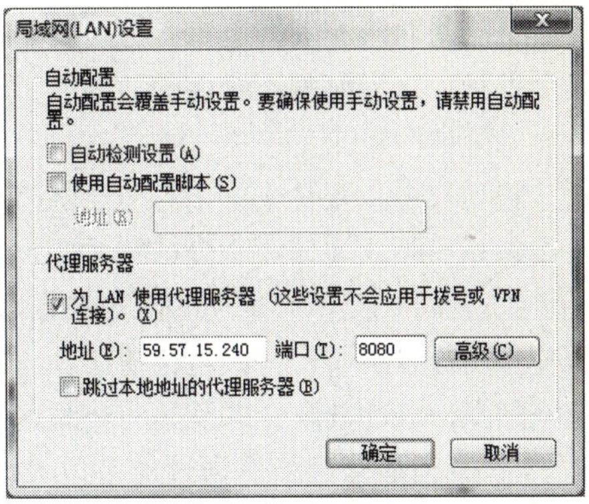

图 2.19　代理服务器设置

2.6　网络安全

网络安全涉及计算机科学技术、网络技术、通信技术、密码技术、信息安全技术等多个学科。从本质上讲，网络安全就是网络上的信息安全。

2.6.1　网络安全的含义与特征

随着计算机技术的迅速发展，系统的连接能力也在不断提高。与此同时，基于网络连接的安全问题也日益突出。

（1）网络安全的含义

网络安全是指网络系统的硬件、软件及系统中的数据受到保护，不因偶然或恶意的原因而遭受到破坏、更改、泄露，系统连续、可靠、正常地运行，网络服务不中断。从广义来说，凡是涉及网络上信息的保密性、完整性、可用性和可控性的相关技术和理论都是网络安全的研究领域。

（2）基本特征

网络安全具有以下 4 方面的特征。① 保密性：信息不泄露给非授权用户、实体或过程。② 完整性：数据未经授权不能进行改变，即信息在存储或传输过程中保持不被修改、不被破坏和丢失。③ 可用性：在任意时刻满足合法用户的合法需求。④ 可控性：对信息的传播及内容具有控制能力。

2.6.2　网络安全攻击

对网络安全构成的威胁叫网络威胁，网络威胁付诸行动就称为网络安全攻击，根据攻击的形式不同，网络安全攻击可分为主动攻击和被动攻击。

（1）主动攻击

主动攻击时，攻击者主动地做一些不利于系统的事情，所以很容易被发现。主动攻击包含对数据流的某些修改，或者生成一个假的数据流，可分为以下 4 类。

① 伪装。伪装是一个实体假装成另外一个实体。伪装攻击经常与其他主动攻击一起进行。

② 重放。重放攻击包含数据单元的被动捕获，随之再重传这些数据，从而产生一个非授权的效果。

③ 修改。修改报文攻击意味着合法报文的某些部分已被修改，或者报文的延迟和重新排序，从而产生非授权的效果。

④ 拒绝服务。拒绝服务攻击就是阻止或禁止通信设施的正常使用和管理。这种攻击可能针对专门的目标，也可能破坏整个网络，使网络拥塞或超负荷，从而降低性能。

很难绝对阻止主动攻击，因为要防止主动攻击就要对所有通信设施、通路在任何时间都进行完全保护，这显然是不可能的。因此，应对主动攻击的方法是检测。

（2）被动攻击

被动攻击主要是收集信息而不妨碍正常的通信，数据的合法用户对这种活动很难觉察。被动攻击包括窃听、通信流量分析等。

① 窃听。窃听、监听都具有被动攻击的本性，攻击者的目的是获取正在传输的信息。窃听会使报文内容泄露，一次电话通信、一份电子邮件报文、正在传送的文件都可能包含敏感信息或秘密信息，因此要防止非法用户获悉这些传输的内容。

② 通信流量分析。通过加密技术可以防止窃听，因为即使这些内容被截获，也无法从这些报文中获得信息。然而即使通过加密保护内容，攻击者仍有可能观察到传输的报文形式。攻击者可能确定通信主机的位置和标识，也可能观察到正在交换的报文频度和长度。而这些信息对于猜测正在发生的通信特性是有用的。

对被动攻击的检测十分困难，因为被动攻击并不涉及数据的任何改变。因此，对于被动攻击，强调的是阻止而不是检测。

2.6.3 基本网络安全技术

网络安全技术致力于解决如何有效进行介入控制，以及如何保证数据传输的安全性，主要包括数据加密技术、数字签名技术、认证技术等。

1. 数据加密技术

数据加密是指将原始的信息进行重新编码，将原始信息称为明文，经过加密的数据称为密文。密文即便在传输中被第三方获取，也很难从得到的密文破译出原始的信息，接收端通过解密得到原始数据信息。加密技术不仅能保障数据信息在公共网络传输过程中的安全性，同时也是实现用户身份鉴别和数据完整性保障等安全机制的基础。

加密技术包括两个元素：算法和密钥。算法是将普通的文本（或可以理解的信息）与一串数字（密钥）运算，产生不可理解的密文的步骤。在安全保密中，可通过适当的密钥加密技术和管理机制来保证网络的信息通信安全。加密技术的基本原理如图 2.20 所示。

根据加密和解密的密钥是否相同，加密算法可分为对称密码体制和非对称密码体制。

（1）对称加密

对称加密采用了对称密码编码技术，其特点是文件加密和解密使用相同的密钥。除了数据加密标准算法（DES）外，另一个常见的对称密钥加密系统是国际数据加密算法（IDEA），比 DES 的加密性好，而且对计算机功能要求也不高。IDEA 加密标准由 PGP（Pretty Good Privacy）系统使用。对称加密又称为常规加密，其基本原理如图 2.21 所示。

① 明文：作为算法输入的原始信息。

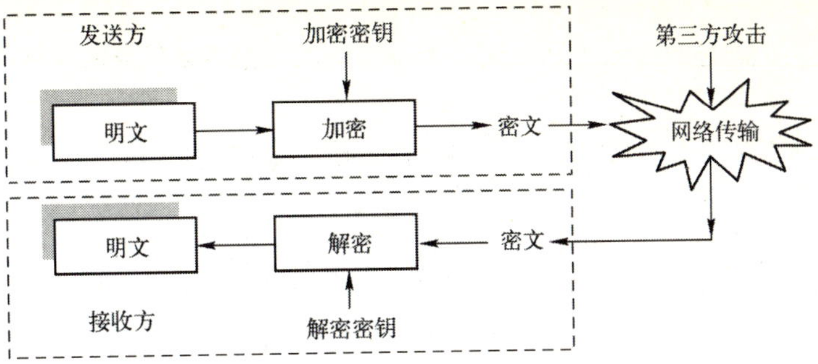

图 2.20　加密技术的基本原理

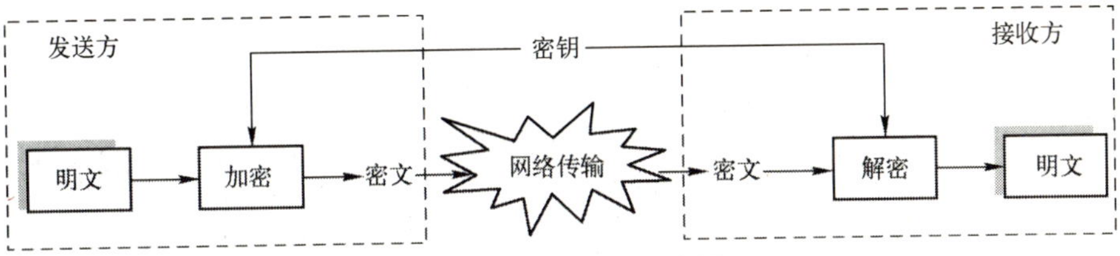

图 2.21　对称加密的基本原理

② 加密算法：加密算法可以对明文进行多种置换和转换。

③ 共享的密钥：也是算法的输入。算法实际进行的置换和转换由密钥决定。

④ 密文：作为输出的混合信息，由明文和密钥决定，对于给定的信息来讲，两种密钥会产生两种密文。

⑤ 解密算法：是加密算法的逆向算法，以密文和同样的密钥作为输入，并生成原始明文。

对称加密速度快，适合于大量数据的加密传输。但是，对称加密必须首先解决对称密钥的发送问题，而且对加密有两个安全要求：① 需要强大的加密算法；② 发送方和接收方必须使用安全的方式来获得密钥的副本，必须保证密钥的安全。如果有人发现了密钥，并知道了算法，则使用此密钥的所有通信便都是可读取的。

（2）非对称加密

与对称加密算法不同，非对称加密算法需要两个密钥：公钥和私钥。两个密钥成对出现，互不可推导。如果用公钥对数据进行加密，只能用对应的私钥才能解密。如果用私钥对数据进行加密，那么只能用对应的公钥才能解密。因为加密和解密使用的是两个不同的密钥，所以这种算法叫做非对称加密算法。非对称密码体制有两种基本模型：一种是加密模型，如图 2.22 所示；另一种是认证模型，如图 2.23 所示。

在加密模型中，发送方在发送数据时，用接收方的公钥加密（公钥大家都知道），而信息在接收方只能用接收方的私钥解密，由于解密用的密钥只有接收方自己知道，从而保证了信息的机密性。

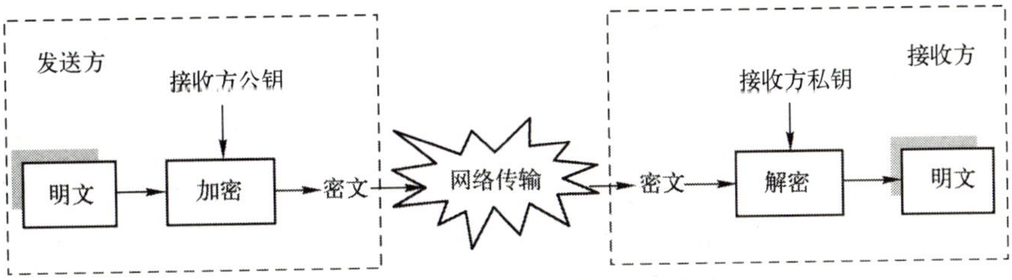

图 2.22　非对称密码体制加密模型

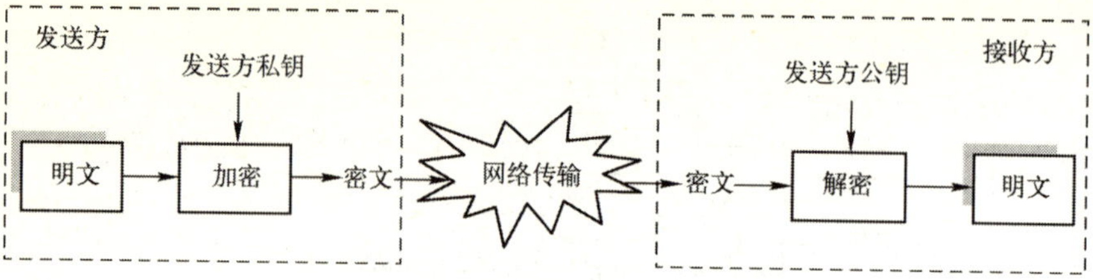

图 2.23　非对称密码体制认证模型

认证主要解决网络通信过程中通信双方的身份认可。通过认证模型可以验证发送者的身份、保证发送者不可否认。在认证模型中，发送者必须用自己的私钥加密，而解密者则必须用发送者的公钥解密，也就是说，任何一个人，只要能用发送者的公钥解密，就能证明信息是谁发送的。

2．认证技术

所谓认证，是指证实被认证对象是否属实和是否有效的一个过程。其基本思想是通过验证被认证对象的属性来确认被认证对象是否真实有效。认证常常被用于通信双方相互确认身份，以保证通信的安全。一般可以分为两种：消息认证和身份认证。消息认证用于保证信息的完整性，身份认证用于鉴别用户身份。

（1）消息认证

消息认证就是一定的接收者能够检查收到的消息是否真实的方法。消息认证又称为完整性校验，在银行业称为消息认证，在 OSI 安全模式中称为封装。消息认证的内容主要包括：① 证实消息的信源和信宿；② 消息内容是否受到偶然或有意的篡改；③ 消息的序号和时间性是否正确。

消息认证实际上是对消息本身产生一个冗余的消息认证码，对要保护的信息来说是唯一的，因此可以有效地保护消息的完整性，以及实现发送方消息的不可抵赖和不能伪造。消息认证技术可以防止数据的伪造和被篡改，以及证实消息来源的有效性。消息认证的工作机制如图 2.24 所示。

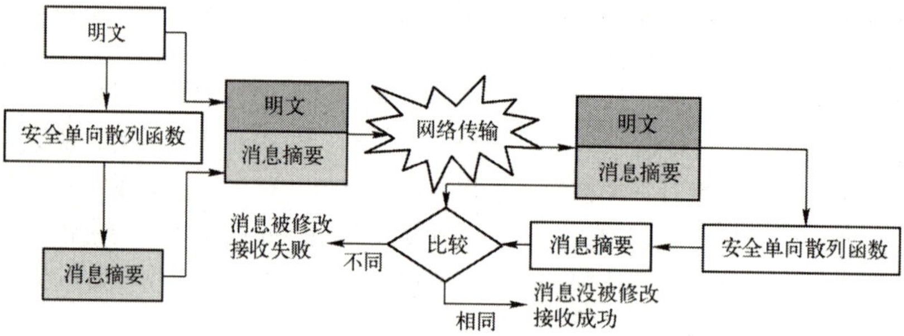

图 2.24　消息认证的工作机制

其中，安全单向散列函数具有以下基本特性：① 一致性，相同的输入一定产生相同的输出；② 单向性，只能由明文产生消息摘要，而不能由消息摘要推出明文；③ 唯一性，不同的明文产生的消息摘要不同；④ 易于实现高速计算。

（2）身份认证技术

身份认证是指计算机及网络系统确认操作者身份的过程。身份认证技术的发展，经历了从软件认证到硬件认证、从静态认证到动态认证的过程。常见的身份认证技术包括以下几类。

① 口令认证。传统的认证技术主要采用基于口令的认证。当被认证对象要求访问提供服务的系统时，认证方要求被认证对象提交口令，认证方收到口令后，将其与系统中存储的用户口令进行比较，以确认被认证对象是否为合法访问者。基于口令的认证实现简单，不需要额外的硬件

设备，但易被猜测。

② 一次口令机制。一次口令机制采用动态口令技术，是一种让用户的密码按照时间或使用次数不断动态变化，且每个密码只使用一次的技术。它采用一种称之为动态令牌的专用硬件来产生密码，因为只有合法用户才持有该硬件，所以只要密码验证通过就可以认为该用户的身份是可靠的。用户每次使用的密码都不相同，即使黑客截获了一次密码，也无法利用这个密码来仿冒。

③ 生物特征认证。生物特征认证是指采用每个人独一无二的生物特征来验证用户身份的技术，常见的有指纹识别、虹膜识别等。从理论上说，生物特征认证是最可靠的身份认证方式，因为它直接使用人的物理特征来表示每一个人的数字身份。

3. 数字签名技术

网络通信中，希望能有效防止通信双方的欺骗和抵赖行为。简单的报文鉴别技术只能使通信免受来自第三方的攻击，无法防止通信双方之间的互相攻击。例如，Y 伪造一个消息，声称是从 X 收到的；或者 X 向 Z 发了消息，但 X 否认发过该消息。为此，需要有一种新的技术来解决这种问题，数字签名技术为此提供了一种解决方案。

数字签名将信息发送人的身份与信息传送结合起来，可以保证信息在传输过程中的完整性，并提供信息发送者的身份认证，以防止信息发送者抵赖行为的发生，目前利用非对称加密算法进行数字签名是最常用的方法。数字签名是对现实生活中笔迹签名的功能模拟，能够用来证实签名的作者和签名的时间。对消息进行签名时，能够对消息的内容进行鉴别。同时，签名应具有法律效力，能被第三方证实，用以解决争端。

数字签名技术可分为两类：直接数字签名和基于仲裁的数字签名。其中，直接数字签名方案具有以下特点：① 实现比较简单，在技术上仅涉及通信的源点 X 和终点 Y 双方；② 终点 Y 需要了解源点 X 的公开密钥；③ 源点 X 可以使用其私钥对整个消息报文进行加密来生成数字签名；④ 更好的方法是使用发送方私钥对消息报文的散列码进行加密来形成数字签名。

直接数字签名的基本过程是：数据源发送方通过散列函数对原文产生一个消息摘要，用自己的私钥对消息摘要进行加密处理，产生数字签名，数字签名与原文一起传送给接收者。签名过程如图 2.25 所示。

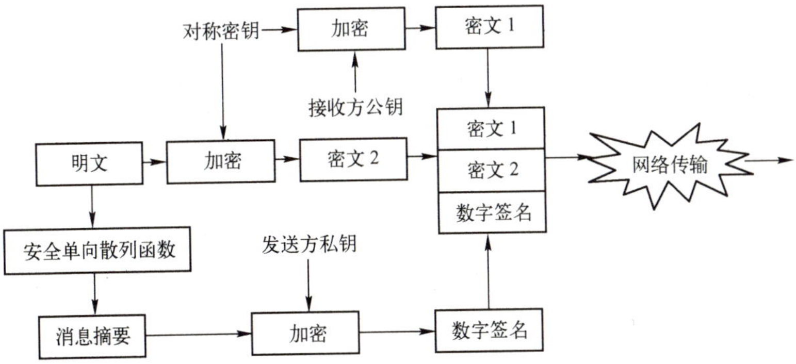

图 2.25　发送方加密

接收者使用发送方的公钥解密数字签名得到消息摘要，若能解密，则证明信息不是伪造的，实现了发送者认证。然后用散列函数对收到的原文产生一个摘要信息，与解密的摘要信息对比，如果相同，则说明收到的信息是完整的，在传输过程中没有被修改，否则说明信息被修改过，因此数字签名能够验证信息的完整性。接收方解密过程如图 2.26 所示。

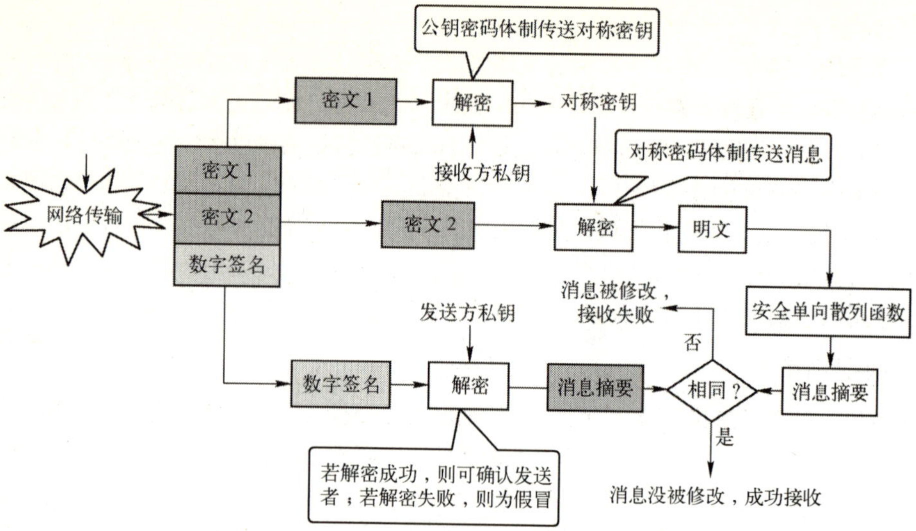

图 2.26　接收方解密

数字签名技术是网络中确认身份的重要技术，完全可以代替现实中的亲笔签字，在技术和法律上有保证。在数字签名应用中，发送者的公钥可以很方便地得到，但他的私钥则需要严格保密。利用数字签名技术可以实现数据的完整性，但由于文件内容太大，加密和解密速度慢，目前主要采用消息摘要技术，通过消息摘要技术可以将较大的报文生成较短的、长度固定的消息摘要，然后仅对消息摘要进行数字签名，而接收方对接收的报文进行处理产生消息摘要，与经过签名的消息摘要比较，便可以确定数据在传输中的完整性。

4．防火墙技术

防火墙是在网络之间执行安全控制策略的系统，用于保证本地网络资源的安全，通常是包含软件部分和硬件部分的一个系统或多个系统的组合。设置防火墙的目的是保护内部网络资源不被外部非授权用户使用，防止内部网络受到外部非法用户的攻击。

（1）防火墙的一般形式

防火墙通过检查所有进出内部网络数据包的合法性，判断是否会对网络安全构成威胁，为内部网络建立安全边界。一般而言，防火墙系统有两种基本形式：包过滤路由器和应用级网关。最简单的防火墙由一个包过滤路由器组成，而复杂的防火墙系统由包过滤路由器和应用级网关组合而成。在实际应用中，由于组合方式有多种，防火墙系统的结构也有多种形式。防火墙一般形式如图 2.27 所示。

（2）防火墙的作用

Internet 防火墙能增强机构内部网络的安全性。防火墙不仅是网络安全的设备的组合，更是安全策略的一个部分。

Internet 防火墙允许网络管理员定义一个中心“扼制点”来防止非法用户，如防止黑客、网络破坏者等进入内部网络，禁止存在安全脆弱性的服务进出网络，并抗击来自各种路线的攻击。Internet 防火墙能够简化安全管理，网络的安全性在防火墙系统上得到了加固。

在防火墙上可以很方便地监视网络的安全性，并产生报警。Internet 防火墙是审计和记录 Internet 使用量的一个最佳地方。网络管理员可以在此向管理部门提供 Internet 连接的费用情况，查出潜在的带宽瓶颈的位置，并根据机构的核算模式提供部门级计费。

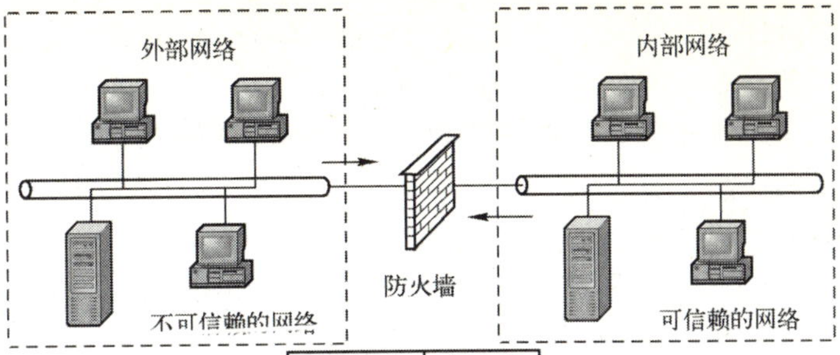

不安全区域

OSI/RM	防火墙
应用层	网关级
表示层	
会话层	
传输层	电路级
网络层	路由器级
数据链路层	网桥级
物理层	中继器级

安全区域

图 2.27 防火墙一般形式

（3）防火墙的不足

对于防火墙而言，能通过监控所通过的数据包来及时发现并阻止外部对内部网络系统的攻击行为。但是防火墙技术是一种静态防御技术，也有不足之处：① 防火墙无法理解数据内容，不能提供数据安全；② 防火墙无法阻止来自内部的威胁；③ 防火墙无法阻止绕过防火墙的攻击；④ 防火墙无法防止病毒感染程序或文件的传输。

2.6.4 计算机病毒防治

1. 计算机病毒概述

计算机病毒是人为设计的程序，通过非法入侵而隐藏在可执行程序或数据文件中，当计算机运行时，可以把自身完全精确复制或有修改地复制到其他程序体内，具有很大的破坏性。

计算机病毒是一种人为蓄意制造的、以破坏为目的的程序。计算机病毒寄生于其他应用程序或系统的可执行部分，通过部分修改或移动其他的程序，将自身复制加入其中或占据原程序的部分并隐藏起来，在条件适当时发作，对计算机系统起破坏作用。计算机病毒具有生物病毒的某些特征：破坏性、传染性、寄生性和潜伏性。

（1）计算机病毒具的主要特点

① 寄生性。计算机病毒寄生在其他程序之中，当执行这个程序时，病毒就起破坏作用，而在未启动这个程序之前，不易被人发觉。

② 传染性。计算机病毒不但本身具有破坏性，更有害的是具有传染性，一旦病毒被复制或产生变种，其速度之快令人难以预防。是否具有传染性是判别一个程序是否为计算机病毒的最重要条件。病毒程序通过修改磁盘扇区信息或文件内容并把自身嵌入到其中，进而使病毒的传染和扩散，被嵌入的程序叫做宿主程序。

③ 潜伏性。计算机病毒程序进入系统之后一般不会马上发作，可以在几周或几个月甚至几年内隐藏在合法文件中，对其他系统进行传染，而不被人发现。潜伏性愈好，其在系统中的存在时间就会愈长，病毒的传染范围就会愈大。

④ 破坏性。计算机中毒后，可能会导致正常的程序无法运行，使计算机内的文件受到不同程度的损坏。通常表现为增、删、改、移。

⑤ 可触发性。病毒的触发机制用来控制感染和破坏频率。病毒具有预定的触发条件，这些条件可能是时间、日期、文件类型或某些特定数据等。病毒运行时，触发机制检查预定条件是否满足，如果满足，启动感染或破坏动作，病毒进行感染或攻击；如果不满足，病毒继续潜伏。

（2）计算机病毒的危害

可以把病毒的破坏目标和攻击部位归纳为以下几方面。

① 攻击内存。内存是计算机病毒最主要的攻击目标。计算机病毒在发作时额外地占用和消耗系统的内存资源，导致系统资源匮乏，进而引起死机。病毒攻击内存的方式主要有占用大量内存、改变内存总量、禁止分配内存和消耗内存等。

② 攻击文件。文件也是病毒主要攻击的目标。当一些文件被病毒感染后，如果不采取特殊的修复方法，文件很难恢复原样。病毒对文件的攻击方式主要有删除、改名、替换内容、丢失部分程序代码、内容颠倒、假冒文件、丢失文件簇或丢失数据文件等。

③ 攻击系统数据区。对系统数据区进行攻击通常会导致灾难性后果，攻击部位主要包括硬盘主引导扇区、Boot 扇区、FAT 表和文件目录等，当这些地方被攻击后，普通用户很难恢复其中的数据。

④ 干扰系统正常运行。病毒会干扰系统的正常运行，主要表现方式有：不执行命令、干扰内部命令的执行、虚假报警、打不开文件、内部栈溢出、占用特殊数据区、重启动、死机、强制游戏及扰乱串并行口，影响计算机运行速度。

⑤ 瘫痪网络。计算机病毒的另一个破坏是造成网络瘫痪。例如，蠕虫（worm）病毒通过分布式网络来扩散特定的信息或错误，进而造成网络服务器遭到拒绝并发生死锁。蠕虫病毒由两部分组成：一个是主程序；另一个是引导程序。主程序一旦在计算机中得到建立，就去收集与当前机器联网的其他机器的信息。并通过读取公共配置文件检测当前机器的连网状态信息，尝试利用系统的缺陷在远程机器上建立引导程序，从而把蠕虫病毒带入了它所感染的每一台机器中。在网络环境下，蠕虫病毒可以按指数增长模式进行传染。蠕虫病毒侵入计算机网络，可以导致计算机网络效率急剧下降、系统资源遭到严重破坏，短时间内造成网络系统的瘫痪。

⑥ 窃取用户数据。有些病毒还会窃取网络用户数据，其典型代表就是木马病毒。与一般的病毒不同，木马病毒不会自我繁殖，也并不刻意地去感染其他文件，通过伪装自身吸引用户下载执行，向施种木马者提供打开被种者计算机的门户，使施种者可以任意毁坏、窃取被种者的文件，甚至远程操控被种者的计算机。

木马通过一段特定的程序（木马程序）来控制另一台计算机。木马通常有两个可执行程序：一个是客户端（控制端），另一个是服务端（被控制端）。植入被种者计算机的是“服务器”部分，黑客利用“控制器”进入运行“服务器”。木马的设计者为了防止木马被发现，采用多种手段隐藏木马，使普通用户很难在中毒后发觉。木马的服务一旦运行并被控制端连接，其控制端将享有服务端的大部分操作权限。例如，给计算机增加口令，浏览、移动、复制、删除文件，修改注册表，更改计算机配置等。

2. 计算机病毒的产生和发展

（1）病毒的产生

计算机病毒的产生是计算机技术和以计算机为核心的社会信息化进程发展到一定阶段的必然产物，究其产生的原因，主要有以下几种。

① 病毒制造者对病毒程序的好奇与偏好。有的人为了满足自己的表现欲，故意编制出一些

特殊的计算机程序，让别人的计算机出现一些动画或播放声音，或者提出问题让使用者回答。而此种程序流传出去就演变成计算机病毒，此类病毒破坏性一般不大。

② 个别人的报复心理。如CIH病毒，曾一度给全球的计算机用户造成了巨大灾难和损失。

③ 一些商业软件公司的软件保护措施。一些商业软件公司为了不让自己的软件被非法复制和使用，在软件上运用了加密和保护技术，并编写了一些特殊程序附在正版软件上，如遇到非法使用，则此类程序将自动激活并对盗用者的计算机系统进行干扰和破坏，这实际上也是一类新的病毒，如巴基斯坦病毒。

④ 恶作剧的心理。有些编程人员在无聊时出于游戏的心理编制了一些具有一定破坏性的小程序，并用此类程序相互制造恶作剧，于是形成了一类新的病毒，如最早的“磁芯大战”。

⑤ 用于研究或实验某种计算机产品而设计的有“专门用途”的程序。如远程监控程序代码就是由于某种原因失去控制而扩散出来的，经过用心不良的人改编后会成为具有很大危害的木马病毒程序。

⑥ 攻击目的。由于政治、经济和军事等特殊目的，一些组织或个人编制的一些病毒程序用于攻击敌方计算机，给敌方造成灾难或直接性的经济损失。

（2）病毒的发展

在病毒的发展史上，病毒的出现是有规律的。一般情况下一种新的病毒技术出现后，病毒迅速发展，接着反病毒技术的发展会抑制其流传。操作系统升级后，病毒也会调整为新的方式，产生新的病毒技术。计算机病毒大致经历了如下几个发展阶段。

① DOS阶段。1987年，计算机病毒主要是引导型病毒，具有代表性的是“小球”和“石头”病毒。1989年，可执行文件型病毒出现，它们利用DOS系统加载执行文件的机制工作，代表为“耶路撒冷”。1990年发展为复合型病毒，可感染COM和EXE文件。1994年，随着汇编语言的发展，同一功能可以用不同的方式进行实现，这些方式的组合使一段看似随机的代码产生相同的运算结果，幽灵病毒就利用了这个特点，每感染一次就产生不同的代码，加大了查毒的难度。

② 蠕虫阶段。1995年，随着网络的普及，病毒开始利用网络进行传播。在非DOS操作系统中，“蠕虫”是典型的代表，它不占用除内存以外的任何资源，不修改磁盘文件。利用网络功能检索网络地址，将自身向下一地址传播，有时也在网络服务器和启动文件中存在。

③ 视窗阶段。1996年，随着Windows的日益普及，利用Windows进行工作的病毒开始发展，典型的代表是DS.3873。这类病毒的机制更复杂，它们利用保护模式和API调用接口工作，解除方法也比较复杂。1996年，随着Office Word功能的增强，使用宏语言也可以编制病毒，这种病毒使用类BASIC语言，编写容易，感染Word文档等文件，在Excel和AmiPro中出现的相同工作机制的病毒也属于此类，由于Word文档格式没有公开，这类病毒查解比较困难。

④ 互联网阶段。1997年，随着因特网的发展，各种病毒也开始利用因特网进行传播。一些携带病毒的数据包和邮件越来越多，如果不小心打开了这些邮件，机器就有可能中毒。同时，利用Java语言进行传播和资料获取的病毒开始出现，典型的代表是JavaSnake病毒。还有一些利用邮件服务器进行传播和破坏的病毒，如Mail-Bomb病毒，它们都会严重影响因特网的效率。

3. 计算机病毒的分类

按照计算机病毒的特点及特性，计算机病毒的分类方法有许多种。

（1）按照其破坏情况分类

① 良性病毒。良性病毒是指其不包含立即对计算机系统产生直接破坏作用的代码。这类病

毒为了表现其存在，只是不停地进行扩散，从一台计算机传染到另一台，并不破坏计算机内的数据。有些人对这类计算机病毒的传染不以为然，认为这只是恶作剧。其实良性、恶性都是相对而言的。良性病毒取得系统控制权后，会导致整个系统运行效率降低，系统可用内存总数减少，使某些应用程序不能运行。这不仅消耗掉大量宝贵的磁盘存储空间，而且整个计算机系统也由于多种病毒寄生而无法正常工作。

② 恶性病毒。恶性病毒就是指在其代码中包含损伤和破坏计算机系统的操作，在其传染或发作时会对系统产生直接的破坏作用。这类病毒是很危险的，应当注意防范。

（2）按传染方式分类

① 引导区型病毒。引导区型病毒主要用计算机病毒的全部或部分来取代正常的引导记录，而将正常的引导记录隐蔽在磁盘的其他存储空间。

② 文件型病毒。文件型病毒与引导区型病毒工作的方式完全不同，在各种 PC 的病毒中，文件型病毒的数目最大，传播最广。文件型病毒对源文件进行修改，使其成为新的文件。文件型病毒分两类：一种是将病毒加在 COM 前部，另一种是将病毒加在文件尾部。文件型病毒传染的对象主要是 COM 和 EXE 文件。

③ 混合型病毒。混合型病毒是具有引导型病毒和文件型病毒寄生方式的计算机病毒，破坏性更大，传染的机会也更多，杀灭也更困难。这种病毒扩大了病毒程序的传染途径，它既感染磁盘的引导记录，又感染可执行文件。因此，在检测、清除复合型病毒时，必须全面彻底地根治。

④ 宏病毒。宏病毒是指利用 BASIC 语言编写的、寄生在 Office 文档上的宏代码。宏病毒影响用户对文档的各种操作。

4．计算机病毒的传播方式

计算机病毒之所以称之为病毒，是因为其具有传染性的本质，其传播渠道通常有以下几种。

① 通过存储介质，包括通过磁盘、光盘、U 盘等。例如，将带有病毒的机器移到其他地方使用、维修。光盘容量大，存储了大量的可执行文件，以谋利为目的非法盗版软件的制作过程中，不可能为病毒防护担负专门责任，也不会有真正可靠可行的技术保障来避免病毒的传入、传染、流行和扩散。当前，盗版光盘的泛滥给病毒的传播带来了很大的便利。

② 通过网络。随着 Internet 的普及，病毒的传播又增加了新的途径。Internet 带来两种安全威胁：一种威胁来自文件下载，这些被浏览或被下载的文件可能带有病毒；另一种威胁来自电子邮件，大多数 Internet 邮件系统提供了在网络间传送附带格式化文档的功能，因此遭受病毒的文档或文件就可能通过网关和邮件服务器进入企业网络。

5．计算机染毒的主要症状

病毒来源多种多样，计算机受到病毒感染后，会表现出不同的现象，下面把一些经常遇到的现象列出来，供参考。

① 机器不能正常启动。加电后机器根本不能启动，或者可以启动，但所需要的时间比原来的启动时间长，有时会突然出现黑屏现象。

② 运行速度降低。在运行某个程序时，读/写数据的时间比原来长。

③ 磁盘空间迅速变小。由于病毒程序要进驻内存，而且又能繁殖，因此，会使内存空间迅速变小甚至变为 0，用户信息无法存储。

④ 文件内容和长度有所改变。一个文件存入磁盘后，它的长度和内容都不会改变。可是，由于病毒的干扰，文件长度可能改变，文件内容也可能出现乱码，有时文件内容无法显示或显示

后又消失。

⑤ 经常出现死机现象。正常的操作是不会造成死机的，即使是初学者，命令输入不对也不会死机。如果机器经常死机，那可能是由于系统被病毒感染。

⑥ 外部设备工作异常。外部设备受系统的控制，如果机器被病毒感染，外部设备在工作时可能会出现一些异常情况，出现一些用理论或经验无法解释的现象。

以上仅列出一些比较常见的病毒表现形式，肯定还会遇到一些其他的特殊现象，这需要由用户自己判断。注意：这些仅是受到感染的常见迹象。但是，硬件或软件问题也可能引起这些迹象，而这这些问题与计算机病毒无关。

6. 计算机病毒的预防措施

计算机病毒是可以防范的，只要在思想上有反病毒的警惕性，依靠反病毒技术和管理措施，病毒就不能广泛传播。计算机病毒的预防措施是安全使用计算机的要求，所以，需要制定一套严格的防病毒管理措施，坚持执行并能根据实际情况不断地进行调整和监督。计算机病毒的常见预防措施有以下几种。

① 对新购置的计算机系统用检测病毒软件检查已知病毒，用人工检测方法检查未知病毒，并经过实验，证实没有病毒传染和破坏迹象后再使用。

② 新购置的硬盘或出厂时已格式化好的软盘中都可能有病毒。对硬盘可以进行检测或进行低级格式化。

③ 新购置的计算机软件也要进行病毒检测。有些著名软件厂商在发售软件时，软件已被病毒感染或存储软件的磁盘已受感染。检测时要用软件查已知病毒，也要用人工检测和实际实验的方法检测。

④ 定期与不定期地进行磁盘文件备份工作，确保每一过程和细节的准确、可靠。万一系统崩溃，能最大限度地恢复系统原样，减少可能的损失。重要的数据应当时进行备份，当然，备份前要保证没有病毒。

⑤ 确认工作用计算机或家用计算机设置了使用权限及专人使用的保护机制，禁止来历不明的人和软件进入系统。

⑥ 在引入和使用新的系统和应用软件之前，使用最新、最好的反毒软件检测。

⑦ 选择使用公认质量最好、升级服务最及时、对新病毒响应和跟踪最迅速有效的反病毒产品，定期维护和检测计算机系统。

⑧ 仔细研究所使用的反病毒软件的各项功能，不同模块各担负什么样的职责，都有哪些应用组合，不同的运行命令行（或选项设置）参数具有怎样不同的查杀效果等，最大限度地发挥反病毒工具的作用。注意，不同厂家的不同产品肯定有各自的强项和长处，建议用户使用不止一种反病毒产品。通常，使用一种以上具有互补特点的反病毒工具往往会收到事半功倍的效果。

⑨ 及时升级反病毒产品。每天都会有新的病毒产生，反病毒产品必须适应病毒的发展，不断升级，才能为系统提供真正安全的环境。

7. 杀毒软件的工作原理

一般来讲，杀毒软件的杀毒机制有 3 种。

（1）特征码法

特征码法相当于一个黑名单，记录着杀毒软件已知的病毒的特征。根据这个特征，杀毒软件会对照每一个被扫描的程序，如果与特征相符，就认定为病毒。特征码的优点是误杀低，缺点是滞后性，先出现病毒才会出现相应的特征码。目前的大多数杀毒软件采用的方法主要是特征码查毒方案与人工解毒并行，即在查病毒时采用特征码查毒，在杀病毒时采用人工编制解毒代码。

但是，特征码查毒方案也具有极大的局限性：一是并非所有病毒都可以描述其特征码，很多病毒都难以描述甚至无法用特征码进行描述；二是特征码的描述取决于人的主观因素，从长达数千字节的病毒体中获取十几字节的病毒特征码，需要对病毒进行跟踪、反汇编及其他分析。另外，由于对特征码的描述各不相同，特征码方法在国际上很难得到广泛支持。

（2）虚拟机技术

虚拟机技术的原理是能够运行具有一定规则的描述语言探测病毒。虚拟机在反病毒软件中应用范围广，并成为目前反病毒软件的一个趋势。一个比较完整的虚拟机，不仅能够识别未知病毒，而且能够清除未知病毒。虚拟机必须提供足够的虚拟，以完成或近似完成病毒的“虚拟传染”。

目前虚拟机的处理对象主要是文件型病毒。对于引导型病毒、宏病毒、木马程序，在理论上都是可以通过虚拟机来处理的，但目前的水平仍相距甚远。虽然虚拟机也会在实践中不断得到发展，但由于 PC 的计算能力有限，反病毒软件的制造成本也有限，让虚拟技术获得更加实际的功效并以此为基础来清除未知病毒，难度很大。

（3）主动防御机制

主动防御机制其实是启发式的深入，它监控每个程序的运行，发现有损计算机安全的举动就立即终止并进行相应的清理操作。

主动防御机制的工作原理：恶意软件的敏感行为可以被杀毒软件拦截，然后把这些敏感行为报告给用户，让用户加以选择，没有通过确认的行为无法作用于系统。同时，发生敏感行为的恶意程序样本还会被发送给杀毒软件开发商，经过反病毒工程师的分析，发布升级病毒库。这就是基于行为监控的主动防御机制的工作原理。

主动防御机制实际上是对抗木马的第一层保护，因为绝大多数的木马都无法通过主动防御机制。为了防止木马盗取用户的隐私数据，可以在杀毒软件当中开发隐私数据保护功能，用户利用这项功能可以设置属于自己的隐私数据库。因为恶意软件盗取用户的隐私数据之后，最终还要通过网络发送出去，在发送过程中，可以被隐私保护模块所截获。隐私保护模块首先把将要发送的这些数据和用户的个人隐私数据库进行匹配，一旦发现匹配，就说明是用户的隐私数据，这时候隐私保护模块提示用户，供用户选择，如果用户拒绝发送，木马偷取到的隐私数据是无法被发送出去的。

8. 常见的杀毒软件

（1）瑞星杀毒软件

瑞星杀毒软件是北京瑞星科技股份有限公司开发的杀毒软件（简称 RAV）。瑞星 2011 使用界面如图 2.28 所示。

瑞星采用第八代杀毒引擎，能够快速、彻底查杀病毒，是目前国内外同类产品中最具实用价值和安全保障的杀毒软件产品。瑞星全功能安全软件是一款基于瑞星“云安全”系统设计的新一代杀毒软件。“云安全”通过网状的大量客户端对网络中软件行为的异常监测来获取互联网中木马、恶意程序的最新信息，传送到服务端进行自动分析和处理，再把病毒和木马的解决方案分发到每一个客户端。整个互联网变成了一个超级的杀毒软件，这就是“云安全”计划的目标。

主动防御较好地弥补了传统杀毒软件采用“特征码查杀”相对滞后的技术弱点，可以在病毒发作时进行主动而有效的全面防范，从技术层面上有效应对未知病毒。瑞星杀毒软件采用的主动

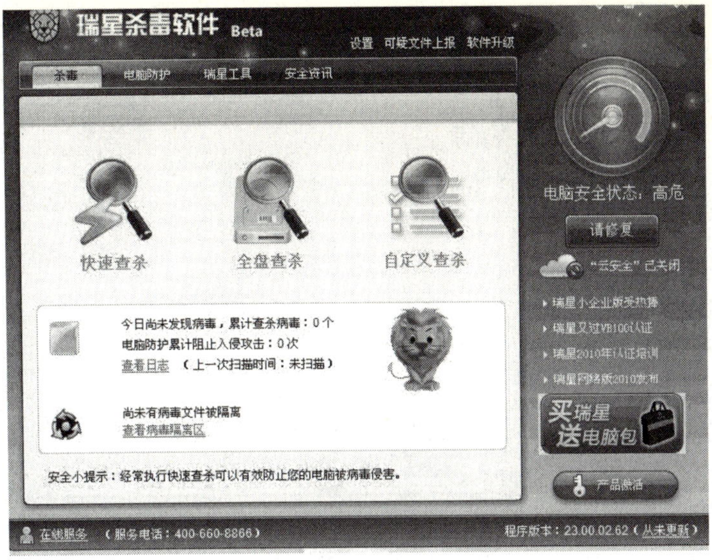

图 2.28　瑞星 2011 界面

防御技术包含三个层次：资源访问规则控制、资源访问扫描、进程活动行为判定。其中，尤其以进程活动行为判定最为关键。

第一层：资源访问规则控制层。通过对系统资源（注册表、文件、特定系统 API 的调用、进程启动）等进行规则化控制，阻止病毒、木马等恶意程序对这些资源的使用，从而达到抵御未知病毒、木马攻击的目的。

第二层：资源访问扫描层。通过监控对一些资源（如文件、引导区、邮件、脚本）的访问，并使用拦截的上下文内容（文件内存、引导区内容等）进行威胁扫描识别的方式，来处理已经经过分析的恶意代码。

第三层：进程活动行为判定层。进程活动行为判定层自动收集从前两层传来的进程动作及特征信息，并对其进行加工判断。瑞星的主动防御智能恶意行为判定引擎无须用户参与就可以自动识别出具有有害动作的未知病毒、木马、后门等恶意程序。

目前，市面上的一些主动防御软件只做了三层结构中的部分功能，而只有全面实现三个层级的主动防御，才是真正意义上的“主动防御功能”。如果用户使用不完全的主动防御，将带来严重的安全风险。

（2）江民杀毒软件

北京江民新科技术有限公司是国内知名的计算机反病毒软件公司，研发和经营范围涉及单机、网络反病毒软件；单机、网络黑客防火墙；邮件服务器防病毒软件等一系列信息安全产品。江民杀毒软件采用全新动态启发式杀毒引擎，融入指纹加速功能，杀毒功能更强、速度更快。江民 KV2011 使用界面如图 2.29 所示。

用户计算机系统频繁中毒，主要的原因在于其系统存在病毒入侵的通道。病毒及木马利用恶意网页，通过系统或第三方工具软件漏洞入侵计算机，俗称“网页挂马”。如果能够堵住所有的病毒入侵通道，则再强大的病毒也无法威胁用户的数据及网上各种密码的安全。

江民杀毒在智能主动防御、内核级自我保护、云安全防毒系统、启发式扫描等核心杀毒技术基础上，采用“前置威胁预控”安全模式。“前置威胁预控”理念的核心在于：通过分析系统所有病毒可能入侵的入口，检测网页、邮件等病毒入侵通道，判断这些入口是否有相应的安全防护

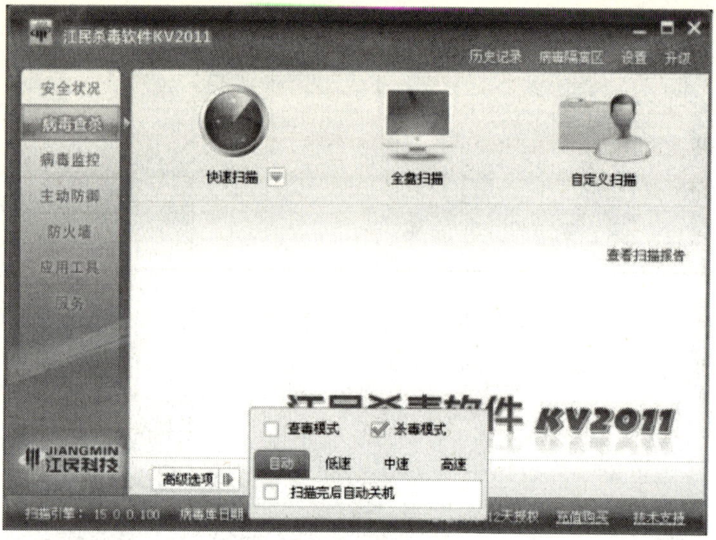

图 2.29　江民 KV2011 界面

并提供加固和解决方案，同时可以抵御“网页挂马”、网上银行盗号等网络威胁，为用户的系统把好安全关口。

（3）卡巴斯基反病毒软件

卡巴斯基（Kaspersky Labs）是国际著名的信息安全厂商，总部设在俄罗斯首都莫斯科，公司为个人用户、企业网络提供反病毒、防黑客和反垃圾邮件产品。卡巴斯基拥有独特的知识和技术，该公司的旗舰产品，著名的卡巴斯基反病毒软件 AVP（Anti Viral Toolkit Pro）被众多计算机专业媒体及反病毒专业评测机构誉为病毒防护的最佳产品。

卡巴斯基的产品因其顶尖的性能在全球获得了大量的重要用户。许多大型企业选择卡巴斯基保护数据安全，包括空中客车公司、Stemcor、BBC Worldwide、Tatneft、Telecom Italia Mobile、Faber-Castell、法国电信等。KIS2013 使用界面如图 2.30 所示。

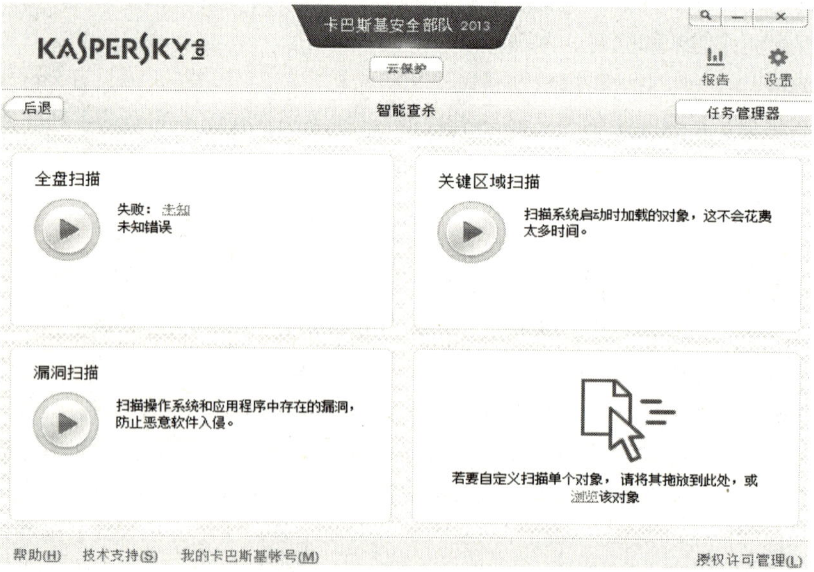

图 2.30　KIS 2013 使用界面

卡巴斯基具有以下基本特点。

① 对病毒上报反应迅速，卡巴斯基具有全球技术领先的病毒运行虚拟机，可以自动分析70%左右未知病毒的行为，每小时升级病毒库。

② 随时修正自身错误，杀毒分析有可能犯错，只要用户指出，误杀误报会立刻得到纠正。

③ 卡巴斯基具有超强的脱壳能力，无论怎么加壳，只要程序体还能运行，卡巴斯基均能检测出并清除。

④ 卡巴斯基反病毒软件单机版可以基于SMTP/POP3协议来检测进出系统的邮件，可实时扫描各种邮件系统的全部接收和发出的邮件，检测其中的所有附件，包括压缩文件和文档、嵌入式OLE对象及邮件体本身。

⑤ 新增个人防火墙模块，可有效保护运行Windows操作系统的PC，探测对端口的扫描，封锁网络攻击并报告。系统可在隐形模式下工作，封锁所有来自外部网络的请求，使用户安全地在网上遨游。

卡巴斯基安全软件是新一代的信息安全解决方案，更强的反病毒数据库引擎和更快的扫描速度可以保护计算机免受病毒、蠕虫、木马和其他恶意程序的危害，它实时监控文件、网页、邮件、ICQ/MSN协议中的恶意对象。扫描操作系统和已安装程序的漏洞，应用程序过滤将计算每个程序的安全值以分配不同的安全级别，安全免疫区可以让用户在该区运行可疑程序和不安全网站。增强的双向防火墙将阻止所有不安全的网络活动。

（4）诺顿

诺顿是Symantec公司个人信息安全产品之一，该产品发展至今，除了原有的防毒外，还有防间谍等网络安全风险的功能。诺顿反病毒产品包括：诺顿网络安全特警、诺顿反病毒、诺顿360、诺顿计算机大师等产品。

诺顿的主要技术有以下几项。

① BloodHound技术。辨别一个可疑程序是否具有威胁性，“启发式技术”是最简单而有效的办法，启发可以虚拟一个主机环境，并在不影响实机的情况下诱发恶意程序现形，这项技术在诺顿被称为Bloodhound。BloodHound会制造一个虚拟的安全环境，使病毒展现出它的不良企图，而不会影响到本身计算机运作的稳定性。

② 行为防御技术。倘若病毒木马不幸进入实体主机，就利用“行为防御技术”，行为防御会分析可疑程序的行为，并事先阻拦。一般的行为防御十分被动，只有在恶意程序对外连接时才会运作。诺顿则采取“主动”出击，每次文件读/写都会立刻扫描，大大降低了风险。

③ 漏洞防护。漏洞防护针对系统漏洞进行防堵，让威胁入侵无法进入。比起繁杂庞大的病毒码，直接管理漏洞显然更有效率。诺顿的做法为：严加看管最常遭到黑客攻击的浏览器漏洞，无论是IE还是Firefox，都能获得完善的保护。

④ 身份防护。网络安全软件最终是为了保护计算机本身及存储在计算机中的文件数据。在线账号密码最重要却也最容易被窃取，一旦泄露，往往造成财物上的重大损失。诺顿的名片式身份防护提供了很好的防护措施，每次上线都通过名片自动登录，无须键盘输入。

⑤ 智能扫描。诺顿2009年新增了Norton Insight技术，简单来说是一种白名单（但名单规则并不存于软件当中，而是通过Symantec另有的平台随时更新）技术，其原理为只扫描不被信任的文件或网站，并略过知名或安全的文件及网站，该项技术可让扫描速度大幅提高，并降低误判率。

习 题 2

一、填空题

1．计算机网络一般由三部分组成：组网计算机、_________和网络软件。

2．根据其作用和功能不同，组网计算机可分为_________和客户机两类。

3．_________是一种利用光在玻璃或塑料制成的纤维中的全反射原理而制成的光传导工具。

4．_________用于实现联网计算机和网络电缆之间的物理连接。

5．_________是互联网的主要节点设备，通过路由选择决定数据的转发。

6．IP 地址由_________和_________两部分组成。

7．WWW 上的每一个网页都有一个独立的地址，这些地址称为_________。

8．网络安全具有以下 4 方面的特征_________、_________、_________、_________。

9．网络安全攻击，根据攻击的形式不同可分为_________、_________。

10．密码体制可分为_________和_________两种类型。

11．在网络环境中，通常使用_________来模拟日常生活中的亲笔签名。

二、选择题

1．计算机组网的目的是（　　）。

A．提高计算机运行速度　　B．连接多台计算机

C．共享软、硬件和数据资源　　D．实现分布处理

2．电子邮件能传送的信息（　　）。

A．只能是压缩的文字和图像信息　　B．只能是文本格式的文件

C．只能是标准 ASCII 字符　　D．可以是文字、声音和图形图像信息

3．IP 地址是（　　）。

A．接入 Internet 的计算机地址编号　　B．Internet 中网络资源的地理位置

C．Internet 中的子网地址　　D．接入 Internet 的局域网编号

4．TCP/IP 是一组（　　）。

A．局域网技术　　B．广域技术

C．支持同一种计算机（网络）互连的通信协议　　D．支持异种计算机（网络）互连的通信协议

5．下列四项中，合法的 IP 地址是（　　）。

A．210.45.233　　B．202.38.64.4　　C．101.3.305.77　　D．115,123,20,245

6．在 IP 地址方案中，159.226.181.1 是一个（　　）。

A．A 类地址　　B．B 类地址　　C．C 类地址　　D．D 类地址

7．域名是（　　）。

A．IP 地址的 ASCII 码表示形式

B．按接入 Internet 的局域网所规定的名称

C．按接入 Internet 的局域网的大小所规定的名称

D．按分层的方法为 Internet 中的计算机所取的直观的名字

8．某公司申请到一个 C 类网络，由于有地理位置上的考虑，必须划分成 5 个子网，子网掩码要设为（　　）。

A．255.255.255.224　　B．255.255.255.192　　C．255.255.255.254　　D．255.225.255.248

9．“www.nwu.edu.cn”是 Internet 中主机的（　　）。

A：硬件编码　　B．密码　　C．软件编码　　D．域名

10．为了防御网络监听，最常用的方法是（　　）。

A．采用物理传输　　B．信息加密　　C．无线网　　D．使用专线传输

11．防止他人对传输的文件进行破坏需要（　　）。

A．数字签字及验证　　B．对文件进行加密　　C．身份认证　　D．时间戳

12．以下关于数字签名的说法正确的是（　　）。

A．数字签名是在所传输的数据后附加上一段和传输数据毫无关系的数字信息

B．数字签名能够解决数据的加密传输，即安全传输问题

C．数字签名一般采用对称加密机制

D．数字签名能够解决篡改、伪造等安全性问题

13．在大多数情况下，病毒侵入计算机系统以后，（　　）。

A．病毒程序将立即破坏整个计算机软件系统

B．计算机系统将立即不能执行用户的各项任务

C．病毒程序将迅速损坏计算机的键盘、鼠标等操作部件

D．一般并不立即发作，等到满足某种条件的时候，才会出来活动、破坏

三、简答题

1．什么是计算机网络？计算机网络由哪几部分组成？

2．WWW 资源有什么特点？

3．简述邮件的收发过程以及所要遵守的协议。

4．简述对称加密算法加密和解密的基本原理。

5．计算机病毒有哪些特点？如何在预防病毒？

第3章　Internet信息检索

网络技术的迅猛发展带来信息量的与日俱增。一方面，人类信息资源前所未有的丰富，另一方面，海量信息也使获取有效信息成为难点。搜索引擎以关键词、词组或自然语言构成检索表达式，从各种网络资源中检索所需要的信息，并将检索结果提供给用户，通过搜索引擎进行信息检索已成为获取信息的有效手段之一。

3.1　Internet信息资源

Internet正在快速地改变人们生产和生活的各个方面，利用Internet可以有效地完成很多传统方法所难以实现的工作，如实时通信、异地文件传输和海量信息检索等。

3.1.1　Internet信息资源特点

① 信息源丰富多样。Internet是个开放的信息传播平台，任何机构、个人都可以将自己拥有的且愿意与他人共享的信息上传到网上。Internet信息内容几乎包含所有领域，既包括科学技术领域的各种业信息，也有与大众日常生活息息相关的信息，有严肃主题信息，也有娱乐趣事。

② 以多媒体为信息表现形式。Internet是一个集声音、图像、文字、照片、图形、动画、电影、音乐为一体的综合性信息系统。信息资源的存储和处理采用文本、超文本、多媒体和超媒体形式。超文本技术和超媒体技术的发展和应用，使得网络信息的组织方式不仅以知识和信息为基本单元，还能充分展示这些单元之间的逻辑关系。网络信息资源也由传统的顺序、线性排列发展到可以按照信息自身的逻辑关系组成相互联系的、直接的、非线性的网状结构。

③ 信息交互性强。Internet传播方式多样性、交互性，不仅可以从中获取信息，也可以向网上发布信息。Internet提供讨论、交流的渠道。在Internet上可以找到提供各种信息的人，也可以找到一些专题讨论小组。

④ 信息的开放性好。Internet是一个全球性分布的结构，大量信息分别存储在不同的服务器与主机上，随着时间的推移和知识的更新，在不断补充新的信息同时不断淘汰旧的信息，以保证其信息的整体数量和使用价值及网络灵活性。

⑤ 信息组织的局部有序性与整体无序性。各搜索引擎和站点目录都收集大量Internet的站点，并按照专业和文献信息类型分类，实现了信息组织的局部有序化。由于Internet急剧膨胀，仍有大量信息被淹没在海量信息里，这种无序性必将影响信息检索的系统性、完整性和准确性。

3.1.2　Internet信息资源分类

Internet信息资源可按照信息来源、信息时效性或网络传输协议来分类。

1．按信息来源划分

Internet信息资源按信息来源可划分为政府、公众、商业等信息资源。

（1）政府信息资源

政府信息资源是政府在履行职能过程中产生或使用的信息。政府信息资源包括：① 政务部门为履行管理国家行政事务的职责而采集、加工、使用的信息资源；政务部门在业务过程中产生和生成的信息资源；② 由政务部门投资建设的信息资源以及由政务部门直接管理的信息资源。

（2）公众信息资源

公共信息的反映对象是社会公共事务，与每个社会成员都有着直接或间接的联系，涉及面广，既包括政府部门发布的信息，也包括社会公益性组织等第三部门提供的信息，企业有时也会提供一些公共信息或准公共信息。公共信息资源涉及面广，内容错综复杂，决定了公共信息资源类型的划分具有多角度和多层次。根据形成方式的不同，可分为：

① 政府自产性公共信息资源。指政府活动所产生的信息资源，如政府机构信息、政务信息、政策法规信息等。

② 政府购买性公共信息资源。由政府购买私人信息资源并提供给公众使用而形成的信息资源，如图书馆的大部分馆藏信息资源。

③ 社会生产性公共信息资源。由非政府部门活动所产生的公共信息资源，如民间交流活动、社区公务活动、企业经营活动以及网络交往活动所产生的信息资源。

公共信息资源管理不仅可以扩大公共信息资源流通途径和提高传播效率，实现信息资源的合理配置，改善公共信息的获取环境，发挥信息资源的价值，而且它在政府和社会中还有更重要的战略作用。

（3）商业信息资源

商业信息是社会生产、交换、消费等经济活动必不可少的信息，除了具有一般信息共有的可传递性、可记存性、可复制性、可共享性等特点外，还具有多变性、零散性和实用性等特点。按照商业信息性质和内容可以划分为：市场营销信息、市场管理信息、商技信息和市场环境信息。

① 市场营销信息。市场营销信息是市场信息的核心和主体，主要包括如下信息：商品生产和供应信息（市场商品生产能力、规模、布局、结构，渠道，以及购买增减和投向变化、消费水平和结构变化等）；商品竞争信息（同行业竞购、竞销能力及其竞争战略与策略等）。市场营销信息常常通过商情、广告、市场调查等形式反映出来。

② 市场管理信息。市场管理信息包括国家调控市场、市场引导企业的宏观管理信息和企业内部业务管理的信息。前者包括国家制定和颁布的经济法规，政策以及税收、银行、物价等部门出台的有关规定等。后者指的是商品产供销计划，购销合同的签订和履行，以及业务、财务、会计、审计、物价等管理措施的有关信息。

③ 市场商技信息。市场商技信息包括新产品的开发、设计、试制以及各类产品加工、包装、仓储，运输、采购、销售、服务等环节中所出现的科学技术发明成果和改革、革新措施所形成的信息。

④ 市场环境信息。市场环境信息指的是影响市场供求变化和营销活动的各种政治、经济、社会、自然环境变化的信息。政治环境信息是指诸如国家重大方针政策变化，不同时期党的号召等；经济环境信息是指诸如经济政策变化，经济体制改革，经济结构变化，经济发展速度和人民消费水平、消费结构变化等；社会环境信息是指诸如城乡建设发展，人口发展与分布，人民文化和教育水平，以及风俗习惯等；自然环境信息是指诸如气候变化，土地资源开发利用，农作物生长态势等。以上事物变化所产生的信息都可作为市场环境因素面对市场营销有着重要价值。

2. 按信息时效划分

Internet 信息资源按信息时效可划分为电子邮件型、图书馆目录、全文数据库等信息资源。

（1）电子邮件型信息资源

凡是通过电子邮件方式进行交流的信息都属于电子邮件型信息资源。电子邮件型信息资源并不局限于个人之间的通信，还包括报告、论文、文献目录、甚至整本书、整本期刊。

电子邮件综合了电话通信和邮政信件的特点，传送信息的速度和电话一样快，又能像信件一样使收信者在接收端收到文字记录。电子邮件不仅可利用电话网络，还可利用其他任何通信网传送。由中央计算机和小型计算机控制的面向有限用户的电子系统可以看成一种计算机会议系统。

（2）图书馆目录资源

图书馆目录是揭示、识别、检索图书馆入藏文献的工具。图书馆目录揭示文献特征，提供识别文献的依据，可以从文献的题名、责任者（著者）、主题、分类等方面指引检索文献的途径，并标识文献在书架上的排列位置。图书馆目录除供读者使用外，也是图书馆员从事文献采购、参考咨询、保管典藏等工作必不可少的工具。图书馆目录体系是指图书馆所确立的目录种类及其相互补充、相互联系的有机整体。图书馆建立目录体系的主要根据是：图书馆的类型、任务及读者需求；馆藏规模及其组织。一般地说，馆藏规模庞大、馆藏组织复杂、服务机构较多的图书馆，目录体系中所包含的目录种类及数量也会复杂而繁多。

（3）全文数据库

全文数据库集文献检索与全文提供于一体。其优点是提供全文字段检索，便于读者对文献的查询，免去了检索书目数据库后还得费力去获取原文的麻烦。常用的中文全文数据库有中国期刊全文数据库、中文科技期刊数据库、万方系统的数字化期刊全文数据库；常用英文全文数据库有OVID 全文期刊库、荷兰的 SDOS、美国 UMI 公司的 ProQuest Medical Library 等。阅读全文数据库，计算机内必须安装全文浏览器，通用的格式有PDF格式和HTML格式等，前者用Adobe Acrobat Reader 阅读，后者用 IE 等网络浏览器阅读。

3.1.3 Internet 信息资源的组织

现在，绝大部分的 Internet 信息资源以 Web 方式组织。对于普通的用户来说，Web 是一种互联网的使用环境、氛围、内容等。

1. Web 中的基本概念

（1）网站与网页

网站、网页和主页是 3 个功能不同但又紧密联系的概念，一个网站由多个网页元素构成，若干个网页又通过主页链接成一个完整的网站系统。

① 网站。网站（Website）是指在因特网上根据一定的规则，使用 HTML 等工具制作的用于展示特定内容的相关网页的集合。简单地说，网站就像布告栏，人们可以通过网站来发布（或浏览）想要共享的资讯，利用网站来提供相关的网络服务。

② 网页。网页（Web Page）是构成网站的基本元素，实际上是一个存放在一台联网计算机中的文件。网页经由网址（URL）来识别与存取，当用户在浏览器地址栏中输入网址之后，浏览器接收并处理来自服务器的网页文件，并将结果展示到用户的眼前。图 3.1 为中国教育和科研计算机网的主页。

网页可分为动态页面和静态页面。静态页面内容是固定的，扩展名通常为 .htm、.html、.shtml 等。静态页面多通过网站设计软件来进行重新设计和更改，技术实现上相对比较滞后。某些网站管理系统也可以直接生成静态页面，这种静态页面通常可称为伪静态。

图 3.1　中国教育和科研计算机网主页

动态页面是通过执行 ASP、PHP、JSP 等程序生成客户端网页代码的网页，通常可通过网站后台管理系统对网站的内容进行更新和管理。例如，发布新闻、发布公司产品、交流互动、博客和网上调查等，都是动态网站功能的一些具体表现。

③ 主页。主页（Home Page）可以理解为网站的封皮，因此也被称为首页，它是整个网站的主索引页。网站主页名称是特定的，一般为 index.htm、index.html、default.htm、default.html、default.asp 或 index.asp 等。

（2）超文本与超媒体

① 超文本。超文本（Hypertext）采用超链接方法，将不同空间的文字信息组织在一起的网状文本，用以显示文本及与文本相关的内容。超文本普遍以电子文档方式存在，其中的文字包含有可以链接到其他位置或者文档的链接，允许从当前阅读位置直接切换到超文本链接所指向的位置。超文本的格式有很多，目前最常使用的是超文本标记语言（HyperText Markup Language，HTML）及富文本格式（Rich Text Format，RTF）。我们日常浏览的网页都属于超文本。图 3.2 示意了文本的线性级结构与超文本的非线性结构。

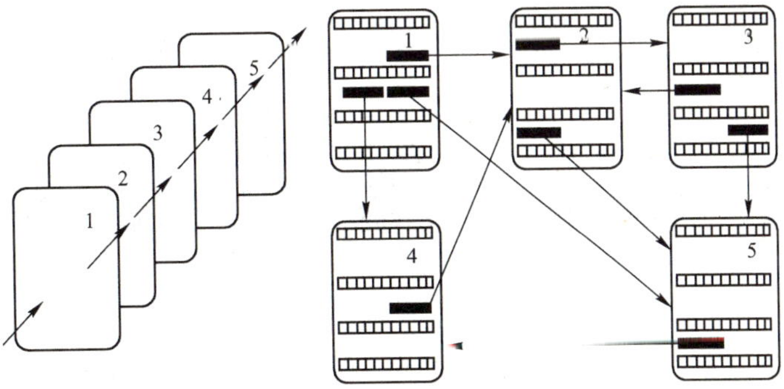

图 3.2　文本的线性结构与超文本的非线性结构

超文本的基本特征就是可以超链接文档，可以指向其他位置，该位置可以在当前的文档中、局域网中的其他文档，也可以在因特网上的任何位置的文档中。这些文档组成了一个复杂的信息网。超链接有两个作用：一是在文档中创建一个热点，当用户激活或选中（通常是使用鼠标）热点时，浏览器会自动加载并显示同一文档或其他文档中的某个部分，或触发某些与因特网服务相关的操作，如发送电子邮件或下载文件等；二是在文档中创建一个标记，该标记可以被超链接引用。

② 超媒体。超媒体（hypermedia）是超文本和多媒体在信息浏览环境下的结合，是超级媒体的简称。超媒体不仅可以包含文字，还可以包含图形、图像、声音、动画或影视片断等多种媒体来表示信息，这些媒体之间也是用超级链接组织的，它们之间的链接也是错综复杂的。在超媒体中，用户不仅能从一个文本跳到另一个文本，而且可以激活一段声音，显示一个图形，甚至可以播放一段动画。

超媒体不仅是一个技术词汇，还是新媒体意识与新商业思维的有机结合。事实上，从个人最常用的 E-mail、即时通信、博客，到 Google Earth 的超市地球，都是不同层面不同量级的超媒体产品。

（3）HTTP 和 HTTPS

① HTTP。HTTP（HyperText Transfer Protocol）称为超文本传输协议，是用于访问 WWW 上信息的客户机/服务器协议。HTTP 建立在 TCP/IP 的应用层之上。其实现过程一般包括 4 个阶段：客户端与指定的服务器建立连接 → 由客户端提出请求并发送到服务器 → 服务器收到客户端的请求后，取得相关对象并发送到客户端 → 在客户端接受完对象后，关闭连接。

② HTTPS。HTTPS 称为以安全为目标的 HTTP 通道（HyperText Transfer Protocol over Secure Socket Layer）。HTTPS 的安全基础是 SSL，其主要作用有两个：一是建立一个信息安全通道，以保证数据传输的安全，二是确认网站的真实性。

HTTPS 是由 Netscape 开发并内置于其浏览器中，用于对数据进行压缩和解压操作，并返回传回的结果。HTTPS 实际上应用了 Netscape 的安全套接字层（SSL）作为 HTTP 应用层的子层。（HTTPS 使用端口 443，而不是像 HTTP 那样使用端口 80 来和 TCP/IP 进行通信。）HTTPS 和 SSL 支持使用 X.509 数字认证，如果需要，用户可以确认发送者是谁。

（4）Web 浏览器

浏览器是指可以显示服务器或者文件系统的 HTML 文件内容，并让用户与这些文件交互的一种软件。浏览器是重要的用户端应用软件，主要通过 HTTP 与服务器交互并获取网页，在屏幕上看到的网页是浏览器对 HTML 文档的翻译。

由于浏览器使用图形用户界面（GUI），用户在使用计算机时不必用键盘输入各种操作命令，只需用鼠标选择即可。个人计算机上常见的浏览器包括 Internet Explorer、Firefox、Opera 和 Safari，其图标如图 3.3 所示。

图 3.3　常见浏览器及其图标

浏览器的常用功能主要包括：① 使用 URL 向服务器申请资源服务；② 使用超级链接从一个页面跳转到另一个页面；③ 浏览历史页面；④ 查找自己感兴趣的附页；⑤ 存储、打印 Web 页，收发 E-mail。

（5）统一资源定位符

浏览网页时，通常需要输入资源的 URL（Uniform Resource Locator），即统一资源定位符。

URL 是对网上资源的位置和访问方法的一种简洁表示，其一般是区分大小写。

URL 一般由协议、服务器地址、端口号、路径、文件名 5 部分组成，其格式如下：

协议://主机.域名[:端口]/路径/文件名

“协议”用于指明通信网络中两台计算机之间进行通信所必须共同遵守的规定或规则，常见的协议有以下几种：file：本地文件服务；ftp：FTP 服务器文件；http：WWW 服务器文件；news：电子新闻组；telnet：远程登录服务；mailto：电子邮件服务。

“主机.域名”就是所谓的服务器网址。

“端口”表明请求数据的数据源端口号。默认情况下、WWW 服务使用 80 号端口，因此对于使用标准端口号的服务器，用户在申请服务时，在 URL 中就可以省略端口号。

“路径”和“文件名”指出所需资源（文件）的名称及其在计算机（服务器）中的地址。服务器经常将主页设置为默认路径下的默认文件，当申请默认的文件时，文件的路径和名称可以省略，如 http://www.nwu.edu.cn

（6）Cookie 文件

Cookie 文件是浏览网页时，网站服务器放在客户端的一个很小的文本文件。Cookie 文件对互联网安全实际上不构成威胁，在这个文件里面存储了与访问的这个网站有关的一些信息。Cookie 里面包含的信息没有标准的格式，各个服务器的规范都可能不同，但一般都包括：所访问网站的域名（Domain Name），访问开始的时间，访问者的 IP 地址，访问者关于该站的一些设置等。为了安全起见，Cookie 的内容一般都是加密的，只有对应的服务器才能识别。

对于网站分析而言，Cookie 的作用在于帮助嵌入代码类的网站分析工具记录网站的访问和访问者的信息，没有 Cookie 就无法实现相关监测。诸如 Google Analytics、Omniture、HBX、WebTrends 等网络分析工具都需要在网站访问者的计算机上放置 Cookie 才能实现监测。

2．Web 的特点

① Web 是一种超文本信息系统。Web 的一个主要的概念就是超链接，使得文本不再是线性的，而是可以从一个位置跳到另外的位置。想要了解某一个主题的内容只要在这个主题上单击，就可以跳转到包含这一主题的文档上，正是这种多连接性才把它称为 Web。

② 图形化、易于导航。Web 流行的一个很重要原因就在于它具有在页面上同时显示图形和文本的能力。Web 具有将图形、音频、视频信息集合于一体的特性。同时，Web 易于导航，只需要从一个链接跳到另一个链接，就可以在各页面各站点之间进行浏览。

③ 平台无关性。无论系统平台是什么，都可以通过 Internet 访问 WWW。浏览 WWW 对系统平台没有什么限制。无论 Windows 平台、UNIX 平台、Macintosh，还是其他平台，都可以访问 WWW。

④ 分布式特性。大量的图形、音频和视频信息会占用相当大的磁盘空间，这些信息可以放在不同站点上，只需在浏览器中指明站点就可以了，从而使在物理上分离的信息在逻辑上一体化。

⑤ 动态特性。由于各 Web 站点的信息包含站点本身的信息，信息的提供者可以经常对站点上的信息进行更新，如某个协议的发展状况，公司的广告等，所以 Web 站点上的信息是动态的。经常更新的。

⑥ 交互特性。Web 的交互性首先表现在它的超链接上，用户的浏览顺序完全由自己决定。另外，通过表单形式可以从服务器方获得动态的信息。用户通过填写表单可以向服务器提交请求，服务器可以根据用户的请求返回相应信息。

3. Web 的工作原理

（1）Web 系统的构成

Web 系统的构成如图 3.4 所示。

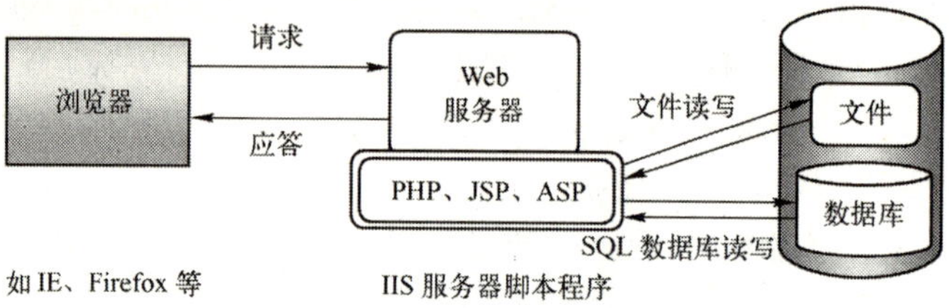

图 3.4　Web 系统的构成

由图 3.4 可以看出，Web 系统主要包括以下几部分：

① Web 客户机。通常，采用客户机/服务器结构的系统，有一台或多台服务器以及大量的客户机。客户端需要安装专用的软件，负责数据的输入、运算和输出。

② Web 服务器。服务器配备大容量存储器并安装数据库系统，用于数据的存放和数据检索。

③ 接口部件。Web 服务器调用其他应用程序的接口，常用的接口部件有 CGI、Web API 等。

（2）工作过程

访问网络资源时，通常先要在浏览器上输入网页的统一资源定位符，或者通过超链接方式链接到那个网页或网络资源。然后，系统进行域名解析，获得资源所在服务器的 IP 地址。接下来，客户机向服务器发送一个 HTTP 请求。在通常情况下，HTML 文本、图片和构成该网页的一切其他文件很快会被逐一请求并发送回客户机。客户机上的浏览器把 HTML、级联样式表（Cascading Style Sheet，CSS）和接收到的其他文件所描述的内容，加上图像、链接和其他必须的资源，显示给用户。这些就构成了所看到的“网页”。大多数的网页自身含有指向其他相关网页的超链接，可能还有下载、源文献、定义和其他网络资源。

3.1.4　影响 Internet 信息检索的因素

影响 Internet 信息检索的因素很多，如信息资源质量、检索软件、用户水平等。

（1）信息资源质量对信息检索的影响

丰富的信息资源为 Internet 信息检索系统提供了庞大的信息源，但由于其收集、加工、存储的非标准化，给信息检索带来难题。

① 信息资源收集不完整、不系统、不科学，导致信息检索必须多次进行，造成人力、物力和时间上的浪费。

② 信息资源加工处理不规范、不标准、使信息检索的查全率、查准率下降。

③ 信息资源分散、无序，更换、消亡无法预测，因此用户无法判断 Internet 上有多少信息同自己的需求有关，检索评价标准无法确定。

④ 版权和知识产权问题也给信息检索带来麻烦。由于 Internet 是一个非控制网络，所有网络上公用信息均可以自由使用、共同分享。Internet 上电子形式的文件极易被复制使用，这样就容易引起知识产权、版权及信息真伪等问题。

⑤ 信息的语言障碍问题。目前，Internet 上 80%以上的信息是以英语形式发布，英语水平低和不懂英语的人很难利用 Internet 上庞大的信息资源。因此，语言障碍也影响了广大用户对 Internet 信息资源的开发与应用。

（2）检索软件对信息检索的影响

Internet 将世界上大大小小、成千上万的计算机网络连接在一起，成为一个没有统一管理的但可以相互交流的分散信息库，这意味着人们必须掌握网络信息检索工具，才能检索到自己所需要的网络信息资源。但是由于 Internet 信息组织的特殊性和目前检索工具自身存在的一些问题，给信息检索带来一些不便。

① Internet 上的信息存放地址会频繁转换和更名，根据检索工具检索的结果并不一定就能获得相应的内容。

② 基于一个较广定义的检索项，检索软件往往会获得数以千万计的检索结果，使用户难于选择真正所需的信息。

③ 每种检索工具虽然仅收集各自范围内的信息资源，也难免信息资源的交叉重复。

（3）用户水平对信息检索的影响

在 Internet 中，用户不仅要自己检索信息资源，还要进行信息资源的收集、整理、存储工作。因此，用户的信息获取与检索能力对信息检索有着直接的影响。

① 用户对信息检索需求的理解和检索策略的制订影响信息检索的质量。

② 用户的计算机操作能力及网络相关知识的掌握程度影响信息检索的效率。

③ 用户对网络信息检索工具的应用熟练程度影响信息检索的效果。

④ 用户的外语水平影响着信息检索的广度与深度。

3.2 搜索引擎

3.2.1 搜索引擎概述

搜索引擎是指根据一定的策略、运用特定的计算机程序搜集互联网上的信息，在对信息进行组织和处理后，为用户提供检索服务的系统。从使用者的角度看，搜索引擎提供一个包含搜索框的页面，在搜索框输入词语并提交后，搜索引擎就会返回相关的信息列表。

互联网发展早期，以雅虎为代表的网站分类目录查询非常流行。网站分类目录由人工整理维护，精选互联网上的优秀网站，并简要描述，分类放置到不同目录下。用户查询时，通过逐层点击来查找自己想找的网站。也有人把这种基于目录的检索服务网站称为搜索引擎，但从严格意义上讲，它并不是真正搜索引擎。

1. 搜索引擎的组成

搜索引擎一般由搜索器、索引器、检索器和用户接口 4 部分组成，如图 3.5 所示。

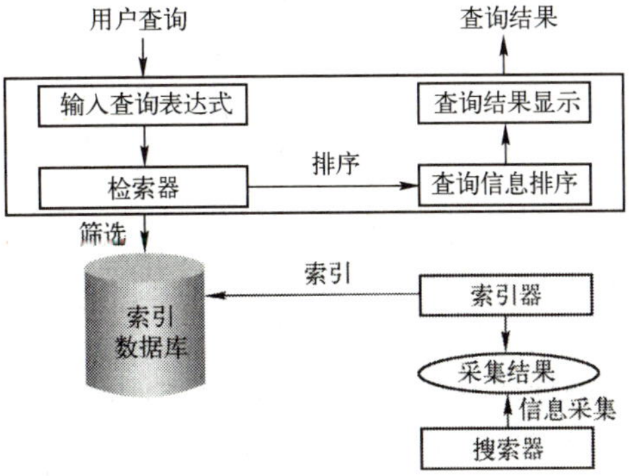

图 3.5　搜索引擎的基本组成

（1）搜索器

搜索器是一个不停地运行计算机程序，其功能是在互联网中漫游，发现和搜集信息。搜索器要尽可能多、尽可能快地搜集各种类型的新信息，同时因为互联网上的信息更新很快，所以还要定期更新已经搜集过的旧信息，以避免死连接和无效连接。

目前，有两种常见的搜集信息策略。

① 从一个起始 URL 集合开始，顺着这些 URL 中的超链（Hyperlink），以宽度优先、深度优先或启发式方式，循环地在互联网中发现信息。这些起始 URL 可以是任意 URL，但常常是一些非常流行、包含很多链接的站点（如雅虎）。

② 将 Web 空间按照域名、IP 地址或国家域名划分，每个搜索器负责一个子空间的穷尽搜索。搜索器搜集的信息类型多种多样，包括 HTML、XML、Newsgroup 文章、FTP 文件、字处理文档、多媒体信息等。

（2）索引器

索引器的功能是理解搜索器所搜索的信息，从中抽取出索引项（用于表示文档），生成文档库的索引表。索引项有客观索引项和内容索引项两种：客观项与文档的语意内容无关，如作者名、URL、更新时间、编码、长度、链接流行度（link popularity）等；内容索引项用来反映文档内容，如关键词及其权重、短语、单字等。内容索引项可以分为单索引项和多索引项（或称为短语索引项）两种。单索引项对于英文来讲是英语单词，比较容易提取，因为单词之间有天然的分隔符（空格）；对于中文等连续书写的语言，必须进行词语的切分。

在搜索引擎中，一般要给单索引项赋予一个权值，以表示该索引项对文档的区分度，同时用来计算查询结果的相关度。使用的方法一般有统计法、信息论法和概率法。短语索引项的提取方法有统计法、概率法和语言学法。

索引表一般使用某种形式的倒排表（inversion list），即由索引项查找相应的文档。索引表也可能记录索引项在文档中出现的位置，以便检索器计算索引项之间的相邻或接近关系（proximity）。

（3）检索器

检索器的功能是根据用户的查询在索引库中快速检出文档，进行文档与查询的相关度评价，对将要输出的结果进行排序，并实现某种用户相关性反馈机制。

检索器常用的信息检索模型有集合理论模型、代数模型、概率模型和混合模型四种。

（4）用户接口

用户接口的作用是输入用户查询、显示查询结果、提供用户相关性反馈机制。主要目的是方便用户使用，高效、多方式地从搜索引擎中得到有效、及时的信息。用户接口的设计和实现使用人机交互的理论和方法，以充分适应人类的思维习惯。

用户输入接口可以分为简单接口和复杂接口 2 种。简单接口只提供用户输入查询串的文本框。复杂接口可以让用户对查询进行限制，如逻辑运算（与、或、非）、相近关系（相邻、NEAR）、域名范围（如.edu、.com）、出现位置（如标题、内容）、信息时间、长度等。

2. 搜索引擎的分类

搜索引擎种类繁多，根据其工作原理的不同，常见的有以下类型。

（1）全文搜索引擎

全文搜索引擎是名副其实的搜索引擎，国外代表有 Google，国内则有百度搜索。它们从互联网提取各网站的信息（以网页文字为主），建立起数据库，并能检索与用户查询条件相匹配的记录，按一定的排列顺序返回结果。

根据搜索结果来源的不同，全文搜索引擎可分为两类，一类拥有自己的检索程序（俗称“蜘蛛”（Spider）程序或“机器人”（Robot）程序），能自建网页数据库，搜索结果直接从自身的数据库中调用，Google 和百度就属于此类；另一类则是租用其他搜索引擎的数据库，并按自定的格式排列搜索结果，如 Lycos。

搜索引擎的自动信息搜集功能分两种：一种是定期搜索，即每隔一段时间（如 Google 一般是 28 天），搜索引擎主动派出“蜘蛛”程序，对一定 IP 地址范围内的互联网站进行检索，一旦发现新的网站，会自动提取网站的信息和网址加入自己的数据库。

另一种是提交网站搜索，即网站拥有者主动向搜索引擎提交网址，搜索引擎在一定时间内（2 天到数月不等）向用户网站派出“蜘蛛”程序，扫描网站并将有关信息存入数据库，以备查询。由于近年来搜索引擎索引规则发生了很大变化，主动提交网址并不能保证网站能进入搜索引擎数据库，因此，最好的办法是多获得一些外部链接，让搜索引擎有更多机会找到并自动收录网站。

当用户以关键词查找信息时，搜索引擎会在数据库中进行搜寻，如果找到与用户要求内容相符的网站，便采用特殊的算法（通常根据网页中关键词的匹配程度、出现的位置/频次、链接质量等）计算出各网页的相关度及排名等级，然后根据关联度，按顺序将这些网页链接返回给用户。

（2）目录索引

目录索引，顾名思义就是将网站分门别类地存放在相应目录中，因此用户在查询信息时可选择关键词搜索，也可按分类目录逐层查找。如以关键词搜索，返回的结果跟搜索引擎一样，也是根据信息关联程度排列网站，只不过其中人为因素要多一些。如果按分层目录查找，某一目录中网站的排名则是由标题字母的先后顺序决定（也有例外）。

目录索引虽然有搜索功能，但严格意义上不能称为真正的搜索引擎，只是按目录分类的网站链接列表而已。用户完全可以按照分类目录找到所需要的信息，不依靠关键词进行查询。目录索引中最具代表性的莫过于雅虎，新浪分类目录搜索也属于此类。

目前，搜索引擎与目录索引有相互融合渗透的趋势。原来一些纯粹的全文搜索引擎也提供目录搜索，如 Google 就借用 Open Directory 目录提供分类查询，雅虎则通过与 Google 等搜索引擎合作来扩大搜索范围。在默认搜索模式下，一些目录类搜索引擎首先返回的是自己目录中匹配的网站，如国内搜狐、新浪、网易等；而另外一些则默认的是网页搜索，如雅虎。

与全文搜索引擎相比，目录索引有许多不同之处。

首先，全文搜索引擎属于自动网站检索，而目录索引依赖手工操作。用户提交网站后，目录编辑人员会亲自浏览的网站，然后根据一套自定的评判标准决定是否接纳网站。

其次，全文搜索引擎收录网站时，只要网站本身没有违反有关的规则，一般都能登录成功。而目录索引对网站的要求则高得多，有时即使登录多次也不一定成功。尤其像雅虎这样的超级索引，登录更是困难。

此外，在登录全文搜索引擎时，一般不用考虑网站的分类问题，而登录目录索引时必须将网站放在一个最合适的目录（directory）。

最后，全文搜索引擎中各网站的有关信息都是从用户网页中自动提取的，用户拥有更多的自主权；而目录索引则要求手工填写网站信息，以及各种各样的限制。如果工作人员认为提交网站的目录、网站信息不合适，他可以随时对其进行调整。

（3）元搜索引擎

元搜索引擎（meta search engine）接受用户查询请求后，同时在多个搜索引擎上搜索，并将结果返回给用户。著名的元搜索引擎有 InfoSpace、Dogpile、Vivisimo 等，中文元搜索引擎中具代表性的是搜星。

在搜索结果排列方面，有的直接按来源排列搜索结果，如 Dogpile；有的则按自定的规则将结果重新排列组合，如 Vivisimo。

（4）其他非主流搜索引擎形式

① 集合式搜索引擎。类似元搜索引擎，但集合式搜索引擎并非同时调用多个搜索引擎进行搜索，而是由用户从提供的若干搜索引擎中选择，如 HotBot 在 2002 年底推出的搜索引擎。

② 门户搜索引擎。AOL Search、MSN Search 等虽然提供搜索服务，但自身既没有分类目录也没有网页数据库，其搜索结果完全来自其他搜索引擎。

③ 免费链接列表。免费链接列表一般只简单地滚动链接条目，少部分有简单的分类目录，不过规模要比雅虎等目录索引小很多。

3.2.2 基本搜索技巧

搜索技巧大致分为基础技巧、通用搜索策略以及何时使用专业搜索工具的建议。合理地使用搜索技巧能够极大地提高搜索效率。

（1）选择好的搜索工具

每个搜索都是不同的，如果为每个搜索都选择最好的搜索工具，那么每次都会得到最好的搜索结果。最常见的选择是使用全文搜索引擎还是网站分类目录。

一般的规则是，如果在找什么特殊的内容或文件，那么使用全文，如 Google 和 AltaVista，如果想从总体上或比较全面的了解一个主题，那么使用网站分类目录，如雅虎和 ODP。

对于特殊类型的信息考虑使用特殊的搜索工具，如要找人或找地点，那么使用专业的寻人引擎或地图和位置搜索网站。事实上，几乎每种主题都有特殊的搜索工具。

（2）使用组合搜索关键词

好的搜索请求应该包含多个能限制搜索范围的关键词。

（3）使用自然语言搜索

多数搜索引擎对自然语言的处理很好。事实上，搜索引擎能够从语句结构得到很有用的信息，不会像仅得到几个关键词那样容易迷失。

（4）适当的名词首字母大写

多数搜索引擎对特殊名词很敏感，这意味着，如果使用大写的人名、地名或者其他合适的名词，将得到更好的结果。例如，搜索“John Bull”得到的结果可能更多是关于不列颠保护神的，而搜索“john bull”可能得到大量的西班牙斗牛场的休息室信息。

（5）小心使用布尔符

大多数搜索引擎允许使用布尔符（AND、OR、NOT）来使得搜索范围更精确。除非有丰富的布尔符使用经验，否则最好不要使用它，有两个理由：

① 布尔符在不同的搜索引擎中使用起来是略有不同的。除非明确知道布尔符在某一个搜索引擎中是如何使用的，确定不会错用。

② 使用布尔符时，可能错过了许多其他的影响因素，如搜索引擎是如何决定搜索结果的相关性的。

（6）培养有效的搜索习惯

一次成功的搜索由两部分组成：一个设计优秀的搜索请求，一个准确可信的搜索结果。在点击任何一条搜索结果之前，快速地分析搜索结果的标题和网址，会节省大量的时间。

搜索是需要通过大量实践才能发展的技能。多练习能带来有效搜索结果的搜索技巧非常重要。真正的搜索者不会搜到满意的结果就离开搜索引擎。他们会思考，会回顾，会培养自己快速和有效找到所需内容的搜索习惯。

3.2.3 常见搜索引擎简介

全世界有很多个被称为“搜索引擎”的网站。实际上，这些网站中真正适合海外推广的不过十多个，其中最著名的是 Google、雅虎、Alltheweb、AltaVista 和 Inktomi 等。其他网站的搜索结果都来自于这些搜索引擎，或者他们之间的搜索结果交叉使用。

1. 通用搜索引擎

（1）Google（谷歌）

Google 富于创新的搜索技术使其从当今的第一代搜索引擎中脱颖而出。Google 并非只使用关键词或代理搜索技术，而是将自身建立在高级的网页级别技术基础之上。网页级别利用巨大的网络链接结构对网页进行组织整理，可对网页的重要性进行客观的分析。Google 中用于计算网页级别的公式包含 5 亿个变量和 20 多亿个项。

Google 提供了便捷的网上信息查询方法。通过对几十亿网页进行整理，可为世界各地的用户提供适需的搜索结果，而且搜索时间通常不到半秒。现在，Google 每天需要提供 1.5 亿次查询服务。Google 复杂的自动搜索方法避免了人为感情因素，与其他搜索引擎不同，Google 的结构设计即确保了公正，任何人都无法用钱换取较高的排名。

（2）Yahoo（雅虎）

雅虎是全球第一门户搜索网站，业务遍及 24 个国家和地区，为全球超过 5 亿的独立用户提供多元化的网络服务。雅虎搜索逐步确立了社区化搜索（social search）的策略，将积极发挥全球庞大的注册用户群来积累大批高质量内容和元数据（meta data），从而改善用户的搜索体验。在这种策略下，雅虎不断推出新的社区化搜索服务，如知识堂、收藏等，并收购了著名的照片共享网站 Flickr 和社会书签网站 Del.icio.us，进行产品上的优势互补。雅虎搜索引擎的工作过程如图 3.6 所示。

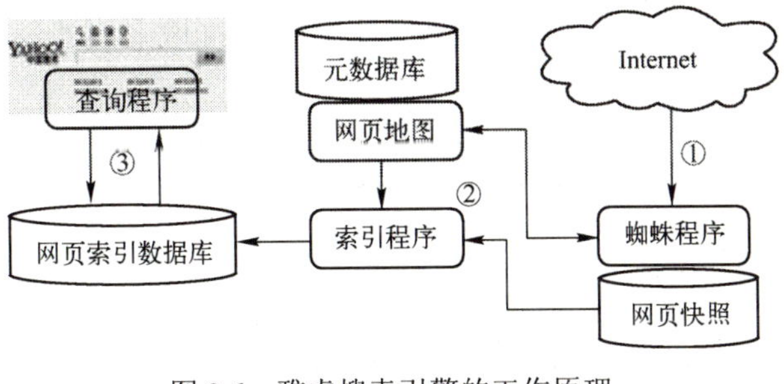

图 3.6　雅虎搜索引擎的工作原理

首先，搜索引擎会建立一个网页地图记录互联网的链接结构，再使用蜘蛛程序根据网页地图来抓取质量好的网页，存储到网页快照数据库中。接下来，索引程序会将快照数据库中的网页编号存储到网页索引数据库中，在这个过程中会利用相关技术去掉作弊网页。

当用户输入一个查询词搜索时，查询程序会使用这个查询词到索引数据库中比较，并经过相关性计算后，按照相关的程度对网页进行排序，相关性越高的排的越靠前。相关性的计算是包括各种因素的综合结果，如网站标题或网页内容对查询词的匹配、网页被链接的次数等。

（3）Infospace

Infospace 是著名的元搜索引擎。元搜索引擎在接受用户查询请求时，同时在其他多个引擎上进行搜索，并将结果返回给用户。

（4）AltaVista

AltaVista 全世界最古老的搜索引擎之一，也是功能最完善、搜索精度较高的全文搜索引擎之一。经过升级，其搜索精度已达业界领先水平。AltaVista 已于 2003 年被雅虎收购。

（5）HotBot

HotBot 是比较活跃的搜索引擎，数据更新速度比其他引擎都快。网页库容量为 1.1 亿，以独特的搜索界面著称。HotBot 已被 Lycos 收购，成为 Terra Lycos Network 的一部分。

（6）AllTheWeb

AllTheWeb 是目前成长最快的搜索引擎，支持 225 种文件格式搜索，其数据库已存有 49 种语言的 21 亿个 Web 文件，而且以其更新速度快，搜索精度高而受到广泛关注，被认为是 Google 强有力的竞争对手。

2. 专业领域搜索引擎

（1）金融领域的搜索引擎

金融领域的搜索引擎提供的检索服务，主要是通过公司名称或股票代码，查找公司的股价、财务数据及其相关 Web 站点等。常见的金融领域的搜索引擎如表 3.1 所示。

表 3.1　金融领域的常见搜索引擎

网　址	功　能
http://www.dailystocks.com	网上第一个也是最大的股票检索站点
http://www.fmlx.com	有关公司、股市信息及其分析和研究的站点链接总汇
http://www.inomics.com	专门为经济学家而设计的检索服务，其特性在于可定制搜索
http://www.justquotes.com	除了股票查询之外，还提供投资常见问题解答等
http://www.moneyweb.com.au	有关商业、金融及货币的 Web 站点指南
http://www.tradingday.com	股票查询，还提供投资分析和技术分析等

（2）法律领域的搜索引擎

法律领域的搜索引擎主要是查找法律信息，以及与法律相关的站点。常见的法律领域的搜索引擎如表 3.2 所示。

表 3.2　法律领域的常见搜索引擎

网　址	功　能
http://www.findlaw.com	有关法律 Web 站点的指南
htpp://www.law.com	提供大量与法律相关网站的链接
http://lawcrawler.findlaw.com	由 AltaVista 支持的搜索引擎，提供涉及法律问题的站点信息

（3）新闻组搜索引擎

新闻组搜索引擎主要是利用新闻组名称，查找特定主题的信息。常见的新闻组搜索引擎如表 3.3 所示。

（4）医学领域的搜索引擎

医学领域的搜索引擎主要是涉及疾病和医疗问题的信息检索。常见的医学领域的搜索引擎如表 3.4 所示。

表 3.3 新闻组搜索引擎

网　址	功　能
Deja.com	前身为 Deja News，1999 年 5 月经历了较大变化，并增加了新的特性，但新闻组检索依然是其核心
http://www.forumone.com	可检索超过 28 万个基于 Web 的新闻讨论组
http://www.remarq.com	在此的确可检索 Usenet 新闻组，虽然 RemarQ 称之为“communities（社区）”

表 3.4 医学领域的搜索引擎

网　址	功　能
http://www.biocrawler.com	生物学信息的指南和搜索引擎
http://infoprn.com	医学 Web 站点的指南
http://www.hon.ch/MedHunt/	MedHunt 同时采用人工和网络“蜘蛛”建立其医学信息的索引，可通过地区限制检索，还提供法语检索的界面
http://www.nwsearch.com	从一组选定的医学网站中建立索引，检索结果较准确

（5）自然科学领域的搜索引擎

自然科学领域的搜索引擎主要提供自然科学各领域的信息检索。常见的自然科学领域的搜索引擎如表 3.5 所示。

表 3.5 自然科学领域的搜索引擎

网　址	功　能
http://www.biocrawler.com	生物学信息的指南和搜索引擎
http://www.biolinks.com	专门为科学家服务的搜索引擎，提供各种学术期刊、组织及公司链接，既有自动创建的索引，也有人工分类的目录
http://www.chemie.de	化学信息的指南和搜索引擎
http://www.cora.justresearch.com	可检索来自世界各大学和实验室的计算机科学论文，论文采用 PostScript 格式

（6）与计算机相关的搜索引擎

与计算机相关的搜索引擎提供有关计算机和计算的信息检索。 常见的与计算机相关的搜索引擎如表 3.6 所示。

表 3.6 计算机领域的搜索引擎

网　址	功　能
http://www.bitpipe.com	检索 IT 分析家和厂商白皮书的摘要，涉及计算和 IT 的主题
http://www.cora.justresearch.com	检索来自世界各大学和实验室的计算机科学论文，论文采用 PostScript 格式
http://www.filez.com	FTP 站点的文件搜索
http://secureroot.m4d.com	有关计算机安全、黑客及 Internet 地下组织的搜索引擎
http://www.softcrawler.com	可检索软件、共享软件和免费软件
http://www.sourcebank.com	编程资源的指南，涉及有关 Java、C、C++语言的研究论文和联机杂志论文
http://www.techpointer.com	有关计算及其技术的站点指南

3.3 Google 信息检索

作为目前世界上最大的搜索引擎，Google 支持多达 132 种语言，包括简体中文和繁体中文，Google 搜索引擎启动后的界面如图 3.7 所示（Http://www.google.com）。

图 3.7 Google 搜索引擎启动界面

3.3.1 Google 的基本特点

网上信息日益繁杂，需要优异的搜索服务，将网上繁杂的内容整理成为用户需要的信息。如果缺乏强有力的搜索工具，那么想在网络上寻找一个特定网站，其难度将如在一个没有卡片目录、藏书方法完全随机的图书馆内寻找一本书一样。Google 就是最常见的搜索工具。

① 使网络井然有序。Google 依据网络自身结构，清理混沌信息，缜密组织资源。Google 的搜索服务既不是简单的信息目录，也不是变相的商业广告。

② 只返回包含所有关键词的网页。与大多数其他搜索引擎的区别在于，Google 只显示相关的网页，其正文或指向它的链接包含所输入的所有关键词，而无须再受其他无关结果的烦扰。

③ 遵从关键词的相对位置。Google 不仅能搜索出包含所有关键词的结果，还对网页关键词的接近度进行分析。Google 按照关键词的接近度确定搜索结果的先后次序，优先考虑关键词较为接近的结果，这样可以为节省时间，不须在无关的结果中徘徊。

④ 存储网页快照。Google 存储网页的快照，当存有网页的服务器暂时出现故障时您仍可浏览该网页的内容。如果找不到服务器，Google 存储的网页快照也可救急。虽然网页快照中的信息可能不是最新的，但在网页快照中查找资料要比在实际网页中快得多。

3.3.2 基本搜索

布尔查询是一种最为常见的查询方式。就是一种利用诸如“AND”、“OR”和“NOT”等布尔操作符表达的查询。例如，假设一个用户准备查询关于“载人技术”的相关网页信息，他就可以直接在搜索引擎中输入查询关键词“载人技术”，结果如图 3.8 所示。

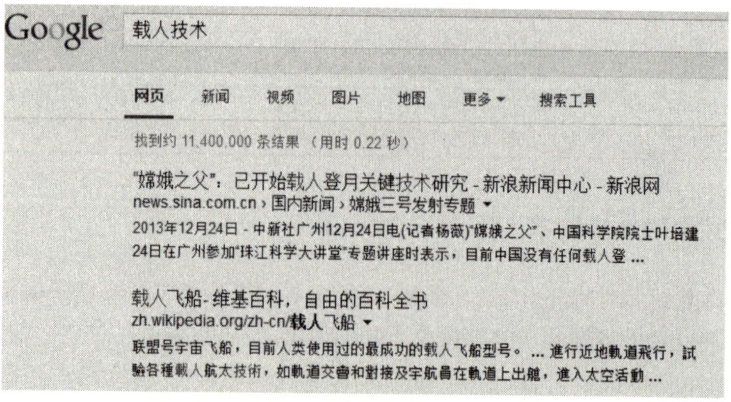

图 3.8 关键词“搜索引擎”的查询结果页面（截取于 2014-1-1）

此时 Google 搜索引擎展示的结果非常多，约 1100 万篇命中网页。造成这种现象的主要原因在于用户没有准确的表达自己的需求，在多数情况下，如果用户能够更加准确的表达出自己的查询需求，通常搜索引擎都可以展示出合理的搜索结果。

1. 与、或、非

（1）与

Google 不需用明文“+”来表示逻辑“与”操作，只要空格即可。例如，搜索所有包含关键词“图像处理”和“小波分析”的中文网页，搜索“图像处理 小波分析”，结果如图 3.9 所示。

图 3.9　关键词“图像处理 小波分析”的查询结果页面（截取于 2014-1-1）

注意：文章中搜索语法外面的引号仅起引用作用，不能带入搜索栏内。

这里有几点需要说明：

① 为了清楚表明用户的查询需求，采用多个查询关键词十分必要，但是选择关键词需要技巧和经验，有时可能需要多次尝试才能找到最为合适的关键词。

② 在大多数搜索引擎中，“AND”通过空格来表示，所以应通过空格来分隔不同的关键词。

③ 由于搜索引擎经常更新网页的索引信息，而且不同的搜索引擎都会采用不同的相关度排序算法，所以实际的查询结果可能会因时因地而变化，这种现象很正常。

④ “AND”查询是一种缩小查询范围的查询方法，该方法可以提高查准率，当然在减少返回结果的同时，一般也会不可避免的丢失一些其实有价值的结果，因此会减少查全率。

（2）或

如果我们查找有关图像处理的中文网页，会发现介绍英文图像处理的网页内容没有包含在内，事实上，可能这些网页更多更重要。如何既能找到中文“图像处理”介绍网页，也能找到英文图像处理的介绍网页，OR 查询就是一种解决方法。可以输入“图像处理 OR image processing”，结果如图 3.10 所示。不同的搜索引擎可能有一些差别和注意事项，如 Google 要求“OR”大写，并且前后空格分隔，还可以用“|”代替“OR”。这里有几点需要说明：

① “OR”增加了无关网页被命中的概率，特别是在选择的关键词不合理时尤为如此。和“与”查询相比，使用“OR”可以增加查全率但会降低查准率的方法。

② 增加关键词需要用户了解相关背景知识，对于较为专业的知识而言，只有熟悉该领域知识的用户才能更容易找到更多的相关查询词。

（3）非

Google 用“-”表示逻辑“非”操作。例如，搜索所有包含“秦岭”而不含“金丝猴”的中

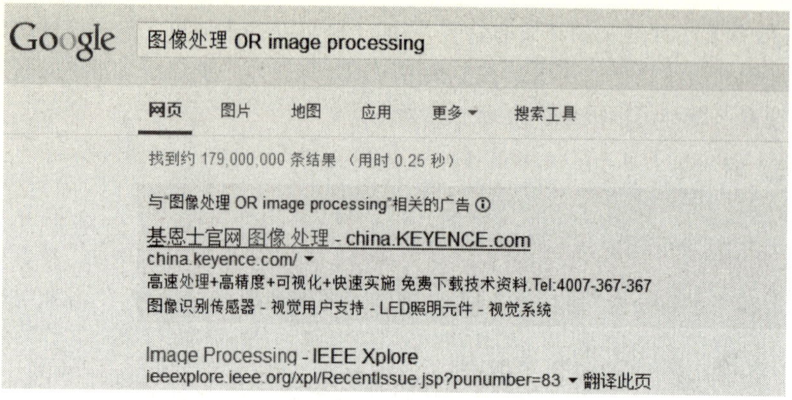

图 3.10　关键词“图像处理 OR image processing”的查询结果页面（截取于 2014-1-1）

文网页，则搜索“秦岭-金丝猴”。注意：这里的“-”是英文字符。此外，操作符与作用的关键字之间，不能有空格，如“秦岭 - 金丝猴”，搜索引擎将视为逻辑“与”操作，中间的“-”被忽略。

2．截词搜索

在绝大多数情况下，使用模糊查询的主要目的在于有意识的获取更为灵活的返回结果，此时用户需要非常了解查询内容。

例如，我们想查询西北地区的各所大学，显然有很多，但是一般而言，西北地区的大学名称都会以“西北”开头而以“大学”结尾，如“西北大学”和“西北工业大学”等。为此，可以使用截词查询，此时的查询关键词为“西北*大学”，结果如图 3.11 所示。

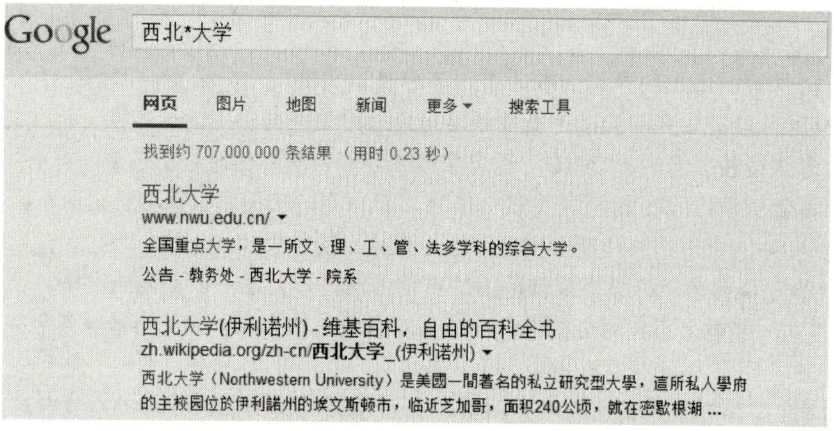

图 3.11　关键词“西北*大学”的查询结果页面（截取于 2014-1-1）

3．词组搜索

Google 的关键字可以是词组（中间没有空格），也可以是句子（中间有空格）。但是，用句子做关键字，必须加英文引号。例如：搜索包含“中国传统文化的传承”字串的页面，搜索“"中国传统文化的传承"”，结果如图 3.12 所示。

有时也把词组查询叫做“句子查询”，这更能体现这个含义。当然，任何方法都有两面性，虽然词组查询可以非常准确的找到所需的内容，但是也可能会一无所获，毕竟不是所有的书籍论文都有网络电子版本，更何况使用该方法还需我们知道一些必要的书籍内容原文。

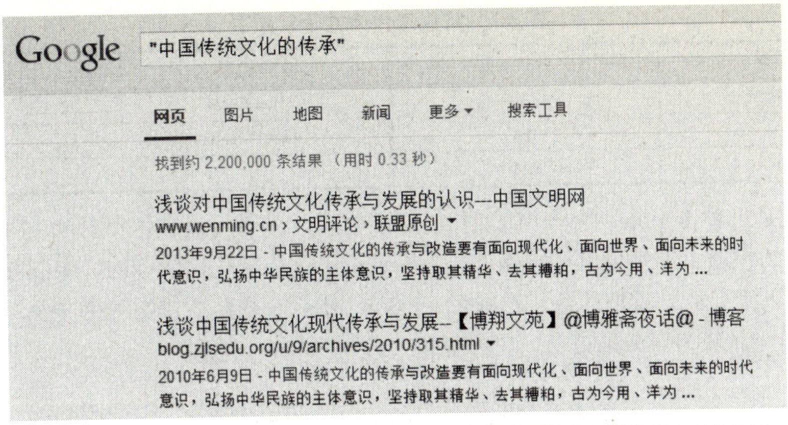

图 3.12　词组“中国传统文化的传承”的查询结果页面（截取于 2014-1-1）

3.3.3　字段搜索

字段搜索是 Google 所提供的特殊的语法结构，能够帮助用户缩小检索范围，更有效地找到所需要的内容。在一般情况下，Google 将整个网页进行收录和索引，通过专门的语法结构，可以让用户搜索网页的某些特定部分或者特定信息。

（1）site

site 表示搜索结果局限于某个具体网站，如“sina.com.cn”，或者是某个域名，如“com.cn”。如果是要排除某网站或者域名范围内的页面，只需用“-网站（域名）”非操作便可。

例如，搜索中文教育科研网站（edu.cn）上所有包含“人工智能”的页面，搜索“人工智能 site:edu.cn”即可。又如，搜索包含“人工智能”和“虚拟现实”的中文新浪网站页面，搜索“人工智能　虚拟现实　site:sina.com.cn”即可。

注意：site 后的冒号为英文字符，而且冒号后不能有空格，否则“site:”将被作为一个搜索的关键字。此外，网站域名不能有“http”以及“www”前缀，也不能有任何的目录后缀。

（2）filetype

filetype 用于查找特定格式的文件。例如，查找有关虚拟现实的 Word 文件，结果如图 3.13 所示。

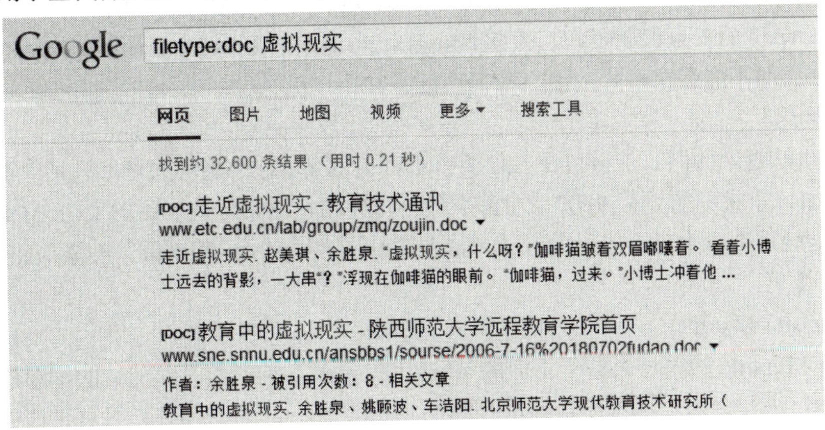

图 3.13　有关虚拟现实的 Word 文件的查询结果页面（截取于 2014-1-1）

不过，要想正确使用 filetype 查询功能，必须要了解搜索引擎所支持的常见文件格式及其扩展名，如表 3.7 所示。

表 3.7 常见文件格式及扩展名

文件类型	文件扩展名	文件类型	文件扩展名
Office Word	doc	Office Excel	xls
Office Powerpoint	ppt	Adobe Acrobat	pdf
Flash	swf		

PDF 格式是一种 Internet 电子出版文件的标准格式，可以内嵌字体和图片，所以可以保证在任何能够打开的机器上都呈现出相同的外观，而且由于是电子化出版标准，所以该类型的文件通常质量较高，更重要的是它们的数量也很多。所以，要想获取高质量的网络文件，通过限定文件格式为 PDF 是一种较为有效的方法。

（3）link

Web 网页通过超链接互相连接在一起，超链接不仅方便用户在不同网页间跳转浏览，而且对于网页来说，也是测度网页质量的一个间接方法。比如，一个著名的高质量网页通常会被更多的网页所链接，这时，我们就说该网页具有较高的链入数。如果一个网页被其他网页链接得越多，则该网页越重要。字段 link 就可以查询指定网页的所有链入网页，主要作用就是评价网页和网站的质量和知名度。

link 语法返回所有链接到某个 URL 地址的网页。例如，搜索所有含指向华军软件园“www.newhua.com”链接的网页，搜索“link:www.newhua.com”即可。注意：“link”不能与其他语法相混合操作，所以“link:”后面即使有空格，也将被 Google 忽略。

由于搜索引擎所遍历获取的网页并不全面，同时由于网页分析算法的局限性，可能最终获取的链入网页数量很少，这只是一种估算。不过，利用不同查询词语获取的链入网页数量进行相对比较，可以在很大程度上区分出网页质量和知名度的高低。

（4）inurl

inurl 语法返回的网页链接中包含第一个关键字，后面的关键字则出现在链接中或者网页文档中。有很多网站把某一类具有相同属性的资源名称显示在目录名称或者网页名称中，如“MP3”等，于是可以用 inurl 语法找到这些相关资源链接，然后用第二个关键词确定是否有某项具体资料。inurl 语法和基本搜索语法的最大区别在于，前者通常能提供非常精确的专题资料。

例如，查找 MIDI 曲“滚滚红尘”，搜索“inurl:midi 滚滚红尘” 即可。又如，查找微软网站上关于 Windows 7 的安全课题资料，搜索“inurl:security Windows 7 site:microsoft.com”即可。注意：“inurl:”后面不能有空格。

（5）allinurl

allinurl 语法返回的网页的链接中包含所有查询关键字。这个查询的对象只集中于网页的链接字符串。例如，查找可能具有 PHF 安全漏洞的公司网站，通常这些网站的 CGI-BIN 目录中保护 PHF 脚本程序（这个脚本是不安全的），表现在链接中是“域名/cgi-bin/phf”，搜索“allinurl:"cgi-bin" phf +com” 便可。

（6）allintitle 和 intitle

allintitle 和 intitle 的用法类似于上面的 allinurl 和 inurl，只是前者对网页的标题栏进行查询，而后者对 URL 进行查询。网页标题就是 HTML 的 title 标记之间的部分。网页设计的一个原则就是要把主页的关键内容用简洁的语言表示在网页标题中。因此，查询标题栏通常可以找到高相关率的专题页面。例如，查找秦岭照片，搜索“intitle:秦岭 照片”即可。

（7）Related、cache 和 info

① related。related 用来搜索结构内容方面相似的网页。例如，搜索所有与中文新浪网主页相似的页面，搜索“related:www.sina.com.cn/index.shtml”即可。

② cache。cache 用来搜索 Google 服务器上某页面的缓存，同“网页快照”，通常用于查找某些已经被删除的死链接网页。

③ info。info 用来显示与某链接相关的一系列搜索，提供 cache、link、related 和完全包含该链接的网页的功能。例如，查找和新浪首页相关的一些资讯，搜索“info:www.sina.com.cn”即可。

（8）经济领域特殊搜索

对于经济类信息而言，搜索引擎往往专门提供一些特殊的字段查询功能。比如，商品价格通常是查询商品时的重要字段之一，因此 Google 允许用户根据商品的价格区间来查询商品。如查询售价在 100 美元到 200 美元之间的诺基亚手机，则搜索“nokia $200..300”，结果如图 3.14 所示，在结果页面中很容易看到我们所需的几款产品。例如，“Canon megapixel 3..8”表示搜索佳能 300 万像素到 800 万像素的设备。

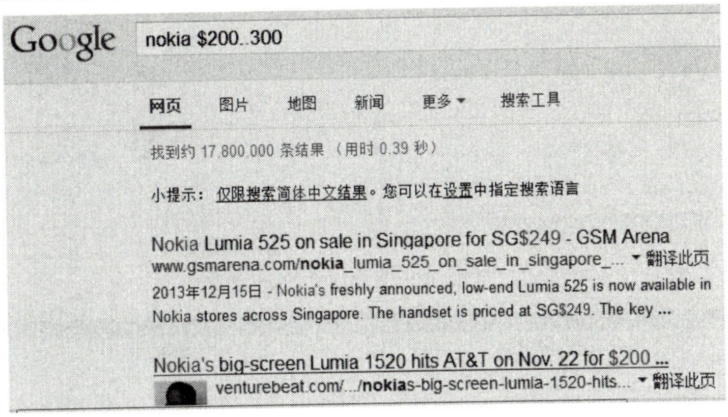

图 3.14　按商品价格区间查询结果页面（截取于 2014-1-1）

3.3.4　高级搜索与学术搜索

（1）高级搜索

高级搜索界面如图 3.15 所示。

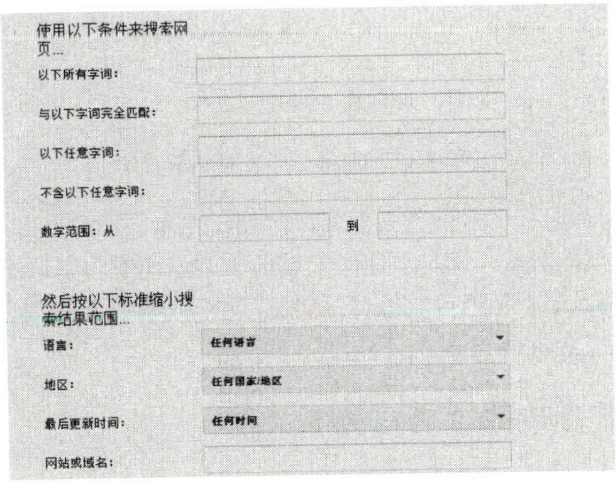

图 3.15　Google 高级检索界面

Google 的“高级搜索”可实现以下功能：① 将搜索范围限制在某个特定的领域；② 网站中排除某个定网站的网页；③ 将搜索限制于某种指定的语言；④ 查找链接到某个指定网页的所有网页；⑤ 查找与指定网页相关的网页等。

（2）学术搜索

Google 学术搜索提供可广泛搜索学术文献的简便方法。可以从一个位置搜索众多学科和资料来源：来自学术著作出版商、专业性社团、预印本、各大学及其他学术组织的经同行评论的文章、论文、图书、摘要和文章。

在 Google 启动主界面中单击“Google 大全”，在出现的页面中单击“产品”，出现如图 3.16 所示的页面，选择“学术搜索”，启动学术搜索，如图 3.17 所示。

图 3.16　Google 产品页面

图 3.17　Google 学术搜索界面

① 搜索特定作者。输入加引号的作者姓名。例如，输入“李政道”，则可查到李政道发表的所有文章。如要增加结果的数量，请不要使用完整的名字，使用首字母即可。

② 按标题搜索。输入加引号的论文标题。例如，输入“图像处理”，Google 学术搜索会自动查找此论文以及提及此论文的其他论文。

3.3.5　其他重要功能

① 目录服务。如果不想搜索网页，而是想寻找某些专题网站，可以访问 Google 的分类目录

“ http://directory.google.com/ ”， 中 文 目 录 是 “ http://directory.google.com/Top/World/Chinese_Simplified/”。不过由于 Google 的目录由志愿者服务，而 Google 在国内名气相对比较小，因此中文目录下收录站点很少。

② 工具条。为了方便搜索者，Google 提供了集成在浏览器中的工具条，用户不需打开 Google 主页就可以在工具条内输入关键字进行搜索。此外，工具条还提供了其他许多功能，如显示页面 PageRank 等。最方便的一点在于用户可以快捷地在 Google 主页、目录服务、新闻组搜索、高级搜索和搜索设定之间切换。欲安装 Google 的工具条，可以访问“http://toolbar.google.com/”，按页面提示可以自动下载并安装。

③ 新闻组（USENET）搜索。新闻组中有大量的有价值信息，DEJA 一直是新闻组搜索引擎中的佼佼者。2001 年，Google 将 DEJA 收购并提供了所有 DEJA 的功能。现在，除搜索之外，Google 还支持新闻组的 Web 方式浏览和张贴功能。

3.4 百度信息检索

百度是全球最大的中文搜索引擎。创立之初，百度就将目标定位于打造中国人自己的中文搜索引擎。百度除网页搜索外，还提供 MP3、文档、地图、传情、影视等多样化的搜索服务，率先创造了以贴吧、知道、百科、空间为代表的搜索社区。

3.4.1 主要服务介绍

① 网页搜索。作为全球最大的中文搜索引擎公司，百度致力于让网民更便捷地获取信息。用户通过百度主页，可以快速找到相关的搜索结果，这些结果来自于百度超过数百亿的中文网页数据库。

② 垂直搜索。除网页搜索外，百度还提供 MP3、图片、视频、地图等多样化的搜索服务，给用户提供更完善的搜索体验，满足的多样化的搜索需求。

③ 百度快照。百度快照解决了因网络问题、网页服务器问题及病毒问题所导致无法浏览问题。它的原理就是只加载网上的文字、图片和超链接。而快速版的百度快照则不加载图片，因此，原来、标准快照和快速般快照的显示效果略有不同。

④ 社区产品。信息获取的最快捷方式是人与人直接交流，为了让对同一个话题感兴趣的人们聚集在一起，方便地展开交流和互相帮助，百度贴吧、知道、百科、空间等围绕关键词服务的社区化产品也应运而生。而百度 Hi 的推出，将百度所有社区产品进行了串连，为人们提供一个表达和交流思想的自由网络空间。

⑤ 开发者中心。开发者中心服务的群体包括移动客户端应用开发者、Web App 开发者、网站站长、终端厂商等。结合百度在云计算领域的先天优势和丰富经验，面向开发者提供以下 4 大服务体系。

- 开发支持：提供开发所需的 SDK，包括 API、文档和测试、部署工具，提供各种开发便利，降低开发难度。
- 运营支撑：充分利用实时大数据分析能力，提供专业的全平台分析手段，帮助开发者洞察运营所需的各种细节。
- 渠道推广：利用百度的流量入口优势，为开发者提供可持续发展的流量以及用户增长模式，实现双方共赢。

⊙ 商业变现：帮助开发者挖掘既有流量背后的商业价值，实现“流量→变现→分成”的平台模式，与百度实现共赢。

⑥ 百度云。百度云是百度公司在开放自身的核心云能力（包括云存储、云计算和大数据智能）基础上，为广大开发者和最终用户提供的一系列云服务和产品。其服务对象包括开发者和个人用户两大群体。

⑦ 百度推广。百度推广是一种按效果付费的网络推广方式，用少量的投入就可以给企业带来大量的潜在客户，有效提升企业销售额和品牌知名度。百度推广按照给企业带来的潜在客户的访问数量计费，企业可以灵活控制网络推广投入，获得最大回报。

3.4.2 基本检索

Baidu 启动界面如图 3.18 所示。

图 3.18　Baidu 搜索引擎界面

① 逻辑“与”操作。无须用明文的“+”来表示逻辑“与”操作，用空格即可。例如，以“西北大学 图书馆”为关键字可以查出同时包含“西北大学”和“图书馆”两个关键字的全部文档。注意：文章中检索语法外面的引号仅起引用作用，不能带入检索栏内。

② 逻辑“或”操作。使用“A|B”来搜索“或者包含词语 A，或者包含词语 B”的网页。例如，要查询“图片”或“写真”相关资料，无须分两次查询，只要输入“图片|写真”，百度会搜索跟“|”前后任何字词相关的资料，并把最相关的网页排在前列。

③ 逻辑“非”操作。用英文字符“-”表示逻辑“非”操作。例如，“西北大学 -图书馆”（正确），“西北大学-图书馆”（错误）。注意，前一个关键词和减号之间必须有空格，否则“-”会被当成连字符处理，而失去减号语法功能

④ 精确匹配：双引号和书名号。例如，搜索秦岭的山水，如果不加双引号，搜索效果不是很好，加上双引号后，“秦岭的山水”获得的结果就全是符合要求的了。加上书名号后，《大秦帝国》检索结果就是关于电影方面的了。

3.4.3 特殊检索

① site：检索指定网站的文件。site 对检索的网站进行限制，表示检索结果局限于某个具体网站或某个域名，从而大大缩小检索范围，提高检索效率。例如，查找英国高校图书馆网页信息（限定国家），检索表达式“university．library site:uk”。又如，查找中国教育网有关信息（限定领域），检索表达式“图书馆 site:edu.cn”。

② filetype：检索制定类型的文件。filetype 检索主要用于查询某一类文件（往往带有同一扩展名）。可检索的文件类型包括：Adobe Portable Document Format（PDF）、Adobe PostScript（PS）、Microsoft Excel（XLS）、Microsoft PowerPoint（PPT）、Microsoft Word（DOC）、Rich Text Format（RTF）等 12 种文件类型。其中最重要的文档检索是 PDF 检索。

例如，查找关于生物的生殖发育方面的教学课件，检索表达式"生物 生殖 发育 filetype:ppt"。又如，查找关于遗传算法应用的 PDF 格式论文，检索表达式"遗传算法 filetype:pdf"。再如，查找 DOC 格式查新报告样本，检索表达式"查新报告 filetype:doc"。

③ inurl：检索的关键字包含在 URL 链接中。inurl 语法返回的网页链接中包含第一个关键字，后面的关键字则出现在链接中或网页文档中。有很多网站把某一类具有相同属性的资源名称显示在目录名称或网页名称中，如"mp3"、"photo"等，于是就可以用 inurl 语法找到这些相关资源链接，然后用第二个关键词确定是否有某项具体资料。例如，检索表达式"inurl:mp3 降央卓玛"。

④ Intitle：检索的关键词包含在网页的标题之中。"intitle"的标准搜索语法是"关键字 intitle:关键字"。其实"intitle"后面跟的词也算是关键字之一，不过一般我们可以将多个关键字中最重要的词放在这里，如果想找圆明园的历史，由于"圆明园"这个字非常关键，所以"圆明园历史"不如选"历史 intitle:圆明园"效果好。

3.4.4 百度特色搜索

① 百度快照。百度搜索引擎已先预览各网站，拍下网页的快照，为用户存储大量的应急网页。单击每条搜索结果后的"百度快照"，可查看该网页的快照内容。百度快照不仅下载速度快，而且搜索用的词语均已用不同颜色在网页中标明。原网页随时可能更新，跟百度快照内容不同。百度与网页作者无关，不对网页的内容负责。

② 拼音提示。如果只知道某个词的发音，却不知道怎么写，输入查询词的汉语拼音，百度就能把最符合要求的对应汉字提示出来。它事实上是一个无比强大的拼音输入法。拼音提示显示在搜索结果上方。如输入"xiaoanjianghu"，提示如下"您要找的是不是："笑傲江湖""。

③ 错别字提示。由于汉字输入法的局限性，我们在搜索时经常会输入一些错别字，导致搜索结果不佳。别担心，百度会给出错别字纠正提示。错别字提示显示在搜索结果上方。

3.5 查询策略

前面已经介绍了基本查询方法。然而，要想获得更好的查询效果不仅要求用户熟练掌握上述查询规则与用法，还需掌握一些基本的查询策略。

3.5.1 合理选择查询关键词

（1）增加查询关键词

查询关键词的选择至关重要。用户既要保证选择的关键词能够准确反映自己的查询需求，同时要保证能够有效地查询出所需的内容。我们来看一个案例：查询小说《大秦帝国》的信息，最直接的查询就是检索词使用"大秦帝国"，结果如图 3.19 所示。显然效果并不理想。事实上，Internet 上关于"大秦帝国"最多的内容还是视频内容。为了表达与小说相关，再次调整查询关键词为"大秦帝国 小说"，结果如图 3.20 所示。

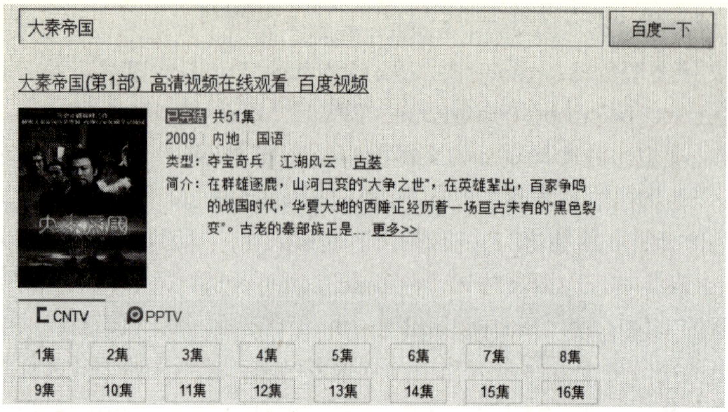

图 3.19　关键词“大秦帝国”搜索结果

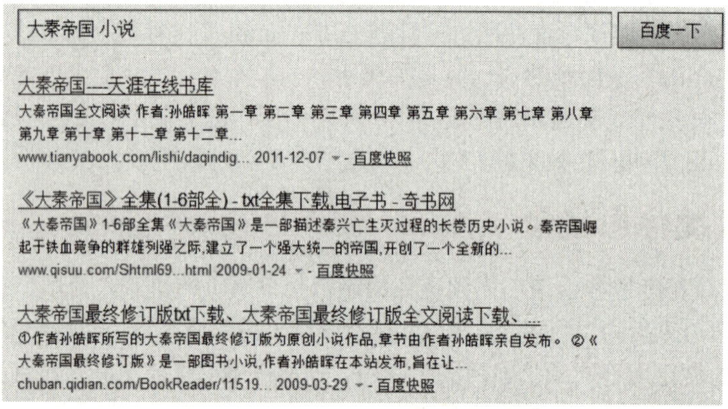

图 3.20　关键词“大秦帝国 小说”搜索结果（截取于 20014-1-1）

在很多情况下，查询过程需要不断地调整关键词。在开始查询前，有时难以确认究竟该如何调整，此时必须从结果反馈中进行判断，进行反复调整。

（2）使用更准确的查询关键词

准确的关键词选择可以快速命中所需结果。如比尔·盖茨有一句著名的话：“每天早晨醒来，一想到所从事的工作和所开发的技术将会给人类生活带来的巨大影响和变化，我就会无比兴奋和激动。”现在想查询该句话的英文原文。显然，直接使用中文句子中的词语进行查询很难保证一定找到英文原话，但是我们又无法知道英文原话是如何表述的。这样，首先不建议查询英文网页，这样做查询范围显然太大。如果把目标定位于中文网页，可以想象，这些出现比尔·盖茨英文原话的网页一般都只是摘取著名话语段落，显然查询范围较小而且精度较高。

构造“wake every day 比尔 盖茨”查询关键词，选择“wake every day”是因为他的英文原话一定会有这些单词，而且这些词比较独特，选择“比尔 盖茨”既是确保内容与他相关，也确保这是中文网页。查询效果良好。结果如图 3.21 所示，第一条即是。

合理选择关键词是获取相关信息的关键点，由于用户自身对查询问题有时并非十分了解，可能导致难以选择合适的查询，此时需要获取与查询词语相关的知识来了解选择什么样的关键词。

（3）利用查询中的发现来改进查询

很多时候，不能得到满意的查询结果是因为不了解，甚至对应该使用什么样的查询词不是很清楚。如果通过在查询中的发现，逐渐学习和了解与查询内容相关的知识，则有助于调整和改进查询词语，从而获取更满意的结果。

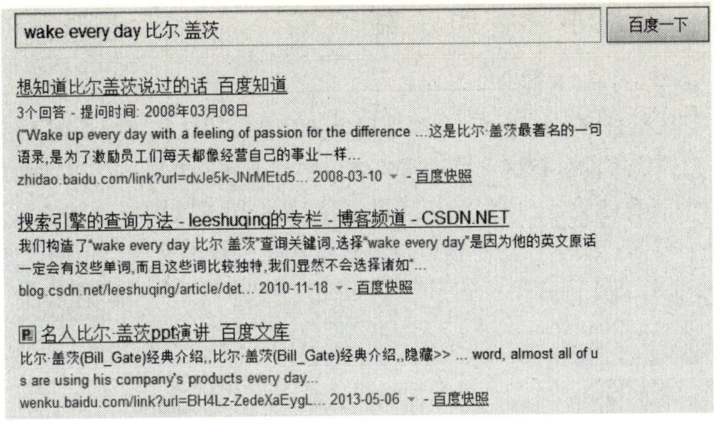

图 3.21　关键词“wake every day　比尔　盖茨”的查询结果（截取于 2014-1-1）

比如，想了解 CPU 的完整英文单词写法。一般而言，如果是谈论 CPU 的网页，通常都有可能对它的完整英文单词写法有所交代，因此直接输入查询词为“CPU”，查询结果如图 3.22 所示。

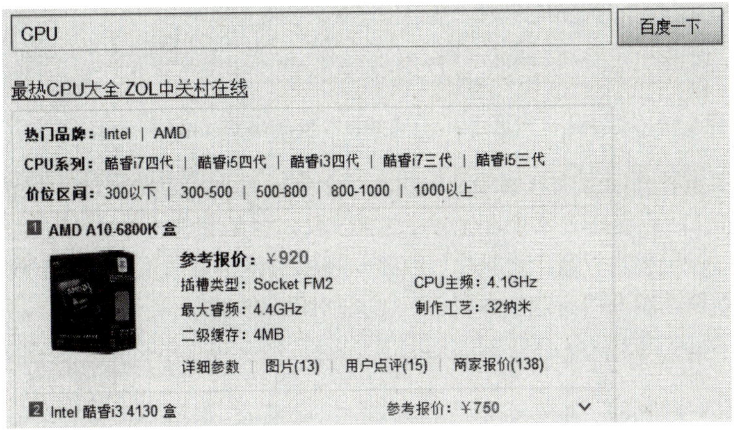

图 3.22　关键词“CPU”的查询结果（截取于 2014-1-1）

实际效果并不理想。很多记录都是关于 CPU 产品的介绍。显然，有必要进一步明确此处的 CPU 是指什么。将查询词扩展为“CPU　缩写”，查询结果如图 3.23 所示。可以发现，CPU 是 Central Processing Unit（中央微处理器）的缩写。

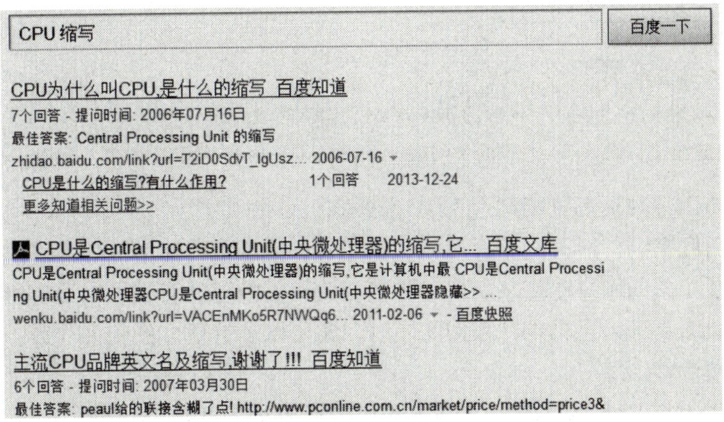

图 3.23　关键词“CPU　缩写”的查询结果（截取于 2014-1-1）

3.5.2 综合使用各种查询方法

(1) 结合多种关键词查询方法

每种基本查询方法都有自己的特点，合理地选择和综合使用往往可以取得更有效的结果。但是，大部分搜索引擎用户往往不能做到这一点，因此建议用户多使用高级方法以增强查询的效果。

如准备获取有关《算法设计》的习题资料，直接使用相关关键词“算法设计 习题解答”进行查询，但效果并不理想，要么内容不规范，要么是相关书籍的介绍与说明，如图 3.24 所示。

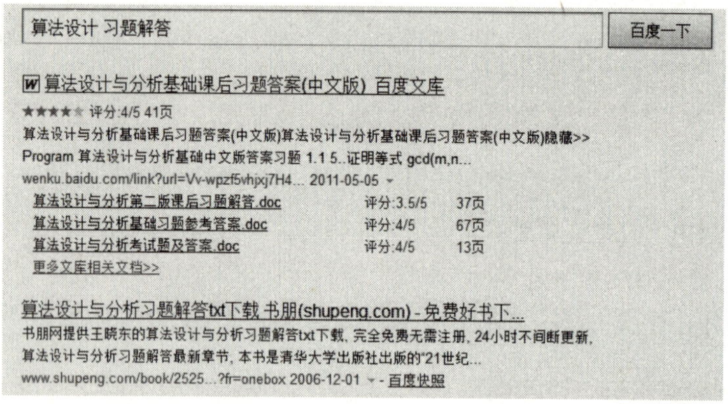

图 3.24 关键词“算法设计 习题解答”搜索结果（截取于 2014-1-1）

考虑综合采取多种高级字段查询方法，构造一个新的查询“算法设计 习题解答 filetype:pdf site:edu.cn”，其含义是查询算法设计习题解答相关文件，但是文件为 PDF 格式，这样可以保证文件多为出版资料，质量相对较高，而且可以直接从搜索引擎结果网页上点击下载，同时限定在教育网，因为教育网网站图书的商业广告较少。结果如图 3.25 所示。

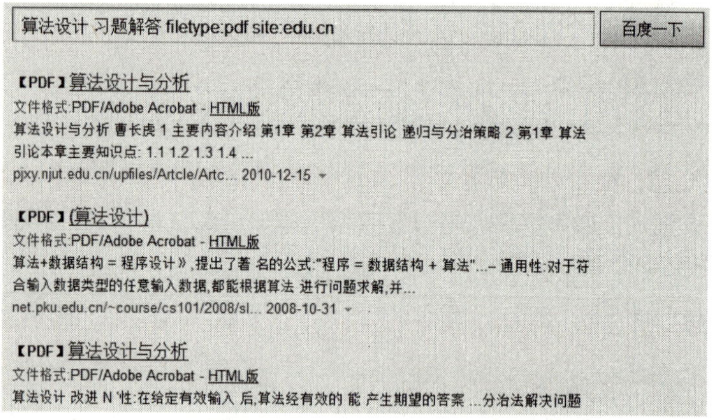

图 3.25 关键词“算法设计 习题解答 filetype:pdf site:edu.cn”搜索结果（截取于 2014-1-1）

(2) 关键词查询与网页浏览相结合

从用户行为角度来看，网页浏览行为其实也是一种信息查询活动，只不过此时用户是通过点击与自己信息需求相关的网页链接来实现对更多相关网页内容的查询。由于有相关网页内容的提示，所以这种网页浏览行为让用户在查询的同时，还可以了解更多的相关内容。这种方法也可实现一些有效的查询活动。

如几年前曾经看过别人推荐的一本讲述联想创业历史的红皮畅销书，但是忘记了书名和作者，连内容也只是大概有印象。如何查到这本书呢？

首次尝试的查询关键词为“中国 IT 企业 创业 畅销书”，如图 3.26 所示。

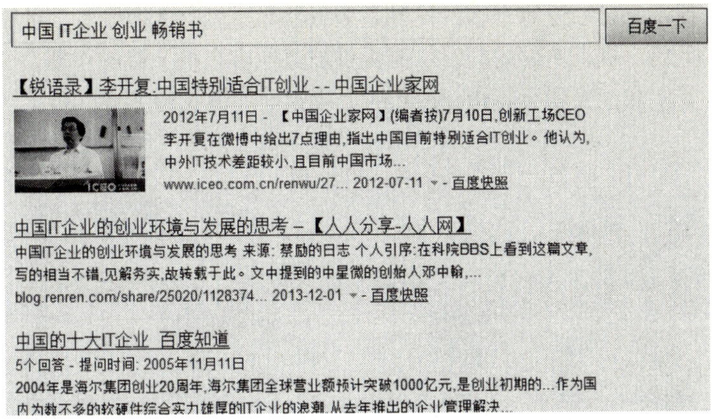

图 3.26 关键词“中国 IT 企业 创业 畅销书”搜索结果（截取于 2014-1-1）

虽然查询词语已经去除了无关的内容，但是收效甚微。尝试选择更能准确反映图书内容的关键词，修正的查询为“联想 创业 畅销书”，显然这些词语是从图书的内容出发来选择，因为书中主要介绍了这些 IT 企业的成长经历。结果如图 3.27 所示。

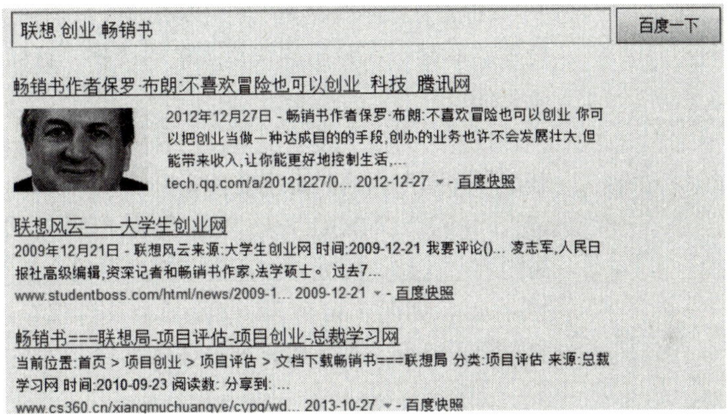

图 3.27 关键词“联想 创业 畅销书”搜索结果（截取于 2014-1-1）

现在已经查询到了《联想风云》之类的图书。在介绍这些图书的网站上应该也会有介绍所找的那本图书。丁是，打开中文当当网站，直接搜索诸如《联想风云》等图书内容便可。

借助网页浏览方式来间接获取所需信息的方式依赖于前期对相关内容的准确查询。当然，由此也看出信息查询的技巧性。同时，这也说明，对于某些类型的信息而言，在一些专门提供相关信息的站点上进行查询有比较好的效果，并非一味地使用搜索引擎。

3.6 因特网文件下载

3.6.1 文件下载原理

文件下载有两种基本方式：

① Web 下载方式。Web 下载方式的原理非常简单，就是用户使用相关协议和提供文件的服务器取得联系并将文件复制到自己的计算机中来，从而实现下载的功能，如图 3.28 所示。

② P2P 下载。P2P 是 peer-to-peer 的缩写，即点对点，也可以理解为“伙伴对伙伴”的意思，

或称为对等联网。P2P 下载方式与 Web 方式正好相反，这种方式不需要服务器，而是在客户机与用户机之间进行传播，也可以说每个客户机都是服务器，讲究“人人平等”的下载模式，每个客户机在自己下载其他用户机上文件的同时，还提供被其他客户机下载的作用，所以使用该种下载方式的用户越多，其下载速度就会越快。P2P 的下载原理如图 3.29 所示。

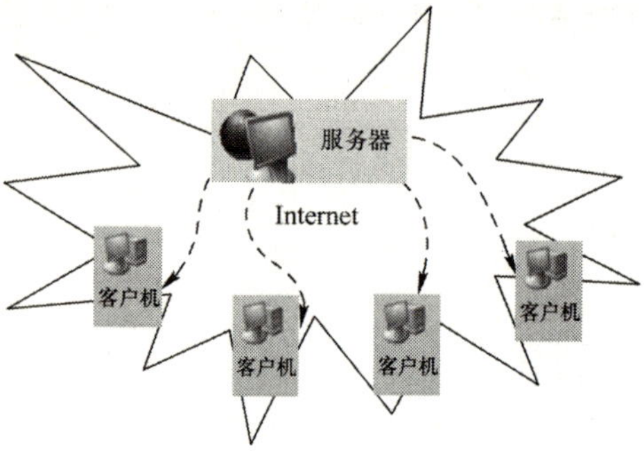

图 3.28　Web 下载原理

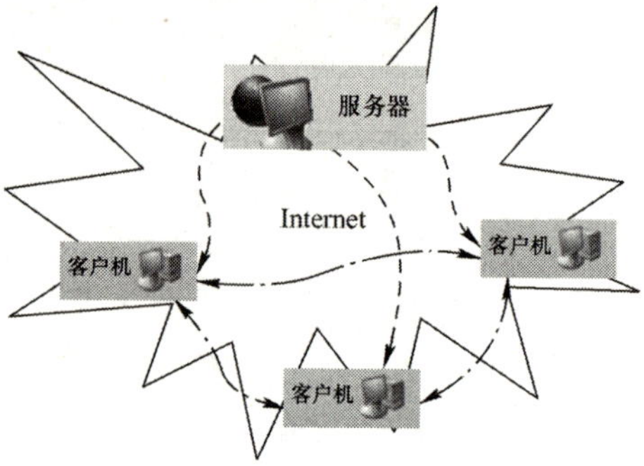

图 3.29　P2P 工作原理

3.6.2　利用 IE 浏览器下载

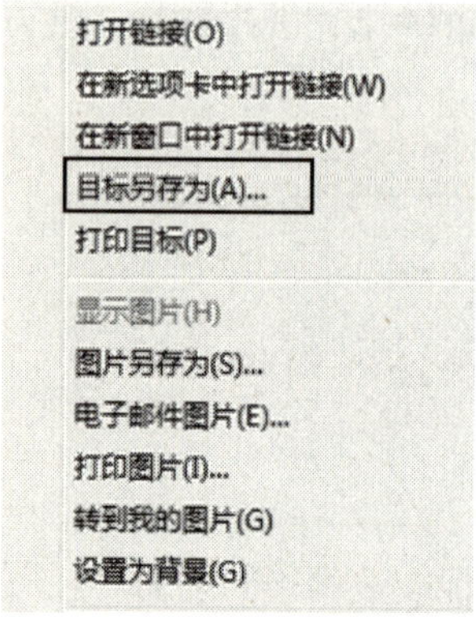

图 3.30　通过 IE 下载文件

IE 浏览器本身具有文件下载功能，只需在下载文件的超链接处单击右键，在弹出的快捷菜单中选择“目标另存为”，即可下载文件。

打开“百度”搜索引擎，在百度搜索栏中输入“计算机文化基础”并回车，这时百度会搜索到许多网页文件，其中有一些标记为“PPT”、“DOC”或“PDF”的文件可以单独下载。选择所需内容，在超链接处单击右键，在弹出的快捷菜单中选择“目标另存为”，如图 3.30 所示。然后选择文件保存的目录，输入文件名，单击“保存”按钮，即可下载文件。

3.6.3　利用 BitComet 下载文件

利用 IE 浏览器下载软件虽然简单易行，但是传输速度慢，文件管理不方便。而且，万一网络线路中断或主机出现故障，则会导致下载失败，前功尽弃，只能重新下载。而下载软件一般都具有断点续传能力，允许用户从上次断线的地方继续传输。常用的下载软件有 FlashGet（网际快车）、迅雷、BitComet（BT 下载）、CuteFTP（FTP 上传下载）等。

1．BitComet 简介

BitComet（比特彗星）是一款为 Microsoft Windows 平台编写的 BitTorrent 客户端软件，也可用于 HTTP/FTP 下载，并可选装 eMule 插件（eMule plug-in），通过 ed2k 网络进行 BT/eMule 同时下载。最新的版本中加入了公用 DHT 网络的支持和反吸血保护（针对迅雷）设定。

（1）常用概念

① torrent 文件。扩展名为 .torrent，包含了一些 BT 下载所需的信息：

- 资源的名称：如果是资源是以目录形式，还有目录树中每个文件的路径信息和文件名。
- 资源大小：如果资源是单个文件，则是这个文件的大小信息；如果是以目录形式，则是目录树中每个文件的大小。

⊙ 对资源实际文件按照固定大小进行分块后，每块进行 SHA1hash 运算得到的若干特征值的集合。

⊙ .torrent 文件的创建时间、制作者填写的注释以及制作者的信息等。

⊙ 至少一个 announce 地址，对应于 Internet 上部署的一个 Tracker 服务器。

② Tracker。Tracker 是指运行于服务器上的一个服务程序，也称为 Tracker 服务器。这个程序能够追踪到有多少人同时在下载或上传同一个文件。客户端连上 Tracker 服务器，就会获得一个正在下载和上传的用户的信息列表（通常包括 IP 地址、端口、客户端 ID 等信息），根据这些信息，BT 客户端会自动连接到其他用户，进行下载和上传。

③ 种子（seed）。在制作完 torrent 文件后，发布者可以使用 bittorrent 下载客户端，进行 seed，他们将会被加进 tracker 服务器的列表，其他人就可以从他那里下载文件了。

④ 补种。在种子发布文件之后一段时间，很有可能有人未下完这个文件，这个时候下完的人就可以补种，帮助那些还没有下载完成的人。

⑤ 健康度。健康度表示文件内容的分布情况，基本等同于其他 BT 客户端的“等效种子数”。总的来说“健康度”超过 100%就可以下载，数字越大越好；“健康度”小于 100%就有可能下载不完或需要补种上传。

（2）下载原理

BT 首先在上传者端把一个文件分成了多个部分，客户端甲在服务器随机下载了第 n 部分，客户端乙在服务器随机下载了第 m 部分。这样甲的 BT 就会根据情况到乙上去复制乙已经下载好的第 m 部分，乙的 BT 会根据情况去到甲上去获取甲已经下载好的第 n 部分。

也就是说，BT 把第一个发布者发布的资料先分成 KB 级的很多小块，对于第一个下载者来说，他下载了一个完整的块之后，还会给第二个下载者传递，所以第二个下载者实际上从两个人那里得到下载，如果有 100 个人下载，你是第 101 个，就会有很多人给你传递数据。另外，不是说先下载者就不会得到后下载者发的小块，因为后下载者也会下载一些先下载者没有下载的块，而把这些块传给先下载者。

2. BitComet 的设置

BitComet 拥有多项领先的 BT 下载技术，新版 BitComet 又将 BT 技术应用到了普通的 HTTP/FTP 下载，可以通过 BT 技术加速普通下载。首先要优化比特彗星的设置，如图 3.31 所示。

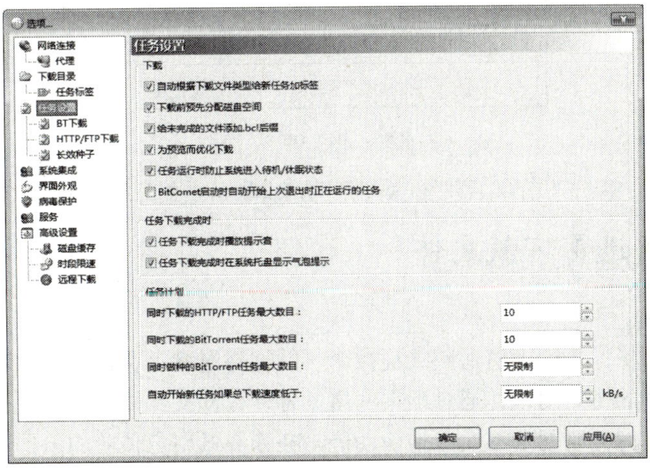

图 3.31　BitComet 系统设置

单击第一栏“网络连接”，将全局最大下载速度调整到 1000（2MB 以下，1000 是个不可达到的数字，所以可行）。全局最大上传速度无限制调整到 40。端口映射选择“允许打开 Windows 网络共享和防火墙 ICS/ICF 端口（XP/VISTA 有效）”、“允许使用 UPAP 自动端口映射（XP/VISTA 有效）”。磁盘缓存选项中，磁盘缓存最小值设为 15，最大值为 50，勾选最大、最小值范围中的自动调整缓存大小项，其他选项可保持默认。

3. 使用 BitComet 下载文件

现在，通过下载“迅雷”为例来说明 BitComet 的基本用法。

① 首先打开 IE 浏览器，在地址栏中输入 www.baidu.com 并回车。在搜索栏中输入“迅雷 7 官方下载”关键词并回车，结果如图 3.32 所示。

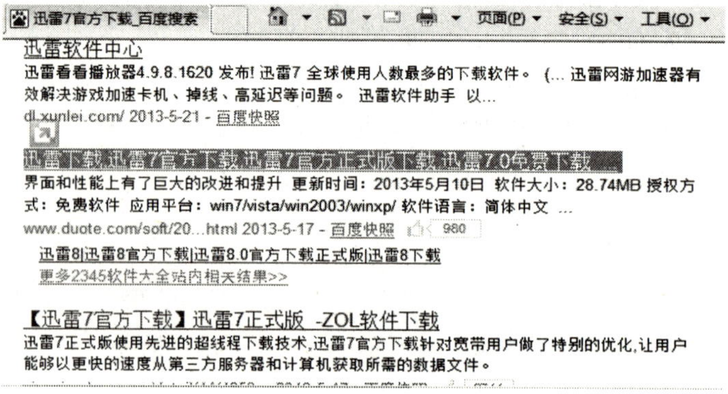

图 3.32　利用搜索引擎查找内容

② 选择“迅雷下载，迅雷 7 官方下载，迅雷 7 官方正式版下载，迅雷 7.0 免费下载_...”超链接，打开新网页，右键单击“立即下载”，在弹出的快捷菜单中选择“使用 BitComet 下载”，弹出 BitComet 下载对话框，如图 3.33 所示。如果需要，可以重新选择文件的保存位置，并可以为下载文件重新命名。

图 3.33　BitComet 下载

③ 设置完成后，单击“立即下载”，系统启动 BitComet 并开始下载，如图 3.34 所示。

3.6.4　利用迅雷下载文件

1. 迅雷简介

迅雷使用基于网格原理的多资源超线程技术，能够将网络上存在的服务器和计算机资源进行有效整合，构成独特的迅雷网络，通过迅雷网络，各种数据文件能够以最快的速度进行传递。多资源超线程技术还具有互联网下载负载均衡功能，在不降低用户体验的前提下，迅雷网络可以对服务器资源进行均衡，有效降低服务器负载。

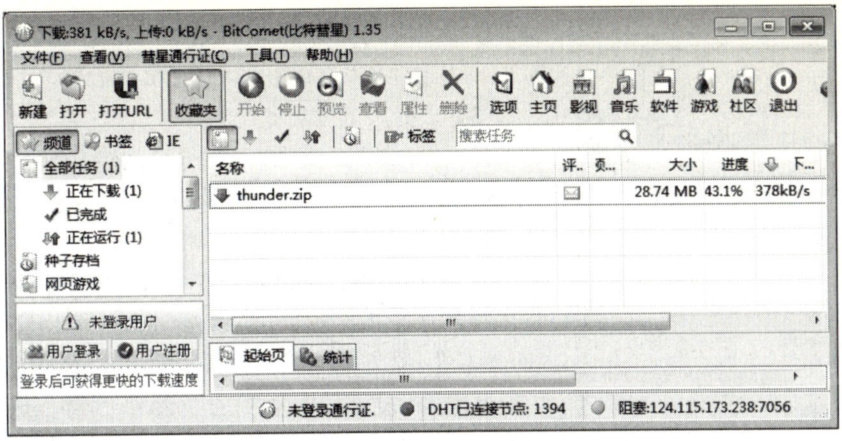

图 3.34　下载文件

其不足之处在于比较占内存，迅雷配置中的“磁盘缓存”设置得越大（自然就更好地保护了磁盘），占用的内存就会越大。而且广告太多，迅雷 7 之后的版本更严重，广告一度让一些用户停止了对迅雷 7 的使用，使用较稳定的迅雷 5。迅雷 5 启动界面如图 3.35 所示。

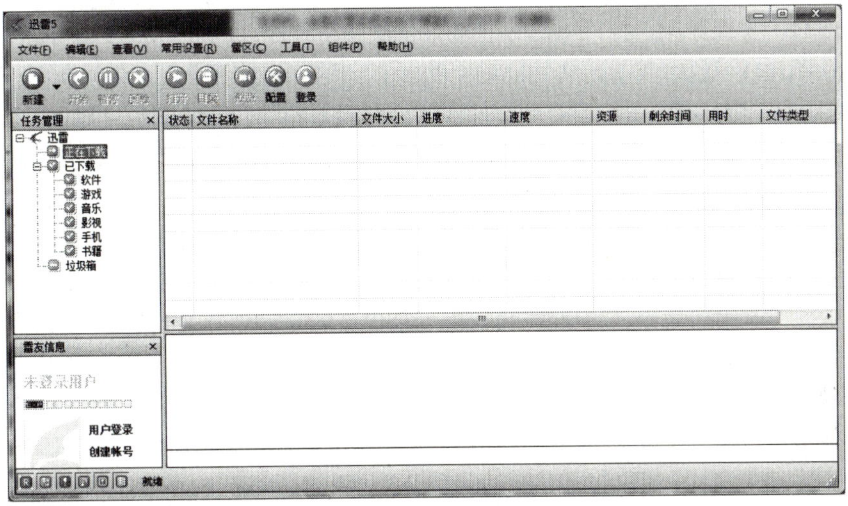

图 3.35　迅雷 5 启动界面

（1）任务分类说明

在迅雷的主界面左侧就是任务管理窗口，其中包含一个目录树，分为“正在下载”、“已下载”和“垃圾箱”3 类。单击一个分类，就会看到这个分类里的任务，每个分类的作用如下：

- 正在下载：没有下载完成或者错误的任务都在这个分类，当开始下载一个文件的时候就需要点“正在下载”查看该文件的下载状态。
- 已下载：下载完成后任务会自动移动到“已下载”分类，如果发现下载完成后文件不见了，点一下“已下载”分类就看到了。
- 垃圾箱：删除的下载内容。

（2）更改默认文件的存放目录

迅雷安装完成后，会自动在 C 盘建立一个“C:\TDDOWNLOAD”的文件夹。如果用户希望把存放目录改成“D:\下载软件”，需要右键单击任务分类中的“已下载”，然后选择“属性”，弹

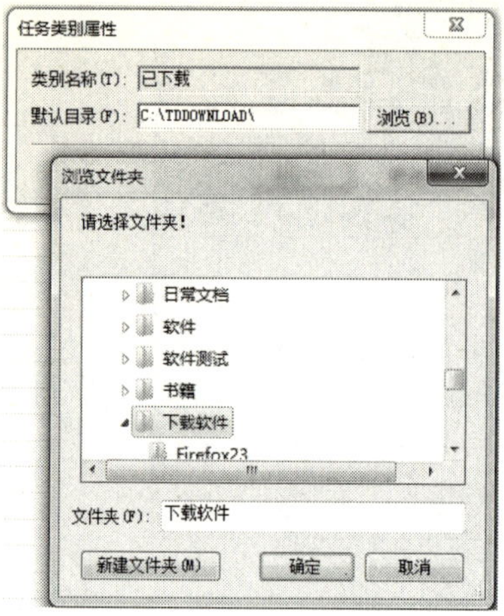

图 3.36　更改目标文件夹

出“任务类别属性对话框”，单击“浏览”按钮，更改目录为“D:\下载软件”，如图 3.36 所示，然后单击“确定”按钮。

（3）子分类的作用

在“已下载”分类中，迅雷自动创建了“软件”、“游戏”、“驱动程序”、“mp3”和“电影”5 个子分类。每个子分类对应不同的目录。对分类可进行如下操作。

① 配置分类。迅雷可以在下载完成后自动把不同类别的文件保存在指定的目录。例如，保存音乐文件的目录是“D:\音乐”，现在想下载一首叫“西海情歌”的 MP3，右键单击迅雷“已下载”分类中的“mp3”分类，选择“属性”，更改目录为“D:\音乐”，然后单击“配置”按钮。

在“默认配置”的分类中选择“mp3”，会看到对应的目录已经变成了“D:\音乐”，这时右键单击“西海情歌”的下载地址，然后选择“使用迅雷下载”，在新建任务面板中把文件类别选择为“mp3”，单击“确定”按钮即可。

下载完成后，文件会保存在“D:\音乐”中，下载任务则在“mp3”分类中，以后下载音乐文件时，只要在新建任务的时候指定文件分类为“mp3”，这些文件都会保存到“D:\音乐”目录中。

② 新建分类。想下载一些学习资料，放在“D:学习资料”目录下，但是迅雷中默认的 5 个分类没有这个分类，这时可以通过新建一个分类来解决问题，右键单击“已下载”分类，选择“新建类别”，然后指定类别名称为“学习资料”，目录为“D:\学习资料”，单击“确定”按钮。这时可以看到“学习资料”分类，以后要下载学习资料，在新建任务时选择“学习资料”分类即可。

③ 删除分类。如果不想使用迅雷默认建立某些分类，可以删除。例如，删除“软件”分类，右键单击“软件”分类，选择“删除”，迅雷提示是否真地删除该分类，单击“确定”按钮即可。

④ 任务的拖曳。例如，把一个已经完成的任务从“已下载”分类拖曳到“正在下载”分类和“重新下载”，迅雷会提示是否重新下载该文件。把“垃圾箱”中的一个任务拖曳到“正在下载”分类，如果该任务已经下载了一部分，那么会继续下载，如果是已经完成的任务，则会重新下载。在“已下载”分类中，可以把任务拖动到子分类。例如，设定了 MP3 分类对应的目录是“D:\音乐”，现在下载了歌曲“西海情歌.mp3”，在新建任务时没有指定分类，现在该任务在“已下载”，文件在“C:\download”，把这个歌曲拖曳到“MP3”分类，则迅雷会提示是否移动已经下载的文件，如果选择“是”，则“西海情歌.mp3”这个文件就会移动到“D:\音乐”。

下载的时候不指定分类，使用默认的“已下载”，下载完成后用拖曳的方式把任务分类，同时文件也会移动到每个分类指定的目录。

（4）代理服务器

单击“工具”→“设置代理”，可以实现代理服务器的设置，如图 3.37 所示。

设置代理服务器配置分为两个区域，下部是对代理服务器类型的配置，用户可以对 HTTP、FTP 和 SOCKS5 代理进行配置，上部是指在下载中使用哪种代理。下部配置好代理后，才可以使用上部。例如，使用的是 HTTP 代理，则需要先在“类型”中选择“HTTP”，这时会看到需要填写的内容，填写完“服务器”和“端口”后单击“测试”按钮，提示成功，然后把“HTTP 连接”和“FTP 连接”都选择为“使用 HTTP 代理”即可。

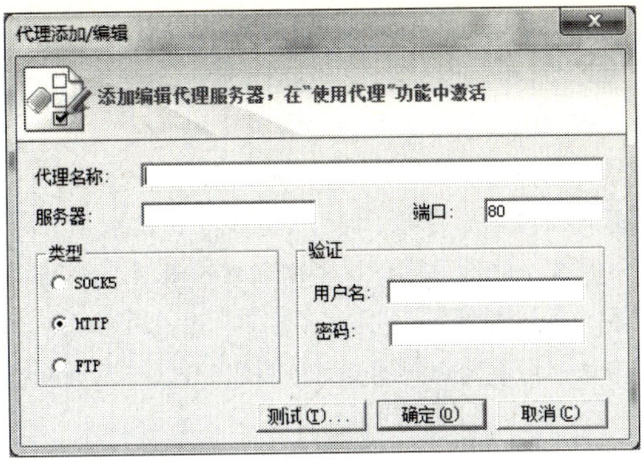

图 3.37　设置代理服务器

2．迅雷基本下载技巧

① 让迅雷悬浮窗格提供更多帮助。默认情况下，悬浮窗格并不出现，给下载带来了不便。只要单击迅雷主窗口中的“查看”菜单，选中“悬浮窗”项，即可出现相应的图标。在浏览器中看到喜欢的内容，直接将其拖放到此图标上，即可弹出下载窗口。

② 不让迅雷伤硬盘。现在下载速度很快，因此如果缓存设置得较小的话，极有可能会对硬盘频繁进行写操作，时间长了，会对硬盘不利。事实上，只要单击“常用设置”→“配置硬盘保护”→“自定义”，然后在打开的窗口中设置相应的缓存值，如果网速较快，设置得大些，反之设置得小些，建议值为 2048KB。

③ 将迅雷设置为默认下载工具。如果觉得迅雷很方便，全可以将其设置为默认的下载工具，这样在浏览器中单击相应的链接，将会使用迅雷下载。将迅雷设置为默认下载工具的方法很简单：选择“工具”→“迅雷作为默认下载工具”即可。

④ 资料下载完后自动关机。使用迅雷下载大量的资料将耗费比较长的时间，需要下载完成后自动关机。只需在迅雷主窗口中选中“工具”→“完成后关机”项，这样一旦迅雷检测到所有内容下载完毕就会自动关机。即使在晚上下载东西，也不用担心计算机“空转”。

⑤ 批量下载任务。有时在网上会发现很多有规律的下载地址，如成批的 MP3、图片、动画等。比如，某个多集的动画片如果按照常规的方法需要一集一集地添加下载地址，非常麻烦。这时，可以利用迅雷的批量下载功能，只添加一次下载任务，就能让迅雷批量下载它们。假设要下载文件的路径为 http://**.com/001.html 到 http://**.com/100.html 中的 100 张图片，选择“文件”→“新建批量任务”，然后在弹出对话框中的地址栏中输入“http://**.html”，选择“从 1 到 100”，通配符的长度为“3”。

注意：① *为通配符，在文件名中出现是代表任意字符的意思。例如，a.*代表了文件基本名是 a、扩展名是任意的所有文件。

② 如果，所下载的文件都是 ZIP 文件（.zip），而前面的文件名为英文，但不相同，那么可以写为*.zip，并且选择“从…到…”，根据实际情况改写要填入的字母。

3．下载方法

普通文件的下载有以下两种方法。

① 右键快捷菜单法：把鼠标移动到下载链接上，单击右键，从弹出的快捷菜单中选择“使用迅雷下载”命令，适用于单个链接或者该页面内全部链接下载。

② 拖放下载法：选取要下载的链接所在的区域，然后拖放到迅雷的悬浮窗口中。

习 题 3

一、填空题

1．Internet 信息资源按信息来源可划分为政府、公众、_________资源。

2．Internet 信息资源按信息时效可划分为电子邮件型、图书馆目录_________等信息资源。

3．网站、_________和主页是 3 个功能不同但又紧密联系的概念，一个网站由多个网页元素构成，若干个网页又通过主页链接成一个完整的网站系统。

4．_________采用超链接方法，将不同空间的文字信息组织在一起的网状文本，用以显示文本及与文本相关的内容。

5．_________是超文本和多媒体在信息浏览环境下的结合。

6．Web 系统主要包括 Web 客户机、_________和接口部件。

7．_________是指根据一定的策略、运用特定的计算机程序搜集互联网上的信息，在对信息进行组织和处理后，为用户提供检索服务的系统。

8．搜索引擎一般由搜索器、索引器、_________和用户接口 4 部分组成。

9．_________从互联网提取各个网站的信息（以网页文字为主），建立起数据库，并能检索与用户查询条件相匹配的记录，按一定的排列顺序返回结果。

10．_________接受用户查询请求后，同时在多个搜索引擎上搜索，并将结果返回给用户。

11．_________表示搜索结果局限于某个具体网站或者网站频道。

二、选择题

1．用户在 Internet 上最常用的一类信息查询工具叫做（　　）。

A．离线浏览器　　B．搜索引擎　　C．ISP　　D．网络加速器

2．要想熟练地在因特网上查找资料，应该学会使用（　　）。

A．FTP 服务　　B．搜索引擎　　C．网页制作　　D．电子邮件

3．属于搜索引擎网址的有（　　）。

A．http://www.jsjyt.edu.cn　　B．http://www.cctv.com

C．:http://www.csdn.net　　D．http://www.google.com

4．一同学要搜索歌曲“Yesterday Once More”，他访问 Google 搜索引擎，搜索范围更有效的关键词是（　　）。

A．“Yesterday”　　B．“Once”　　C．Yesterday Once More　　D．“More”

5．下列说法中正确的是（　　）。

A．搜索引擎按其工作方式可划分为蜘蛛程序和机器人

B．搜索引擎按其工作方式可划分为全文搜索引擎和目录索引类搜索引擎

C．全文搜索方式又被称为分类搜索

D．目录索引类搜索引擎的使用方法称为“关键词查询”

6．下列各软件中不属于搜索类软件的有（　　）。

A．北大天网　　B．Yahoo　　C．Sina　　D．Windows

7. 某同学在 www.google.com 的搜索栏输入“北京奥运会”，然后搜索。这种信息资源检索属于（　　）。

A．全文搜索　　B．分类搜索　　C．专业垂直搜索　　D．目录检索

8．全文搜索引擎显示的搜索结果是（　　）。

A．被查找的在互联网各网站上的具体内容　　B．搜索引擎索引数据库中的数据

C．本机资源管理器中的信息　　　　　D．我们所要查找的全部内容

9．下列搜索引擎中属于目录搜索引擎的是（　　　）。

A．天网搜索　　　B．搜狐　　　C．Google　　　D．百度搜索

三、简答题

1．Internet 信息资源有哪些基本特点？

2．什么是搜索引擎？常见的搜索引擎有哪些？

3．简述谷歌的基本功能和做搜索特点。

4．简述百度的基本功能和做搜索特点。

5．为了提高检索效率，检索时应遵守哪些检索策略？

6．简述 Web 下载和点对点下载的特点。

四、操作题

1．收集关于本学科专业的核心期刊 3 份以上，给出相应的链接，并分析期刊主要领域。

2．自己拟定一个与本专业相关的检索课题，检索 3 种类型的文献资源，要求说明检索课题名称、检索词、检索过程、检索结果及数量。各筛选出一篇最相关的文献，说明其详细信息。

3．利用搜索引擎搜索包含关键字“计算机软件测试方法”的网页，并设定搜索的网页中要包含“测试前的准备工作”的完整关键词。

4．利用搜索引擎查找与你所学专业相关的专业性网络检索工具或网站（5 个以上），写出检索过程。

5．利用搜索引擎检索有关“物联网”的 DOC、PDF、PPT 格式的文件，写出检索式。

6．对互联网上本学科的门户网站进行搜集，列出你认为最有价值的 2 个门户网站的网址，并说明选择理由。

7．搜索“中外商标大全”网站，并用该网站检索自己感兴趣商品的商标图案和寓意；

8．如果节日期间你欲自助旅游，请搜索资料，设计旅程（包括交通工具的选择、旅行线路的设计、酒店的选择预订等）。

第4章　常见中文数据库的使用

中文数据库是存储在磁盘、光盘等载体上中文数据的集合，借助于检索系统随时为用户提供服务，具有内容存储量大、检索途径多、查找速度快的优点。从中文数据库中获取学术信息，可保证较高的查全率和查准率，节省时间和精力，从而为科学研究提供有效支持。

4.1　常见中文数据库

（1）维普数据库

维普数据库是重庆维普资讯有限公司的数据库产品。维普全文数据库按照《中国图书馆分类法》进行分类，所有文献分为社会科学、自然科学、工程技术、农业科学、医药卫生、经济管理、教育科学和图书情报 8 个专辑，主要的数据库包括如下。

① 《中文科技期刊数据库（全文版）》：包含 1989 年以来的 8000 余种期刊（包括《中文核心期刊要目总览》中的核心期刊 1810 余种）刊载的 2000 余万篇文献。

② 《中文科技期刊数据库（引文版）》：包含 1990 年至今公开出版的 5000 多种科技类期刊，收录源文献近 600 万余篇，参考文献近 2000 余万篇。

③ 《外文科技期刊数据库（文摘版）》：包含 1992 年以来世界 30 余个国家和地区的 11300 余种期刊 370 余万条外文期刊文摘题录信息，提供文献的馆藏单位及联系地址。

④ 《中国科技经济新闻数据库》：包含 1992 年至今的国内 600 多种重要报纸的 378 余万条新闻资讯，提供诸如各行各业的新产品、新技术、新动态和新法规的资讯报道。

（2）中国知网

中国知网以实现全社会知识资源传播共享与增值利用为目标，始建于 1999 年 6 月，由清华大学、清华同方发起。经过多年努力，采用自主开发并具有国际领先水平的数字图书馆技术，建成了世界上全文信息量规模最大的“CNKI 数字图书馆”，并正式启动建设《中国知识资源总库》及 CNKI 网格资源共享平台。中国知网覆盖理工 A（数理化天地生）、理工 B（化学化工能源与材料）、理工 C（工业技术）、农业、医药卫生、文史哲、经济政治与法律、教育与社会科学、电子技术与信息科学。主要的数据库包括如下。

① 《中国期刊全文数据库》：收录 1994 年至今（部分刊物回溯至创刊）国内 9100 多种重要期刊，全文文献总量 3000 多万篇。

② 《中国博士学位论文全文数据库》：收录 1999 年至今全国 985、211 工程等重点高校、中国科学院、社会科学院等研究院所共 397 家的博士学位论文。

③《中国优秀硕士学位论文全文数据库》：重点收录 985、211 高校、中国科学院、社会科学院等院校的优秀硕士论文，以及重要特色学科如通信、军事学、中医药等专业的优秀硕士论文。收录从 1999 年至今全国 598 家硕士培养单位的优秀硕士学位论文。

④ 《中国重要会议论文全文数据库》：重点收录 1999 年以来，中国科协系统及国家二级以上的学会、协会，高校、科研院所、政府机关举办的重要会议以及在国内召开的国际会议上发表的文献。

⑤ 《中国重要报纸全文数据库》：收录 2000 年以来国内公开发行的 500 种重要报纸刊载的

学术性、资料性文献的连续更新的数据库。

（3）万方数据

万方数据资源系统是由万方数据集团公司开发的大型中文网络信息资源系统，万方数据由学位论文全文、会议论文全文、商务信息子系统、科技信息子系统及数字化期刊子系统组成。

（4）超星数字图书馆

超星数字图书馆由时代超星公司创建，依托超星数字图书馆技术平台和“超星阅览器”，可提供丰富的电子图书资源在线阅读及下载服务，包括文学、经济、计算机等50余大类。

（5）中经网统计数据库

《中经网统计数据库》由国家信息中心中经网与国家发改委、国家统计局等政府部门组织的一个综合、有序的庞大经济统计数据库群。其内容涵盖宏观经济、行业经济、区域经济及世界经济等领域，面向社会提供全面、权威、及时、准确的经济类统计数据信息，包括《中国经济统计数据库》和《世界经济统计数据库》两大系列。数据可导出 Excel 格式，方便外接分析软件，为经济分析和行业研究提供强有力的数据支持。

（6）《中文社会科学引文索引》

《中文社会科学引文索引》（简称 CSSCI）是由南京大学中国社会科学研究评价中心开发研制的引文数据库，用来检索中文人文社会科学领域的论文收录和被引用情况，是我国人文社会科学主要文献信息查询的重要工具，精选中文社会科学学术期刊 493 种，来源文献 50 余万篇，引文文献 260 余万篇。

（7）《中国科学引文数据库》

《中国科学引文数据库》（CSCD），由中国科学院文献情报中心于 1989 年创建，收录我国数学、物理、化学、天文学、地学、生物学、农林科学、医药卫生、工程技术和环境科学等领域出版的中英文科技核心期刊和优秀期刊千余种。系统除具备一般的检索功能外，还提供引文索引，用户可迅速从数百万条引文中查询到某篇科技文献被引用的详细情况，还可以从一篇早期的重要文献或作者姓名入手，检索到一批近期发表的相关文献，对交叉学科和新学科的发展研究具有十分重要的参考价值。

2007年，中国科学引文数据库与美国 Thomson-Reuters Scientific 合作，以 ISI Web of Knowledge 为平台，实现与 Web of Science 的跨库检索，《中国科学引文数据库》是 ISI Web of Knowledge 平台上第一个非英文语种的数据库。

4.2 中文科技期刊数据库的使用

中文科技期刊数据库由国家科委西南信息中心重庆维普资讯公司出版，是目前国内最大的综合性科技类文献数据库，广泛应用于高等院校图书馆、公共图书馆、信息研究机构、信息咨询中心、科研院所、公司企业、医疗机构、中小学图书馆等领域。访问地址为 http://lib.cqvip.com/，http://www.cqvip.com/。进入中文科技期刊数据库后，其界面如图 4.1 所示。

4.2.1 中文科技期刊数据库简介

（1）基本介绍

中文科技期刊数据库收录了中国境内历年出版的中文期刊 12000 余种，全文 3000 余万篇，引文 4000 余万条，分 3 个版本（全文版、文摘版、引文版）和 8 个专辑（社会科学、自然科学、工程技术、农业科学、医药卫生、经济管理、教育科学、图书情报）定期出版发行。中文科技期刊

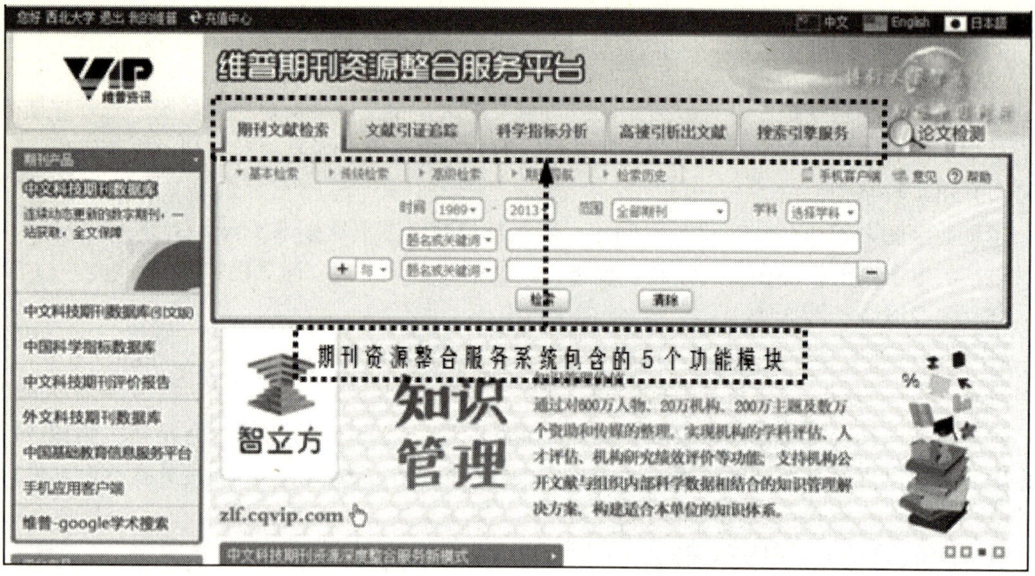

图 4.1　中文科技期刊数据库界面

刊数据库已经成为文献保障系统的重要组成部分，是科技工作者进行科技查新和科技查证的必备数据库。

中文科技期刊数据库源于重庆维普资讯有限公司 1989 年创建的《中文科技期刊篇名数据库》，其全文与题录文摘版一一对应。经过多年的推广使用和完善，其全文版的推出受到国内广泛赞誉，同时成为国内高校文献保障系统的重要组成部分。

中文科技期刊数据库内核采用先进的全文检索技术，配备了功能强大的全文浏览器，内嵌北京汉王 OCR 识别技术，能直接把图像文件转换成文本格式进行编辑。期刊全文采用扫描方式加工，保持了全文原貌；采用专有压缩技术，每页文献容量仅为 25KB 左右，800 万篇文献容量不超过 800GB，避免了图像文件容量大、不能编辑的缺点。

（2）基本特点

① 中文科技期刊数据库采用国内一流检索内核“尚唯全文检索系统”实现数据库的检索管理，是国内首家采用 OpenURL 技术规范的大型数据库产品。OpenURL（Open Uniform Resource Locators）协议是一种上下文相关的开放链接框架，实现同时对不同的异构数据库或信息资源进行数据关联，为用户单位提供资源的二次开发利用，如与图书馆 OPAC 系统的数据关联。

② 同义词检索。以《汉语主题词表》为基础，参考各学科的主题词表，通过多年的标引实践，编制了规范的关键词用代词表（同义词库），实现高质量的同义词检索，提高查全率。

③ 独有的复合检索表达方式。例如，要检索作者“张三”关于医学方面的文献，只需利用“a=张三 *k=医学”这样简单的检索式即可实现。这种通过简单的等式来限定逻辑表达式中每个检索词的检索入口，实现字段之间组配检索，是领先于国内数据库产品的。

④ 检索字段。可实现对题名、关键词、题名或关键词、文摘、刊名、作者、第一作者、参考文献、分类号、机构和任意字段等 11 个字段进行检索，并可实现各字段之间的组配检索；提供细致到作者简介、基金赞助等 20 余项题录文摘的输出内容。

⑤ 五大文献检索方式：快速检索、传统检索、高级检索、分类检索、期刊导航。

⑥ 特色的参考文献检索入口。可实现与引文数据库的无缝链接操作，在全文库中实现对参考文献的检索；可通过检索参考文献获得源文献，并可查看相应的被引情况、耦合文献等；提供

查看参考文献的参考文献（越查越老）及查看引用文献的引用文献（越查越新）的文献关联漫游使用，提高用户获取知识的效率，并提供有共同引用的耦合文献功能，方便用户对知识求根溯源。

⑦ 丰富的检索功能。可实现二次检索、逻辑组配检索、中英文混合检索、繁简体混合检索、精确检索、模糊检索，可限制检索年限、期刊范围等。

⑧ 直接支持全记录显示。查看信息更方便，并支持字段之间的链接；下载全文只需单击全文下载图标即可，快捷方便。

⑨ 详尽的镜像站管理功能。最大程度方便用户单位对资源的权限管理、使用情况分析、管理分析；管理员可远程登录服务器察看统计信息，可按时间段、IP 段、用户名进行统计，以及流量计费用户的收费情况等。

⑩ 个性化的“我的数据库”功能。通过注册个性化的标识名，可以使用“我的数据库”功能，包括期刊定制、关键词定制、分类定制、保存检索历史及查询电子书架等功能。

4.2.2 基本功能

（1）期刊文献检索

中文科技期刊数据库提供检索查新及全文保障功能，并进行检索流程梳理和功能优化，新增文献传递、检索历史、参考文献、基金资助、期刊被知名国内外数据库收录的最新情况查询、查询主题学科选择、在线阅读、全文快照、相似文献展示等功能。期刊文献检索模块提供的检索方式有：基本检索、传统检索、高级检索、期刊导航、检索历史。

（2）文献引证追踪

文献引证追踪是维普期刊资源整合服务系统的重要组成部分，是目前国内规模最大的文摘和引文索引型数据库。它采用科学计量学中的引文分析方法，对文献之间的引证关系进行深度数据挖掘，除提供基本的引文检索功能外，还提供基于作者、机构、期刊的引用统计分析功能，可广泛用于课题调研、科技查新、项目评估、成果申报、人才选拔、科研管理、期刊投稿等用途。

（3）科学指标分析

科学指标分析是运用科学计量学有关方法，以维普中文科技期刊数据库的千万篇文献为计算基础，提供三次文献情报加工的知识服务。通过引文数据分析揭示国内近 200 个细分学科的科学发展趋势、衡量国内科学研究绩效，有助于显著提高用户的学习研究效率。

（4）搜索引擎服务

搜索引擎服务基于谷歌和百度搜索引擎，面向读者提供服务的有效拓展支持工具，既是灵活的资源使用模式，也是图书馆服务的有力交互推广渠道。通过开通该服务，可以使图书馆服务推广到读者环境中去，让图书馆服务无处不在。

4.2.3 基础检索

基础检索是期刊文献检索功能模块默认的检索方式，检索方便快捷。初级检所界面如图 4.2 所示。

① 时间范围限定：使用下拉菜单选择时间范围。

② 期刊范围限定：可选全部期刊、核心期刊、EI 来源期刊、CA 来源期刊、CSCD 来源期刊、CSSCI 来源期刊。

③ 学科范围限定：包括管理学、经济学、图书情报学等 45 个学科，可进行多个学科的限定。

④ 选择检索入口：提供任意字段、题名或关键词、题名、关键词、文摘、作者、第一作者、机构、刊名、分类号、参考文献、作者简介、基金资助、栏目信息等 14 个检索入口。

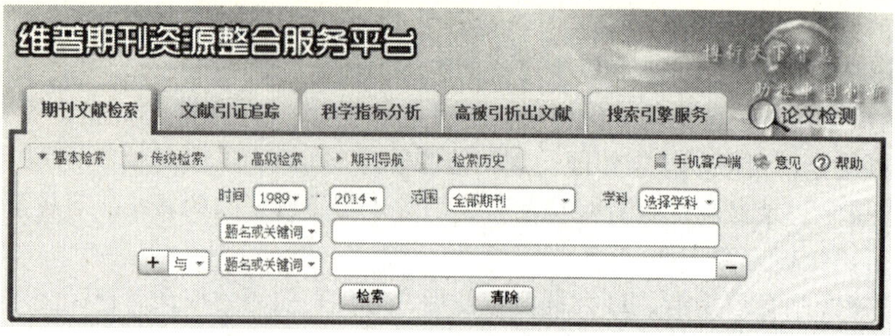

图 4.2　初级检索界面

⑤ 逻辑组配：检索框默认为两行，单击“+”、“-”可增加或减少检索框，进行任意检索入口“与”、“或”、“非”的逻辑组配检索。

⑥ 检索：单击“检索”按钮进行检索，或单击“清除”按钮清除输入，进入检索结果页。

（2）检索过程

基本检索步骤如下。

① 登录《期刊资源整合服务系统》：登录系统后，默认功能模块为期刊文献检索，默认检索方式为基本检索。

② 检索条件限定：在基本检索首页使用下拉菜单选择时间范围、期刊范围、学科范围等检索限定条件。

③ 选择检索入口，输入检索词：选择检索入口，输入题名、关键词、作者、刊名等检索内容条件。

④ 进行检索：单击“检索”按钮，进入检索结果页，查看检索结果题录列表，反复修正检索策略得到最终检索结果。

（3）检索结果处理

输入检索条件如图 4.3 所示。

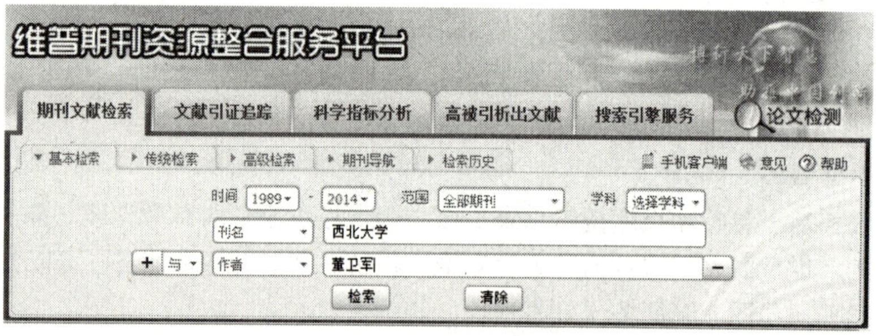

图 4.3　输入检索条件

检索结果如图 4.4 所示。在检索结果页面可以进行如下操作。

① 显示信息：可以显示检索式、检索结果记录数、检索结果的题名、作者、出处、基金、摘要，其中出处字段增加期刊被国内外知名数据库收录最新情况的提示标识，与基金字段一起判断文献的重要性。

② 按时间筛选：限定筛选一个月内、三个月内、半年内、一年内、当年内发表的文献。

③ 导出题录：选中检索结果题录列表前的复选框，单击“导出”，可以将选中的文献题录以文本、参考文献、XML、NoteExpress、Refworks、EndNote 的格式导出。

④ 查看细览：单击文献题名进入文献细览页，查看该文献的详细信息和知识节点链接。

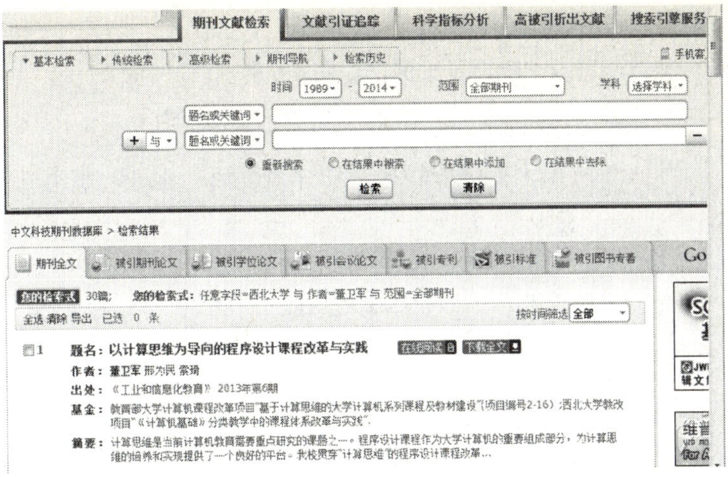

图 4.4　初级检索结果

⑤ 获取全文：单击“下载全文”、“文献传递”、“在线阅读”按钮，可将感兴趣的文献下载保存到本地磁盘或在线进行全文阅读，其中新增原文传递的全文服务支持，对不能直接下载全文的数据，通过委托第三方社会公益服务机构提供快捷的原文传递服务。

⑥ 继续检索：可进行重新检索，也可在第一次检索结果的基础上进行二次检索（包括在结果中检索、在结果中添加、在结果中去除三种方式），实现按需缩小或扩大检索范围、精练检索结果。

⑦ 页间跳转：检索结果每页显示 20 条，如果想在页间进行跳转，可以单击页间跳转一行的相应链接，如首页、数字页、下 10 页等。

⑧ 整合服务：切换标签到“被引期刊论文”等，链接到“文献引证追踪”功能，快速检索到最有影响力的相关研究论文。

（4）二次检索

二次检索是在第一次简单检索的基础上再次检索。即得到第一次检索结果后，输入检索词，选择布尔逻辑运算符（逻辑“或”、“与”、“非’），单击“在结果中查询”按钮，可得相应的检索结果。二次检索可多次应用，14 个检索入口之间可以任意组配，以实现复杂检索。

例如，先选择“题名”检索途径并输入“计算机”，在“与”、“或”、“非”的可选项中选择“与”，选择“题名”检索途径并输入“虚拟现实”，单击查询按钮，输出第一次查询结果；再选择“刊名”途径，输入“计算机学报”，并选择“在结果中查询”，单击“查询“按钮，输出二次查询结果，如图 4.5 所示。二次检索可以多次应用，以实现复杂检索。

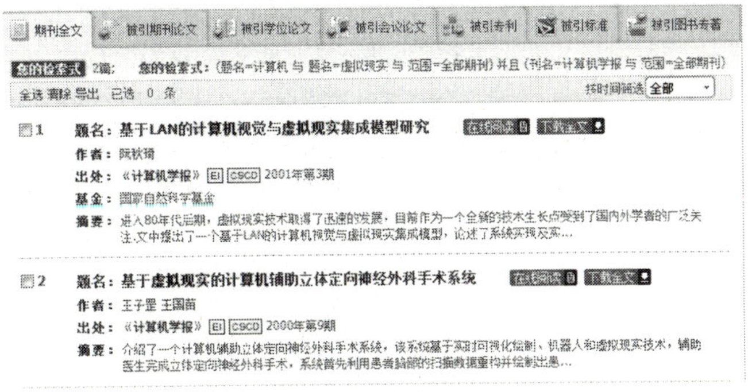

图 4.5　二次检索结果

（5）浏览文献

单击需要查看的文章，进入文献浏览页面，如图 4.6 所示。

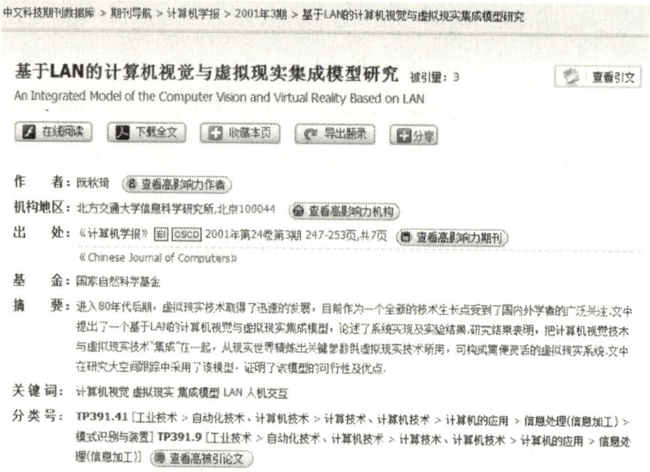

图 4.6　文献浏览页面

在文献浏览页面可以进行显示信息、路径导航、获取全文、节点链接、整合服务等操作。

4.2.4　高级检索

提供向导式检索和直接输入检索式检索两种方式。运用逻辑组配关系，查找同时满足几个检索条件的文章。

（1）向导式检索

向导式检索为读者提供分栏式检索词输入方法，可选择逻辑运算、检索项、匹配度外，还可以进行相应字段扩展信息的限定，最大程度的提高了检准率。向导检索界面如图 4.7 所示。

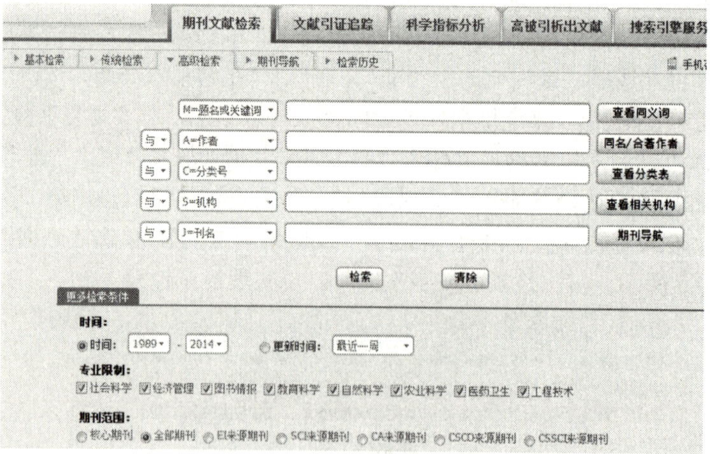

图 4.7　向导检索界面

① 检索执行的优先顺序。向导式检索的检索操作严格按照由上到下的顺序进行，用户在检索时可根据检索需求进行检索字段的选择。

图 4.8 中显示的检索条件为：**((U=大学生*U=信息素养)+ U=大学生)*U=检索能力**，而不是**(U=大学生*U=信息素养)+(U=大学生*U=检索能力)**。如果要实现**(U=大学生*U=信息素养)+(U=大学**

生*U=检索能力)的检索，则检索条件如图 4.9 所示，即 **U=(大学生*信息素养)+U=(大学生*检索能力)**。

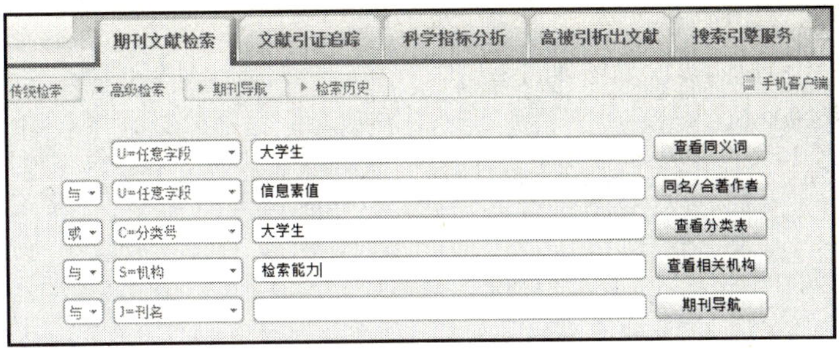

图 4.8　检索条件一

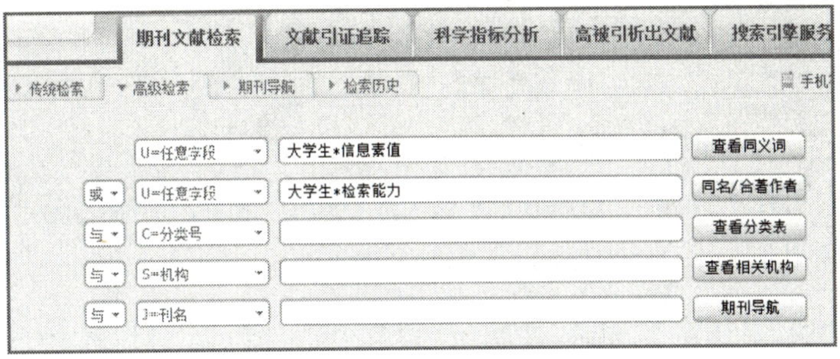

图 4.9　检索条件二

② 逻辑运算符。常见的逻辑运算符如表 4.1 所示。

在检索表达式中，运算符不能作为检索词进行检索，如果检索需求中包含有逻辑运算符，则需调整检索表达式，用多字段或多检索词的限制条件来替换掉逻辑运算符号。例如，如果要检索 C++，可组织检索式**(M=程序设计*K=面向对象)*K=C** 来得到相关结果。

③ 检索字段的代码。常见的检索字段代码如表 4.2 所示。

表 4.1　逻辑运算符对照表

逻辑运算符	含　义
*	并且、与、and
+	或者、or
-	不包含、非、not

表 4.2　检索字段代码对照表

代码	字段	代码	字段
U	任意字段	S	机构
M	题名或关键词	J	刊名
K	关键词	F	第一作者
A	作者	T	题名
C	分类号	R	文摘

④ 更多检索条件。使用更多检索条件以进一步的减小搜索范围，获得更符合需求的检索结果。如图 4.10 所示，可以根据需要，以时间条件、专业限制、期刊范围进一步限制范围。

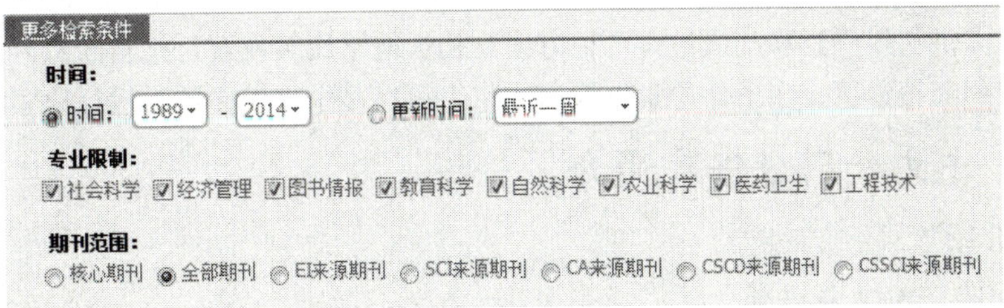

图 4.10　设置更多检索条件

在选定限制分类，并输入关键词检索后，页面自动跳转到搜索结果页，后面的检索操作同简单搜索页。

（2）直接输入检索式检索

直接输入检索式检索的界面如图 4.11 所示。

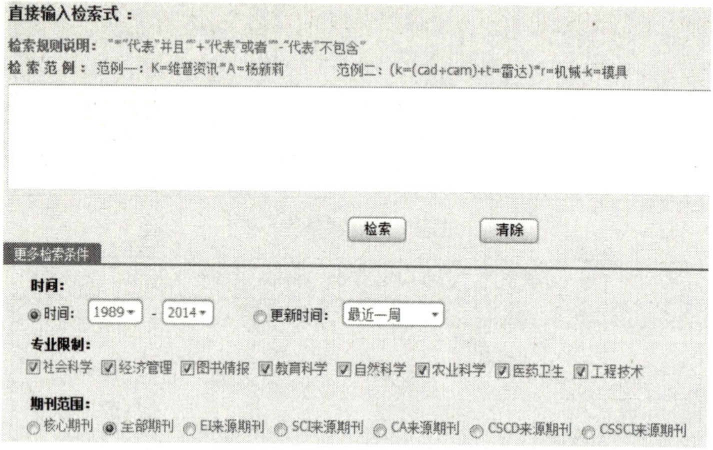

图 4.11　输入检索式界面

用户可在检索框中直接输入逻辑运算符、字段标识等，使用更多检索条件并对相关检索条件进行限制后，单击“检索”按钮即可。

检索式输入有错时检索后会返回“查询表达式语法错误”的提示，看见此提示后请单击浏览器的“后退”按钮，返回到检索界面，重新输入正确的检索表达式。

关于逻辑运算符和关于检索代码见表 4.1 和表 4.2。

【例 4-1】 **K=维普资讯*A=董卫军**，此检索式表示查找文献：关键词中包含“维普资讯”并且作者为“董卫军”的文献。

【例 4-2】 **(K=(CAD+CAM)+T=雷达)*R=机械-K=模具**，此检索式表示查找文献：文摘中包含“机械”，并且关键词包含“CAD”或“CAM”或者题名包括“雷达”但关键词不包含“模具”的文献。此检索式也可以写为**((K=(CAD+CAM)*R=机械)+(T=雷达*R=机械))-K=模具**，或者**(K=(CAD+CAM)*R=机械)+(T=雷达*R=机械)-K=模具**。

4.3　中国知网数据库的使用

为了方便不同网络条件的用户使用，中国知网在“中国公众数据数字网”（ChinaNet）和“中国教育和科研计算机网”（CERNET）上分别挂有网站：http://www.cnki.net（ChinaNet），http://www.chmajournal.net.cn/index.htm（CERNet）。中国知网的主界面如图 4.12 所示。

中国知网提供初级检索和高级检索两种方式。初级检索比较直观，检索面宽，只在某一字段内进行检索。高级检索适合多条件检索，检索面窄，可在多个字段中同时进行检索。

4.3.1　中文知网数据库简介

1．基本介绍

CNKI 即中国知识基础设施工程（China National Knowledge Infrastructure）。CNKI 工程是以实现全社会知识资源传播共享与增值利用为目标的信息化建设项目，由清华大学、清华同方发起，始建于 1999 年 6 月。

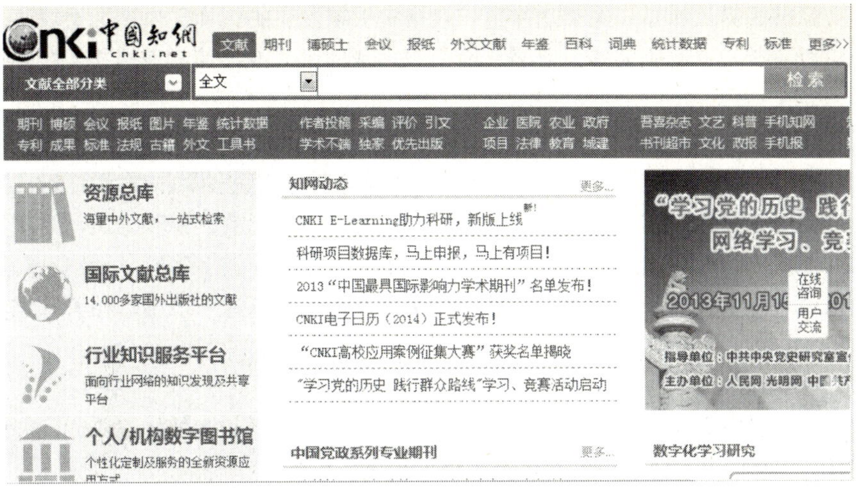

图 4.12　CNKI 界面

CNKI 是全球信息量最大、最具价值的中文网站。据统计，CNKI 网站的内容数量大于目前全世界所有中文网页内容的数量总和，可谓世界第一中文网。CNKI 的信息内容是经过深度加工、编辑、整合、以数据库形式进行有序管理的，内容有明确的来源、出处，可信可靠，如期刊杂志、报纸、博士硕士论文、会议论文、图书、专利等。因此，CNKI 的内容有极高的文献收藏价值和使用价值，可以作为学术研究、科学决策的依据。

CNKI 是目前世界上最大的连续动态更新的中国期刊全文数据库，收录国内 8200 多种重要期刊，以学术、技术、政策指导、高等科普及教育类为主，同时收录部分基础教育、大众科普、大众文化和文艺作品类刊物，内容覆盖自然科学、工程技术、农业、哲学、医学、人文社会科学等各个领域。

产品分为十大专辑：理工 A、理工 B、理工 C、农业、医药卫生、文史哲、政治军事与法律、教育与社会科学综合、电子技术与信息科学、经济与管理。专辑下分为 168 个专题和近 3600 个子栏目。

2. 基本特点

随着互联网的发展和网上信息量的增加，搜索引擎逐渐表现出自身的缺陷和不足。一是搜索引擎对内容收录无法提出明确标准，信息质量良莠不齐，垃圾内容越来越多；二是搜索引擎主要通过关键词匹配的简单方式查找网页，但是用户通常很难用几个孤立的关键词表达清楚自己的查询需求，而排序算法又主要基于网页的链接分析，难以满足用户对内容准确检索的需求；三是用户更希望直接得到答案，而这只有在深入理解文献内容后才能实现。

针对用户的这些需求和搜索引擎的不足，CNKI 推出了知识搜索平台。

（1）文献搜索

基于对文献内容的详细标引，CNKI 文献搜索提供了对标题、作者、关键词、摘要、全文等数据项的搜索功能。文献搜索还提供了多种智能排序算法。相关性排序考虑了文献引用关系、全文内容、文献来源等多种因素，使排序结果更合理。被引频次排序是根据文献的被引频次进行排序。期望被引排序通过分析文献过去被引用的情况，预测未来可能受到关注的程度。作者指数排序则是根据作者发文数量、文献被引用、发文影响因子等评价作者的学术影响力，并据此对文献进行排序。

CNKI 文献搜索提供的知识聚类功能是一般搜索引擎没有的。基于快速聚类算法，对返回结果的知识点进行聚类，并将主要知识点显示给用户，帮助用户改善搜索表达式，扩展搜索意图。

（2）学术定义

概念的定义是描述知识的一种基本单元，被称为定义型知识元。CNKI 学术定义搜索提供对学术定义的快速查询。CNKI 定义型知识元库收录了从文献中自动抽取的学术定义 120 多万条。

由于这些定义来源于学术期刊等文献，是不同学者对该概念的认识和论述，因此具有更广泛的参考价值。通过阅读不同角度的解释，可以全面了解其含义和发展状况，特别是对那些还没有形成明确定义或存在争议的学术概念。从任意定义出发，就可以深入地学习相关知识，这些是工具书无法做到的。

（3）数值知识元

量化知识是极其重要的知识，如人均 GDP、失业率等，也是基本的知识单元，被称为数值型知识元。CNKI 数值知识元搜索提供对这类数值的搜索。

CNKI 数值型知识元库包含 5000 多万条知识元，对应于具有明确含意、至少含有一个以上数值的句子。它们有两个来源，一是 CNKI 数据库中的文献，二是国家统计局、商务部等发布数值内容的权威网站。数值搜索结果通常包含用户直接想要的答案，许多数值还能以图表方式显示，以帮助用户全面了解问题。

（4）新概念

学术研究的灵魂在于创新。创新成果通常以提出新的定理、概念、方法等形式发表出来。CNKI 新概念搜索提供对学术新概念的浏览和查询，对学术新概念的抽取采用多种知识挖掘方法，并由各学科领域的专家进行人工审核。

新概念搜索可以按年份浏览或搜索某一领域中的新概念，以帮助用户及时了解学科的发展状况，促进学者发表有创新性的研究成果。

（5）翻译助手

CNKI 翻译助手能实现对中英文词、短语、句子的辅助互译。CNKI 的中英文对齐语料库包含 100 多万中英文对齐词汇（大部分是学术词汇）和 1000 多万对中英文句子对，这些对齐词汇和句子对是从 CNKI 数据库中含有中英文对齐标题、关键词、摘要等数据项中采用多级对齐技术自动抽取的。

与一般电子词典相比，翻译助手具有以下优势：一是通过将句子拆分为词，能够对短语或句子进行辅助翻译；二是除了词汇翻译外，还提供了大量例句，并按句子结构相似性进行排序；三是能够翻译术语的英文缩略语。

（6）图形表格

CNKI 图表搜索能够对学术图形、表格进行基于内容的搜索。图表库包含 500 万以上从文献中自动抽取的图形、表格，以及它们对应的标题、所在文献、作者、文献中对图表内容的阐述等，以此实现基于内容的图表搜索。这是目前一般搜索引擎无法实现的。

4.3.2 初级检索

① 选择字段。数据库有 11 个检索字段可供选择，分别是篇名、关键词、作者、机构、引文、中文摘要、基金、全文、中文刊名、年、期，ISSN 和主题词。

② 输入检索词。在检索框中输入需查找的检索对象。每个检索入口均支持布尔逻辑检索。

在检索式中，可使用的逻辑符号有“*”或“AND”（与）、“+”或“OR”（或）、“-”（非）。注意，逻辑非不能用“NOT”。

图 4.13 为检索字段为“篇名”、检索词为“文物保护”的期刊初级检索结果。

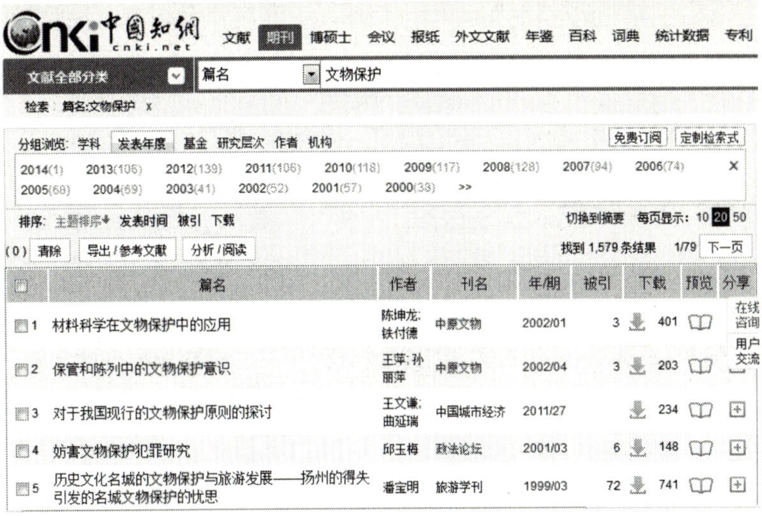

图 4.13　以文物保护为篇名的检索结果

③ 选择时间：可以选择在一段时间内进行检索，系统默认从 1994 年至本年度。

④ 选择排序方式：数据检索结果显示顺序的排列。主题排序一般有 3 种方式：发表时间、被引次数和下载次数。

⑤ 查看论文基本信息。单击文献题目，可在文献题目列表的下方显示文摘，如图 4.14 所示。同时系统提供 CAJ 格式和 PDF 格式的论文下载，如需下载，单击相应的按钮便可。

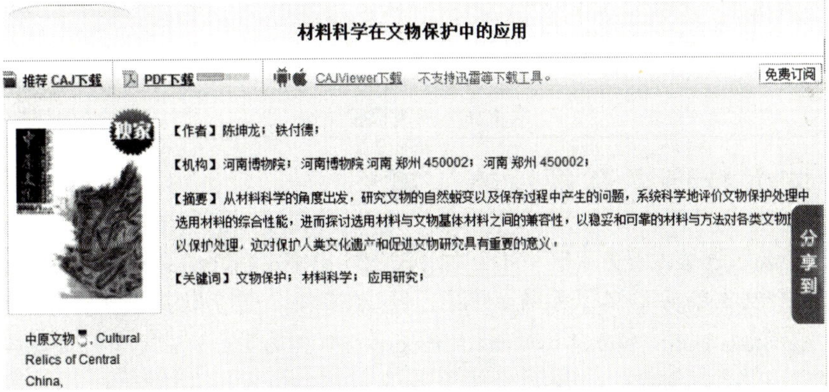

图 4.14　查看论文基本信息

4.3.3　高级检索

利用高级检索系统能进行快速有效的组合查询，优点是查询结果冗余少、命中率高。

高级检索的时间选择、排序、字段、检索范围等设置均同初级检索，唯一不同的是有多个检索词输入框。各检索框之间的逻辑关系可在系统已给出的 3 个选项 AND、OR、NOT 中进行选择，同一检索框中如有多个检索词，可使用布尔逻辑运算符“*”、“+”、“-”加以组配。

单击“高级检索”按钮，进入高级检索，界面如图 4.15 所示。

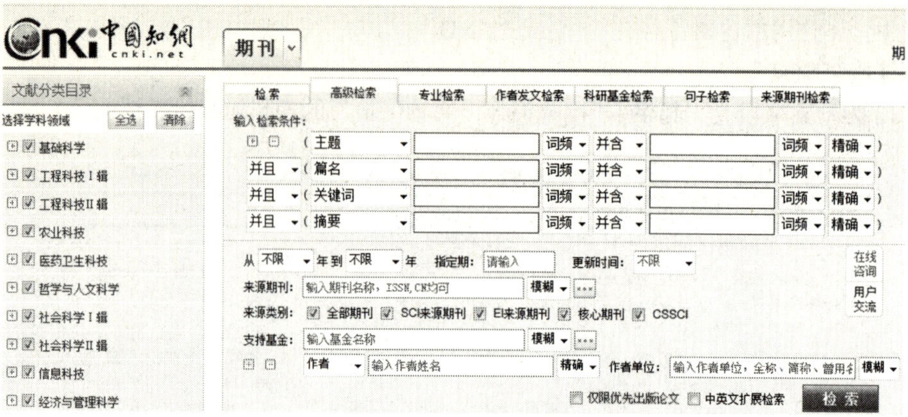

图 4.15 高级检索界面

例如，查找有关 2006 至 2008 年有关使用小波分析及时进行图像检索的文章。设置检索条件：篇名为“图像检索”且关键词为“小波分析”；设置时间：2010 至 2014，其余选项默认，检索结果如图 4.16 所示。

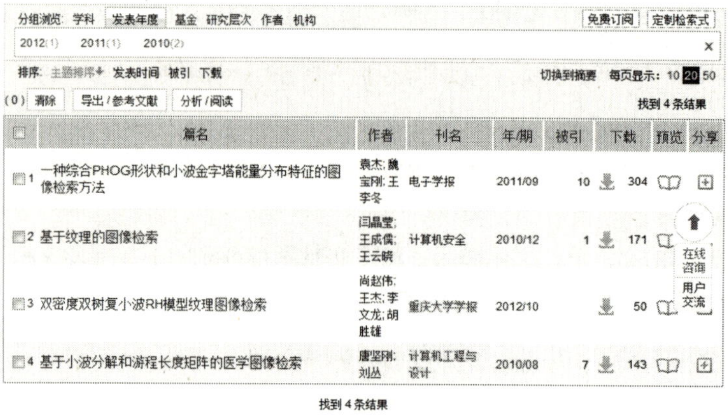

图 4.16 高级检索结果

4.4 万方数据资源系统的使用

万方数据资源系统是由万方数据集团公司开发的大型中文网络信息资源系统，由学位论文全文、会议论文全文、商务信息子系统、科技信息子系统及数字化期刊子系统组成。网址：http://g.Wanfangdata.com.cn，http://www.chinainfo.gov.cn。万方数据库启动界面如图 4.17 所示。

4.4.1 万方数据库简介

万方数据库是涵盖期刊、会议纪要、论文、学术成果、学术会议论文的大型网络数据库，也是与中国知网齐名的中国专业的学术数据库。其包含的主要数据库如下。

（1）中国科学技术成果数据库

中国科学技术成果数据库（CSTAD）是科学技术部指定的新技术、新成果查新数据库，数据来源于历年各省、市、部委鉴定后上报国家科委的科技成果及星火科技成果，涉及领域包括化工、生物、医药、机构、电子、农林、能源、轻纺、建筑、交通、矿冶等。并每年增加 2～3 万条最新成果。

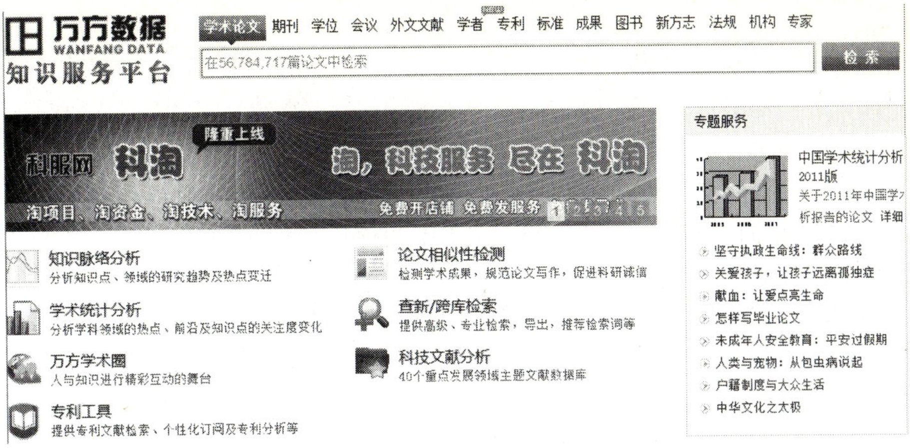

图 4.17　万方数据库界面

（2）中国科技文献数据库

中国科技文献数据库（CSTDB）是在原国家科委信息司的主持和资助下，由万方数据公司联合 40 多家科技信息机构共同开发的一个大型文献类数据库。该数据库是我国科技信息界权威机构联合行动的结晶，文献量共计 500 余万篇。

（3）中国科技论文统计与引文分析数据库

中国科技论文统计与引文分析数据库（CSTPC）是中国科技信息研究所在历年开展科技论文统计分析工作的基础上，开发的一个具有特殊功能的数据库。其数据来源于国内权威机构认定的 1400 多种核心期刊，以及国家科技部年度发布的科技论文与引文的统计结果，现收录论文 160 多万条，引文 300 多万条。

（4）中国学术会议论文全文数据库

中国学术会议论文全文数据库覆盖自然科学、工程技术、农林、医学等领域，每年涉及 800 余个重要的学术会议，每年增补论文 3 万篇，新版总量达到 80 多万篇。该数据库是国内收集学科最全、数量最多的会议论文数据库，属国家重点数据库。目前，已陆续增加可以直接阅读自 1997 年以来的会议全文数据 50 多万篇。

（5）中国学位论文全文数据库

中国学位论文全文数据库收集了从 1982 以来我国自然科学领域的博士后、博士及高校硕士研究生论文近 100 万篇。1995 年由万方数据公司制成全文数据库，该数据库每年增加 10 万篇。

（6）企业、公司及产品数据库

企业、公司及产品数据库（CECDB）是我国最早、最具权威的企业综合信息库，主要数据项有：企业名、负责人、地址、电话、传真、性质、进出口权、注册资金、职工人数、营业额、利润、创汇额、企业概况、主要产品及其产量、价格、规格型号等 40 余项信息。收录中文 20 多万家企业，英文 12 万家企业。

（7）法律法规全文数据库

法律法规全文数据库包括：1949 年以来，全国人大及其常委会颁布的法律、条例及其他法律性文件；国务院制定的各项行政法规，各地地方性法规和地方政府规章；最高人民法院和最高人民检察院颁布的案例及相关机构依据判案实例做出的案例分析，司法解释，各种法律文书，各级人民法院的裁判文书；国务院各机构，中央及其机构制定的各项规章、制度等；工商行政管理局和有关单位提供的示范合同式样和非官方合同范本；以及外国与其他地区所发布的法律全文内容，国际条约与国际惯例等全文内容。

（8）中国国家标准全文数据库

中国国家标准全文数据库收录了国内外的大量标准，包括中国国家发布的全部标准、某些行业标准以及电气和电子工程师技术标准；收录了国际标准数据库、美英德等国的国家标准，以及国际电工标准；还收录了某些国家的行业标准，如美国保险商实验所数据库、美国专业协会标准数据库、美国材料实验协会数据库、日本工业标准数据库等。

（9）中国国家专利数据库

中国国家专利数据库收录从 1985 年至今受理的全部发明专利、实用新型专利、外观设计专利数据信息，包含专利公开（公告）日、公开（公告）号、主分类号、分类号、申请（专利）号、申请日、优先权等数据项。

（10）外文文献数据库

外文文献数据库（ENPS）中的记录分为两大类：外文期刊论文、外文会议论文。外文期刊论文主要收录了 1995 年以来世界各国（地区）出版的 1 万多种重要学术期刊，部分文献有少量回溯，学科范围涉及工程技术和自然科学各专业领域，并兼顾社会科学和人文科学。每年增加论文百万余篇。外文会议论文主要收录了 1985 年以来世界各主要学协会、出版机构出版的学术会议论文，部分文献有少量回溯，学科范围涉及工程技术和自然科学各专业领域。每年增加论文 20 余万篇。

4.4.2 初级检索

初级检索是在指定的范围内，按单一的检索表达式检索，这一功能不能实现多表达式的逻辑组配检索。可实现此功能的位置有两处：各级页面的检索区和资源检索中心。例如，数据来源选择“期刊”，检索条件输入“生物技术”，单击“检索”，结果如图 4.18 所示。

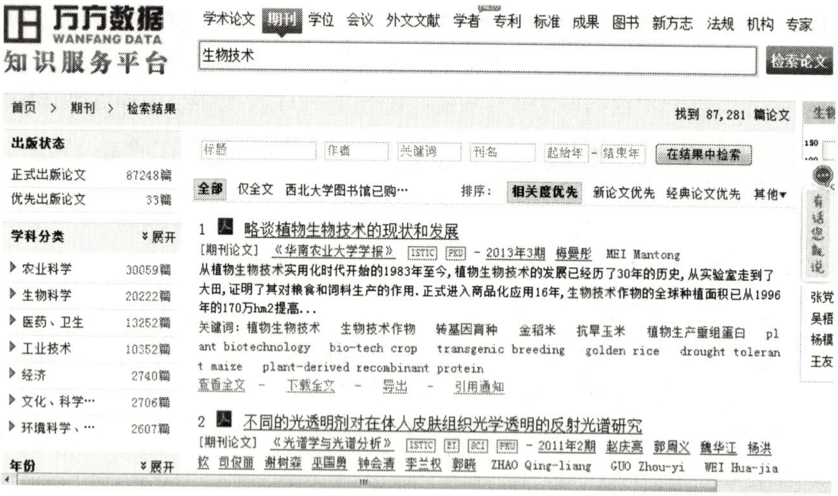

图 4.18　万方数据库初级检索结果

4.4.3 高级检索

单击“高级检索”，进入高级检索界面，如图 4.19 所示。

在左边“文献类型”中选择类型，然后在“检索条件”中输入条件，在时间输入时间范围，最后单击“检索”。例如，搜索 2010 至 2014 年间申请使用小波分析技术进行人脸识别的专利。

在“文献类型”中选择“中外专利”，在“检索条件”中输入“人脸识别”、“小波分析”，时间范围为“2010至2014”，检索结果如图4.20所示。

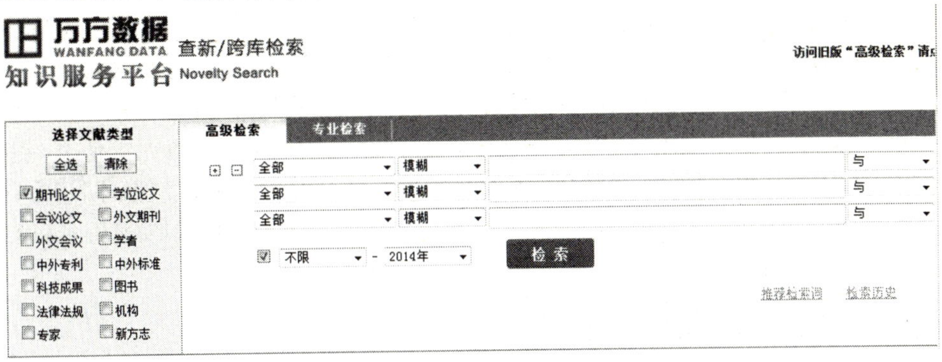

图4.19　万方数据库高级检索界面

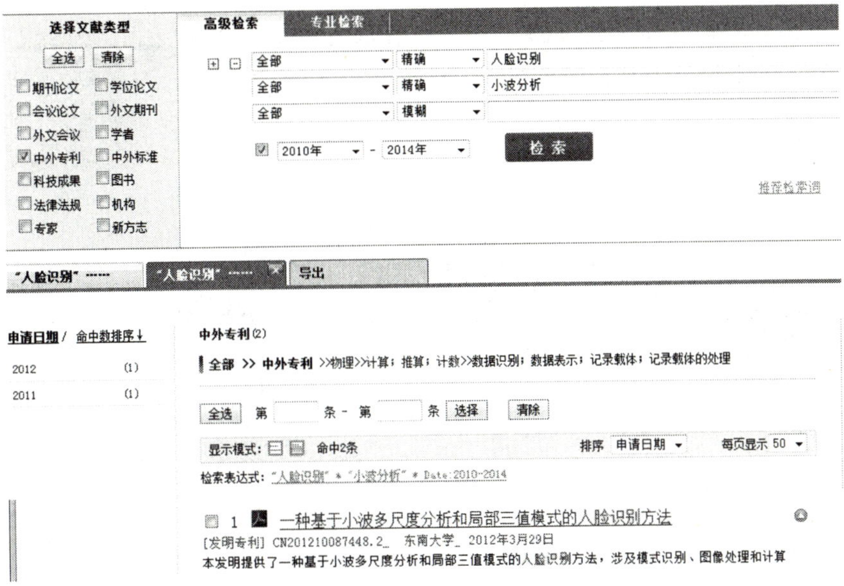

图4.20　万方数据库高级检索结果

4.5　超星数字图书馆的使用

数字图书馆是存储和管理大量数字图书，并为人们提供网络检索和阅读服务的计算机网络系统。超星数字图书馆是由北京时代超星公司创建的全球最大中文数字图书馆，向国内、外读者提供海量电子图书及其他资源的网上阅读、下载服务。

4.5.1　超星数字图书馆的特点

① 海量存储。其中包括《中图法》设定的所有类别，全文总量达4亿余页，20余万种，论文300万篇，数据总量30000 GB，并且每天以约50种的速度不断增加和更新，是目前世界上最大的中文在线e书馆。

② 优质服务。可提供24小时连续在线服务，只要用户上网就可随时进入该馆，不受地域和时间的限制。节假日不休息的在线技术人员和客户服务人员，可通过服务热线电话、在线论坛和电子邮件3种方式为用户随时解答疑难问题。

③ 利用方式多样。超星 e 书不仅可直接在线阅读，还提供下载（借阅）、复制和打印等多种图书浏览、阅读和利用方式。

④ 检索功能强大。超星 e 书具有 8 种可单独或组合检索的检索途径。e 书的智能检索与在线找书专家可以帮助用户及时准确地查找和阅读到所需要的 e 书文献。

⑤ 技术先进。超星 e 书格式与超星阅览器开创了独有的流式阅读技术，且具有书签和交互式标注等多种实用功能。专门设计的 PDG 格式具有良好的显示效果，适合在网上使用。超星阅览器是国内目前技术较为成熟和创新点较多的专业阅览器，具有阅读、资源整理、网页采集、e 书制作等一系列功能。网站与阅览器之间具有良好的联通与互动功能，可随时实现网站和阅览器之间的切换，实现二者的优势互补。

4.5.2 超星数字图书馆全文检索

进入数字图书馆，界面如图 4.21 所示。

图 4.21 超星数字图书馆界面

超星数据库提供 3 种检索方式：图书分类阅读、关键词检索、高级检索。

（1）图书分类阅读

图书分类按《中国图书馆分类法》分类，单击一级分类，即进入二级分类，以此类推。末级分类的下一层是图书信息页面，单击书名的超链接，则阅读图书。

网站的 e 书资源集中分于以分类检索途径为主的 23 个一级大类中。由网站主页可直接进入其一级类目，并有 189 个二级类目，若干个三级类目。

分类阅读方法如下：

① 选择单击主页上图书总分类中的某一类目，依次单击下级图书分类目录。分类目录前的标记“⊞”表示有下级分类目录；分类目录前的标记“⊡”表示无下级分类目录。

② 选择单击分类目录后，在所显示的图书列表中选择所需阅读图书书目，如图 4.22 所示。

③ 单击该书目右边的“网页阅读”，进入阅读状态。例如，在线阅读《中华诗词研究丛刊 毛泽东诗词专辑》，结果如图 4.23 所示。

（2）关键词检索

关键词检索，即用所需信息的主题词（关键词）进行查询的方法。

图书关键词检索步骤如下：

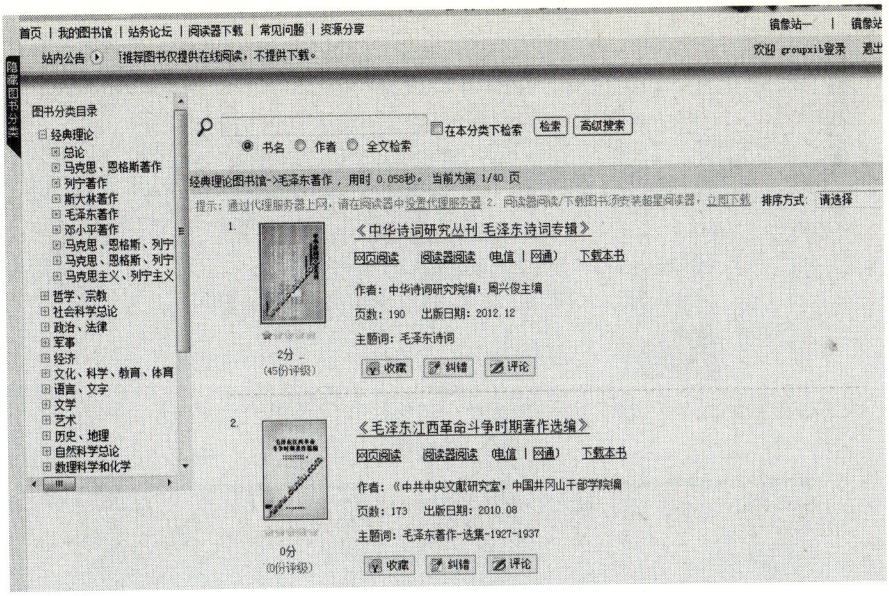

图 4.22　分类检索界面

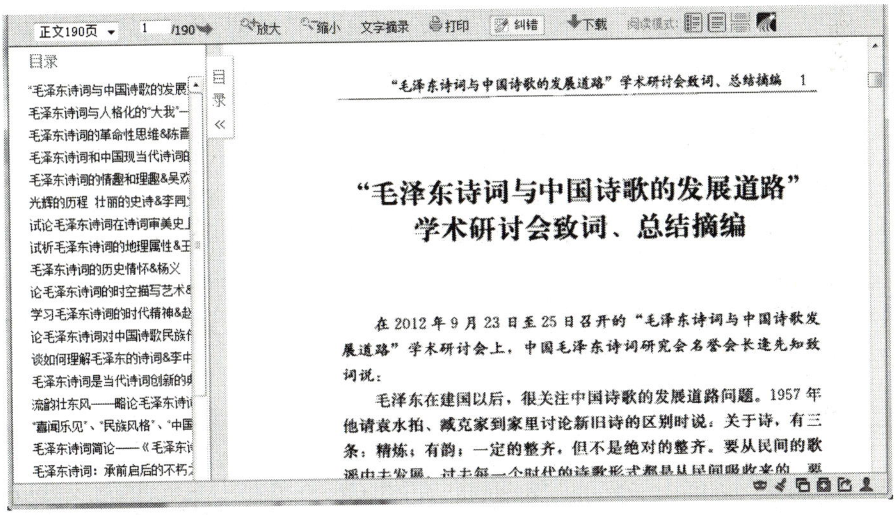

图 4.23　在线阅读界面

① 选择检索信息显示类别，分为“书名”、“作者”、“全文检索”三种，如图 4.24 所示。

② 在检索框内输入关键词，多个关键词之间要以一个空格隔开。（提示：关键词越短少，检索结果越丰富。）

③ 按 Enter 键或单击“搜索”按钮，检索结果即可显示出来。为便于查阅，关键词以醒目的红色显示。检索结果还可按“书名”、“作者”、“出版日期”进行排序。

④ 检索结果显示后，还可以通过选择“在结果中搜索”进行二次搜索。

（3）高级检索

利用高级检索可以实现图书的多条件查询。对于目的性较强的读者建议使用该查询。单击主页上的“高级搜索”按钮，则进入高级搜索页面，如图 4.25 所示。

① 选择检索字段。

② 逻辑运算关系：系统提供并且、或者、不包含三种逻辑运算关系，默认是“并且”。

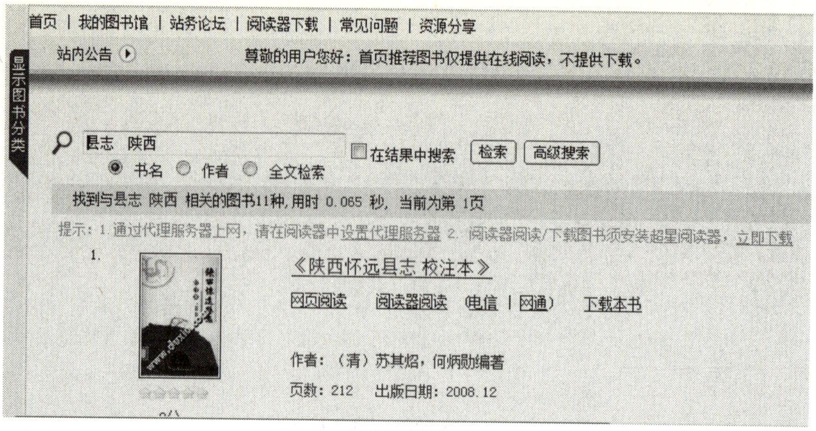

图 4.24　关键词检索

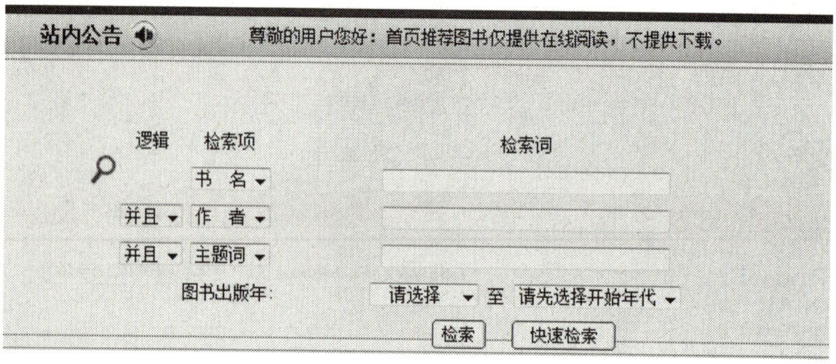

图 4.25　高级检索

查询实例：读者查询“三国演义”，作者为“罗贯中”的图书，在“高级检索”对话框的“书名”栏中输入“三国演义”，在“作者”栏中输入“罗贯中”。

③ 其他限制选项：系统提供图书出版时间范围和检索结果排序限制选项，检索时可根据课题需要进行相应的选择，使检索结果更精确。

④ 检索：上述条件完成之后，单击“检索”按钮开始检索。所有命中文献书名及题录信息列表显示，结果如图 4.26 所示。

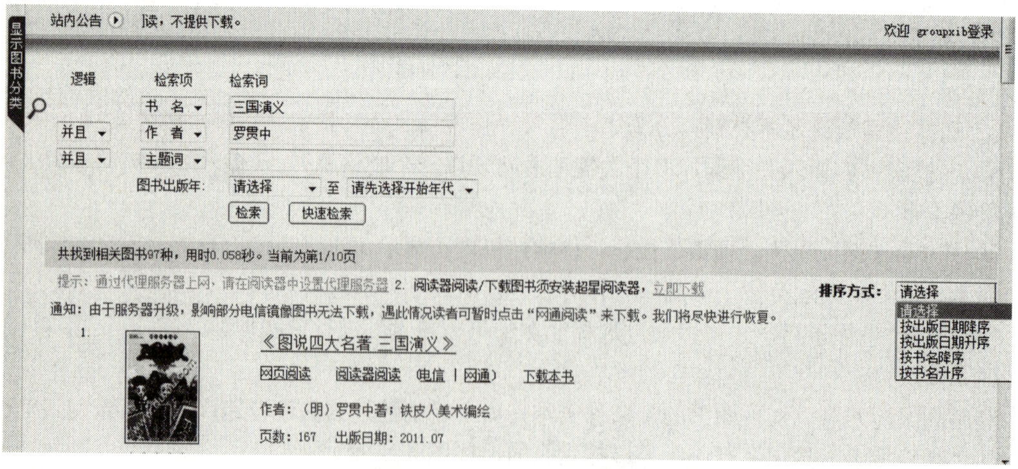

图 4.26　高级检索结果

习 题 4

一、填空题

1. ________的全文数据库按照《中国图书馆分类法》进行分类，所有文献被分为 8 个专辑。

2. ________是以实现全社会知识资源传播共享与增值利用为目标的信息化建设项目，始建于 1999 年 6 月，由清华大学、清华同方发起。

3. ________依托超星数字图书馆技术平台和“超星阅览器”，可提供丰富的电子图书资源在线阅读及下载服务，包括文学、经济、计算机等 50 多个大类。

4. ________是由南京大学中国社会科学研究评价中心开发研制的引文数据库，用来检索中文人文社会科学领域的论文收录和被引用情况，是我国人文社会科学主要文献信息查询的重要工具。

5. ________是在第一次简单检索的基础上再次检索。

二、选择题

1.《中国期刊网 CNKI》是（　　）数据库。

A．书目数据库　B．全文数据库　C．指南数据库　D．文摘数据库

2.《中国学术期刊全文数据库》给出的检索结果为（　　）。

A．仅题录　B．仅文摘.　C．仅全文　D．题录、文摘和全文三种

3．以作者本人取得的成果为依据而创作的论文、报告等，并经公开发表或出版的各种文献，称为（　　）。

A．零次文献　B．一次文献　C．二次文献　D．三次文献

4．下列哪个数据库是以人文和社科资料为主的（　　）。

A．万方数据库　B．维普期刊数据库　C．人大复印资料　D．CNKI 数据库

5．不同的全文数据库提供不同格式的全文，以下（　　）文件格式不是全文数据库所提供的文件格式。

A．CAJ　B．DOC　C．HTML　D．PDF

6．下列（　　）具有同义词检索、同名作者检索等检索功能。

A．中国期刊网　B．万方数据资源系统　C．中文科技期刊数据库　D．springlink

7．在万方数据资源系统专业检索中，检索有关“信息系统”方面的论文，下例检索式正确的是（　　）

A．信息系统/KW　B．TI：信息系统　C．信息系统/（600）　D．TI＝信息系统

8．国内最大的科技数据库是（　　）库

A．超星　B．万方　C．书生　D．同方

9.《中国期刊全文数据库》没有提供的检索途径是（　　）。

A．学科、专业　B．分类号、叙词　C．刊名、篇名　D．作者、单位

10.《中国期刊全文数据库》可提供自（　　）年至今的中文期刊全文。

A．1984　B．1989　C．1994　D．1995

11．攻读硕士研究生常用的数据库是（　　）。

A．期刊论文数据库　B．专利数据库　C．标准数据库　D．数字图书馆

12.《中国学术期刊数据库》和《中文科技期刊数据库》均可使用（　　）浏览器。

A．Adobe Reader　B．Apabi 阅读器　C．维普阅读器　D．中国期刊网阅读器

13．按照文献内容的新旧程度排序的结果是（　　）。

A．会议论文，科技期刊，科技报告，科技图书

B．科技图书，科技期刊，科技报告，会议论文

C．科技报告，会议论文，科技图书，科技期刊

14．中文学术期刊网不支持（　　）方式。

A．分类检索　　B．字段检索　　C．二次文献　　D．位置检索

15．提供检索式/命令行检索的好处在于（　　）。

A．容易记忆，容易编写　　B．文本形式，容易理解

C．可以保存成功的检索，以便再次检索　　D．以上都不对

16．在维普数据库中，检索期刊名称为“中文信息处理”中的文献时，检索式为（　　）。

A．A=中文信息处理　　B．J=中文信息处理

C．K=中文信息处理　　D．T=中文信息处理

17．中国期刊网的专用全文格式阅读器是（　　）。

A．Apabi Reader　　B．CAJViewer　　C．Adobe Reader　　D．SSReader

18．维普期刊数据库可用（　　）浏览器。

A．Apabi Reader　　B．CAJViewer　　C．Adobe Reader　　D．SSReader

19．在中国国家知识产权局网站检索“汽车的化油器”的相关专利，为了兼顾查全率和查准率，应输入检索式（　　）。

A．发明名称字段输入：汽车 or 化油器

B．发明名称字段输入：汽车 and 化油器

C．发明名称字段输入：汽车化油器

D．在分类号字段输入汽车的化油器的相关专利分类号，在发明名称字段输入：化油器

20．AU=Jun, Wang AND TI= "information sharing"表示检索结果是（　　）。

A．关键词有“information sharing”（信息共享），并且作者是：王军

B．题名有“information sharing”（信息共享），或者作者是：王军

C．题名有“information sharing”（信息共享），并且作者是：王军

D．关键词有“information sharing”（信息共享），或者作者是：王军

三、简答题

1．万方数据库和中国科技期刊数据库分别是什么类型的数据库？

2．结合检索实践，简述为什么有时候检索结果为零，如何解决。

3．运算符“*”和“+”的基本含义和作用是什么？

4．编写检索式需要注意哪些事项？举例说明。

5．以《中文科技期刊数据库》检索途径为例简要说明提高查准率的主要方法。

四、操作题

1．在中文数据库中检索 5 篇最新的相关论文。

（1）3D 打印技术的相关论文。

（2）锂电池在汽车行业中的应用。

（3）数字化地形测量技术的研究。

（4）银行业的知识产权保护研究。

（5）我国网络安全现状及应对策略。

要求：

① 分析课题，提取检索概念，用关键词表达，并考虑关键词的不同表达形式。

② 利用关键词和逻辑算符构造检索式。

③ 限定检索字段，确定实际的检索策略。

④ 进行检索，记录检索结果数量。

⑤ 记录文摘信息（篇）。

⑥ 导出所选文献的引文格式。

⑦ 熟悉维普数据库的查看同义词、查看同名著者等特色功能。

⑧ 熟悉万方和知网的结果聚类功能。

2．利用《中国学术期刊网络出版总库》“期刊导航”中的“核心期刊导航”，查找本专业学科的核心期刊，并请回答以下问题：

① 该类期刊的种数是多少？

② 请举一种期刊，说明该刊的综合影响因子数是多少。

3．利用《中国学术期刊网络出版总库》检索主题为“美国金融危机”，且题名包含“次贷危机”的文章检索结果。

① 检索结果是多少篇。

② 以题录的形式列出其中 2013 年度的文章结果。

4．在万方数据库期刊全文库中利用高级检索模块下的“经典检索”，有关“高校大学计算机教学改革”方面的文章，请指出检索结果是多少篇，并列出最新 1 篇文章的题录信息（包含标题、作者、期刊名称、年卷期）。

第 5 章　常见外文数据库的使用

SCI（科学引文索引）、ISTP（科技会议录索引）、EI（工程索引）是世界著名的三大科技文献检索系统，是国际公认的进行科学统计与科学评价的主要检索工具。SCI 是自然科学领域、基础理论学科方面重要的期刊文摘索引数据库。ISTP 由美国科学情报研究所编制，主要收录国际上著名的科技会议文献。EI 主要收录工程技术领域的论文。在三大科技文献检索系统中，以 SCI 最为重要，根据 SCI 收录及被引证情况，可以从一个侧面反映学术水平的发展情况。特别是每年一次的 SCI 论文排名成了判断一个学校科研水平的重要标准。熟练使用三大科技文献检索系统可以快速掌握最新的研究状态。

5.1　常见外文数据库简介

5.1.1　常见的美国数据库

（1）Wiley InterScience

网址：http://www.interscience.wiley.com，检索主界面如图 5.1 所示。

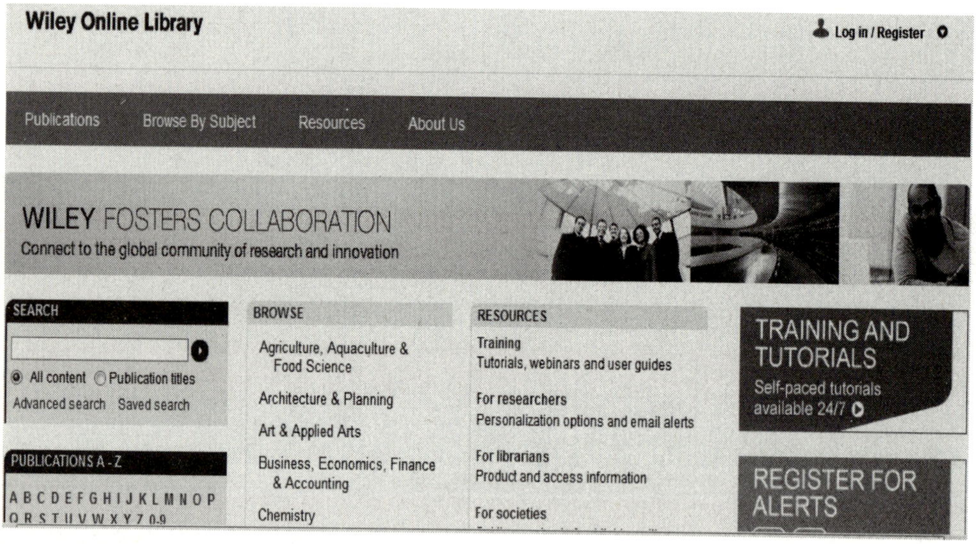

图 5.1　Wiley InterScience 检索主界面

Wiley InterScience 由 John Wiely & Sons 公司创建，收录了 360 多种科学、工程技术、医疗领域及相关专业期刊、30 多种大型专业参考书、13 种实验室手册的全文和 500 多个题目的 Wiley 学术图书的全文。其中被 SCI 收录的核心期刊近 200 种。Wiley 公司以许可协议形式向用户提供在线访问全文内容的服务。

Wiley InterScience 期刊分为 Business、Finance & Management（商业、金融和管理）、Chemistry（化学）、Computer Science（计算机科学）、Earth Science（地球科学）、Education（教育学）、Engineering（工程学）、Law（法律）、Life and Medical Sciences（生命科学与医学）、Mathematics and Statistics（数学统计学）、Physics（物理）、Psychology（心理学）。

（2）IEL

网址：http://www.ieee.org，检索主界面如图 5.2 所示。

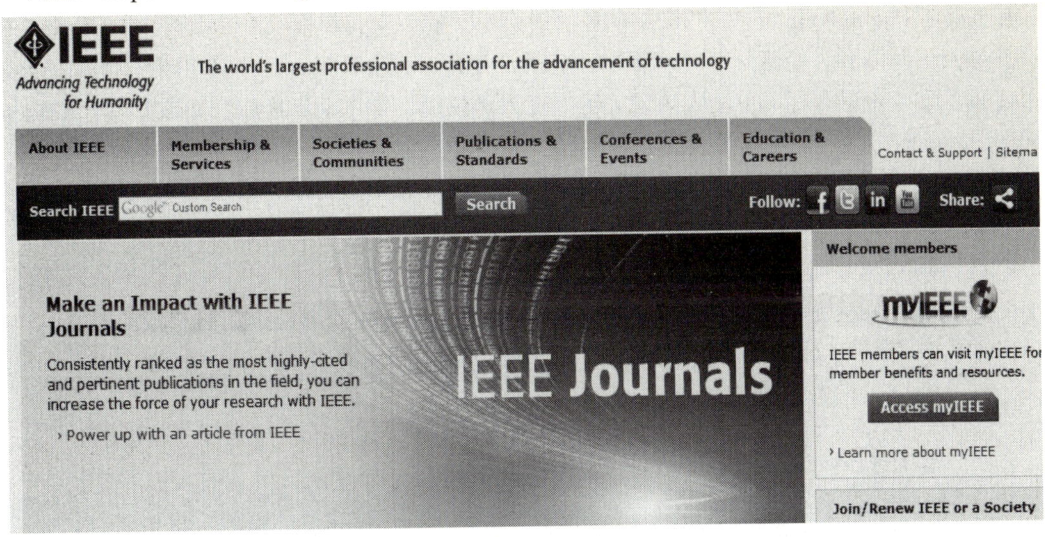

图 5.2　IEL 检索主界面

IEEE（Institute of Electrical & Electronics Engineers）是电子信息领域最著名的跨国性学术团体，其会员分布在世界 150 多个国家和地区。随着人们的信息越来越多地来自 Internet，IEEE 需要为会员提供更加完善和全面的电子信息产品和服务。实现这个目标的手段就是建立 IEEE/IEE Electronic Library（IEL）。IEL 包括了 1988 年以来 IEEE 和 IEE 的所有期刊杂志和会议录，以及 IEEE 的标准，可以通过题目、关键词和摘要进行查阅。

（3）EBSCO

网址：http://ejournals.ebsco.com，检索主界面如图 5.3 所示。

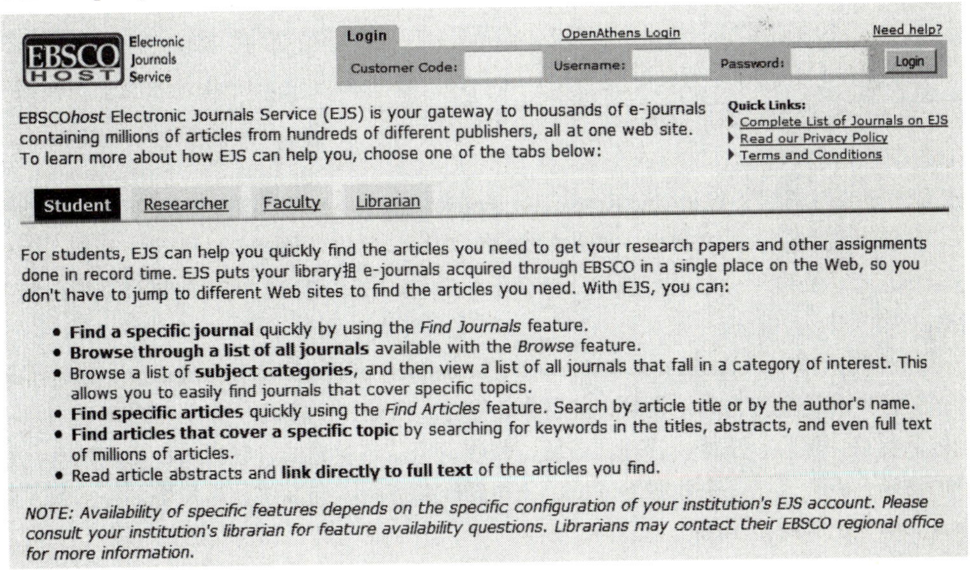

图 5.3　EBSCO 检索主界面

EBSCO 公司从 1986 年开始出版电子出版物，包括 Business Source Premier（商业资源电子文献库）、Academic Search Elite（学术期刊全文数据库）等数据库，共收集了 4000 多种索引和文摘型期刊、2000 多种全文电子期刊。

Business Source Premier 收录了 3000 多种索引、文摘型期刊和报纸，其中近 3000 种全文刊。数据库涉及国际商务、经济学、经济管理、金融、会计、劳动人事、银行等主题范围，适合经济学、工商管理、金融银行、劳动人事管理等专业人员使用。学术期刊集成全文数据库（Academic Search Premier，ASP），包括有关生物科学、工商经济、资讯科技、通信传播、工程、教育、艺术、文学、医药学等领域的 7000 多种期刊，其中近 4000 种全文刊。

（4）美国（umi）ProQuest

网址：http://www.proquest.com/，检索主界面如图 5.4 所示。

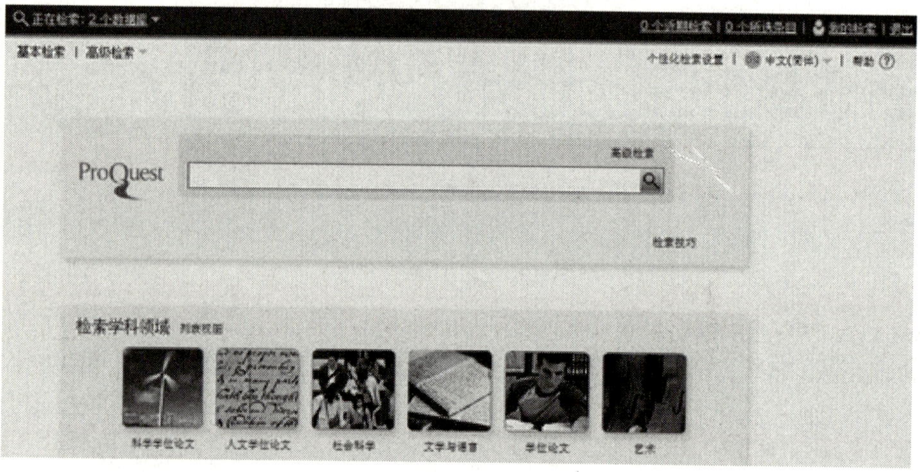

图 5.4　ProQuest 检索主界面

UMI 成立于 1938 年，是全球最大的信息存储和发行商之一，也是美国学术界著名的出版商。UMI 向全球 160 多个国家提供信息服务，内容涉及商业管理、社会科学、人文科学、新闻、科学与技术、医药、金融服务等。其出版物包括 18000 多种外文缩微期刊、7000 多种缩微报纸、150 多万篇博士/硕士论文、20 多万种绝版书及研究专集。从 1980 年起，UMI 开始电子出版物的制作与发行，如光盘数据库、磁带数据库、联机数据库等。

UMI 提供 3 种数据库。

① 学术研究图书馆（Academic Research Library，ARL）：综合参考及人文社会科学期刊论文数据库，涉及社会科学、人文科学、商业与经济、教育、历史、传播学、法律、军事、文化、科学、医学、艺术、心理学、宗教与神学、社会学等学科，收录 2300 多种期刊和报纸，其中全文刊占 2/3。

② 商业信息数据库（ABI/INFORM）：ABI（Abstracts of Business Information）是世界著名商业及经济管理期刊论文数据库，收录有关财会、银行、商业、计算机、经济、能源、工程、环境、金融、国际贸易、保险、法律、管理、市场、税收、电信等主题的 1500 多种商业期刊，涉及这些行业的市场、企业文化、企业案例分析、公司新闻和分析、国际贸易与投资、经济状况和预测等方面，其中全文刊超过 50%。

③ 医学电子期刊全文数据库（ProQuest Medical Library）：收录有 220 种全文期刊，文献全文以 PDF 格式或文本加图像格式存储。收录范围包括所有保健专业的期刊，有护理学、儿科学、神经学、药理学、心脏病学、物理治疗及其他方面。

（5）Netlibrary（英文电子图书）

网址：http://www.netlibrary.com，检索主界面如图 5.5 所示。

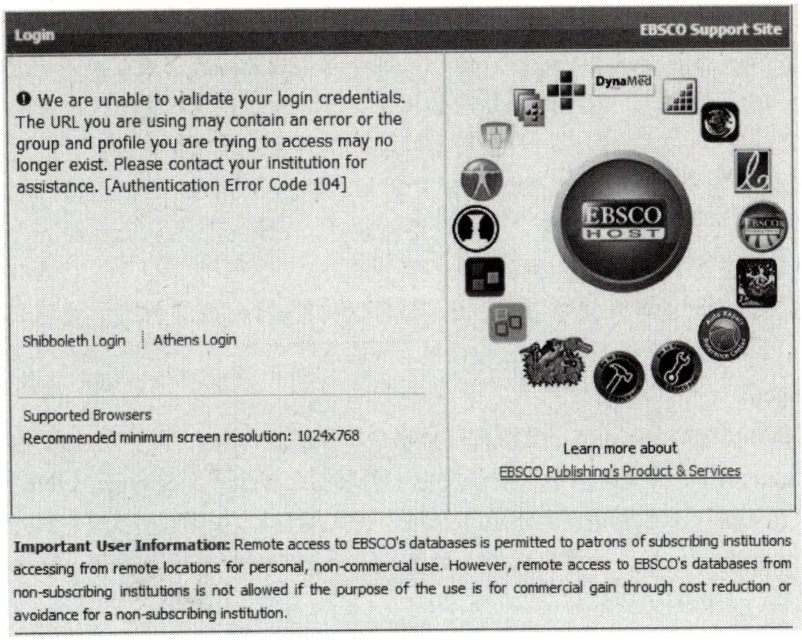

图 5.5　Netlibrary 检索主界面

Netlibrary 是世界上主要的图书馆电子图书提供商。目前，世界上 7000 多个图书馆通过其产品 Netlibrary 存取电子图书，其中包括哥伦比亚大学、斯坦福大学、加州大学伯克利分校以及世界上其他成千的大小图书馆。

Netlibrary 目前提供 400 多家出版社出版的 60000 多种电子图书，并且每月增加约 2000 种。这些电子图书覆盖所有主题范畴，约 80%的书籍是面向大学程度的读者。大多数 Netlibrary 的电子图书内容新颖，近 90%的电子图书是 1990 年后出版的。

5.1.2　其他国家常见数据库

（1）Sciencedirect

荷兰 Elscvicr Scicncc 公司出版的期刊是世界上公认的高品位学术期刊，拥有 1263 种电了全文期刊数据库，并已在清华大学图书馆设立镜像站点 ScienceDirect OnSite（SDOS）。国内 11 所学术图书馆于 2000 年首批联合订购 SDOS 数据库中 1998 年以来的全文期刊。

国内镜像：

http://elsevier.lib.tsinghua.edu.cn

http://www.sciencedirect.com

http://www.sciencedirect.com/sci

http://www.sciencedirect.com/sci

http://www.sciencedirect.com/sci

（2）Ingenta

网址：http://www.ingenta.com。Ingenta 数据库是英国 Ingenta 公司于 1998 年建成的学术信息平台，提供全球 190 多个学术出版机构的全文联机期刊 5400 多种，26000 多种其他类型出版物。

目前，Ingenta 公司在英国和美国多个城市设有分公司，拥有分布于世界各地的 10000 多个团体用户和 2500 多万个个人用户，已成为全球学术信息服务领域的一个重要的文献检索系统。

（3）Blackwell

网址：http://www.blackwell-synergy.com。Blackwell 出版公司总部设在英国伦敦的牛津，是世界上最大的期刊出版商之一，以出版国际性期刊为主，包含很多非英美地区出版的英文期刊，所出版的学术期刊在科学技术、医学、社会科学以及人文科学等领域享有盛誉。

Blackwell 出版期刊总数已超过 700 种，其中理科类期刊占 54%左右，其余为人文社会科学类，涉及学科包括：农业、动物学、医学、工程、数学统计、计算机技术、商业经济、生命科学、物理学、人文科学、艺术、社会及行为科学等。

Blackwell 出版期刊的学术质量很高，很多是各学科领域内的核心刊物，据最新统计，其中被 SCI 收录的核心期刊有 239 种，被 SSCI 收录的有 118 种。

（4）Springer

网址：http://link.springer.com。德国施普林格（Springer-Verlag）是世界上著名的科技出版集团，通过 Springer LINK 系统提供学术期刊及电子图书的在线服务。Springer LINK 所提供的全文电子期刊共包含 439 种学术期刊（其中近 400 种为英文期刊），按学科分为 11 个在线图书馆：生命科学、医学、数学、化学、计算机科学、经济、法律、工程学、环境科学、地球科学、物理学与天文学，是科研人员的重要信息源。

5.1.3 三大检索工具

SCI、ISTP、EI 数据库是图书情报界常说的国外三大检索工具。

（1）SCI

SCI，即《科学引文索引》，是自然科学领域基础理论学科方面的重要的期刊文摘索引数据库，创建于 1961 年，创始人为美国科学情报研究所所长 Eugene Garfield。利用它，可以检索数学、物理学、化学、天文学、生物学、医学、农业科学以及计算机科学、材料科学等学科方面自 1945 年以来重要的学术成果信息。SCI 是国内外学术界制定学科发展规划和进行学术排名的重要依据。

（2）ISTP

ISTP，即《科学技术会议录索引》，由美国科学情报研究所编制，主要收录国际上著名的科技会议文献，所收录的数据包括农业、环境科学、生物化学、分子生物学、生物技术、医学、工程、计算机科学、化学、物理学等学科。从 1990 至 2003 年间，ISTP 和 ISSHP（后文将要讲到 ISSHP）共收录了 60000 个会议的近 300 万篇论文的信息。

（3）EI

EI，即《工程索引》，由 Elsevier Engineering Information Inc.编辑出版，主要收录工程技术领域的论文（主要为科技期刊和会议录论文），数据覆盖了核技术、生物工程、交通运输、化学和工艺工程、照明和光学技术、农业工程和食品技术、计算机和数据处理、应用物理、电子和通信、控制工程、土木工程、机械工程、材料工程、石油、宇航、汽车工程等学科领域。

从索引的编排方式来看，SCI 属于关系索引，同时兼具形式索引和内容索引的特征；ISTP 和 EI 具有形式索引和内容索引的特征。

从索引的对象来看，SCI 揭示的是期刊中的论文，ISTP 揭示的是会议录中的论文，EI 则兼而有之。

5.2 Web of Science

5.2.1 Web of Science 简介

（1）SCI

SCI 主要运用科学的引文数据分析和同行评估相结合方法，综合评估期刊的学术价值，已逐渐成为国际公认的反映基础学科研究水准的代表性工具。世界上大部分国家和地区的学术界将其收录的科技论文数量的多少看成一个国家的基础科学研究水平及其科技实力指标之一。

在 SCI 中有几个基本概念。

① 引文（Citation）和来源文献（Source Item）。一篇文章的参考文献称为引文，该篇文章称为来源文献。刊载来源文献的期刊或专著丛书等称为来源出版物（Source Publications）。

② 引文索引：反映文献之间引用和被引用关系及规律的一种新型的索引工具。以作者姓名（被引作者或引文作者）为检索起点，查找该作者历年发表的论文曾被哪些人（施引作者或引用作者）、哪些文章（来源文献）引用过，并查出这些来源文献的题录和施引作者所在的单位引文索引。

（2）SCI 的整体结构

SCI 每年出 6 期，每期有 A、B、C、D、E、F 共 6 册。SCI 的引文索引由著者引文索引、团体著者引文索引、匿名引文索引、专利引文索引四部分组成。

① 著者引文索引（Citation Index : Authors）。著者引文索引按引文著者姓名字顺编排，可查到某著者的文献被人引用的情况。通过引文索引可查到某位著者的文章被何人引用，有几篇文章被多少人、多少次引用，可统计出每篇文章被引用的频率，可用来评价科研人员的学术水平和某篇文章的质量。通过论文之间的引证关系，可以了解同行的研究动态和进展。通过引文索引还可做循环检索，即把所查到的引用著者当成被引用著者，这样就能查到更多更新的相关文献。

② 团体著者引文索引（Citation Index : Corporate Author Index）。团体著者引文索引是自 1996 年第 2 期起增设的，以当期收录的被引文献的第一团体机构名称为检索标目，提供从已知机构名入手，检索该机构曾于何时、何处、发表文章被引用的情况。

③ 匿名引文索引（Citation Index : Anonymous）。有些文献无著者姓名，如编辑部文章、按语、校正、通信、会议文献等，也可作为引文被人引用。这些被引文献集中编成匿名引文索引，它按引文出版物名称的字顺排列，同名出版物按出版年、卷先后顺序排列。

④ 专利引文索引（Patent Citation Index）。如果引文是专利文献，则编入专利引文索引。该索引按专利号数字大小排列，用于查找引用某项专利的文献，了解该专利有什么新的应用和改进。同时，可了解某项专利被引用的次数，从而评价专利的价值。

（3）SCI 的主要版本

SCI 主要发行 3 个版本：书本式、光盘版、Internet Web 版（Web of Science 即 SCI 的 Web 版）。Web of Science 不仅是 SCI 的网络版，与 SCI 的光盘版相比，Web of Science 的信息资料更翔实，其中的 Science Citation Index Expand 收录全球 5600 多种权威性科学与技术期刊，比 SCI 光盘增加 2100 种。Web of Science 数据库每周更新，确保及时反映研究动态。目前 Thomson Scientific 已自动开通 116 种免费期刊的全文链接。

（4）Web of Science 的组成

Web of Science 由 3 个独立的数据库构成，既可以分库检索，也可以多库联检。需要跨库检索，选择“CrossSearch”，就可以在同一平台下同时检索 5 个数据库。

① Science Citation Index Expanded（科学引文索引，SCIE）：每周更新，收录 5600 多种权威性科学与技术期刊，回溯至 1973 年。

② Social Science Citation Index（社会科学引文索引，SSCI）：每周更新，收录 1700 种社会科学期刊，回溯至 1973 年。

③ Arts & Humanities Citation Index（艺术与人文科学引文索引，A&HCI）：每周更新，收录全球 1140 种艺术与人文科学期刊，回溯至 1975 年。

5.2.2 Web of Science 的使用

访问 www.isiknowledge.com，进入 ISI Web of Knowledge 平台，选择 Web of Science 数据库进入主页。

1．检索方式

Web of Science 主要提供 General Search、Cited Reference Search、Structure Search 和 Advanced Search 四种检索方式。

（1）General Search（普通检索）

普通检索通过主题（Topic）、著者（Author）、来源期刊名（Source）、著者单位（Address）进行检索，如图 5.6 所示。系统默认多个检索途径之间为逻辑“与”关系。

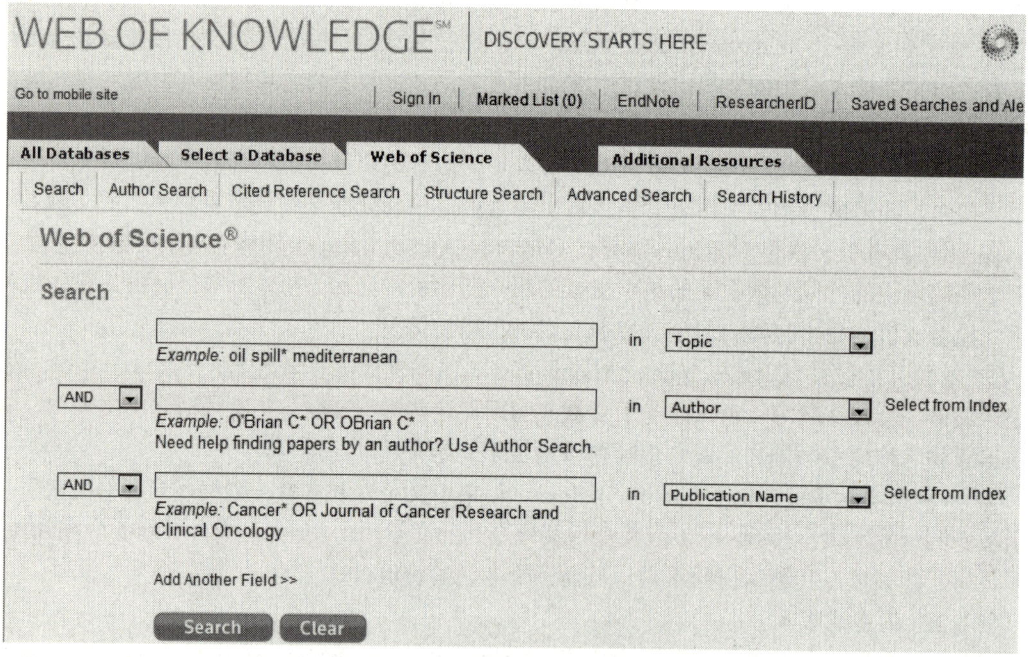

图 5.6　Web of Science 检索主界面

① Topic（主题检索）。在文献篇名（Title）、文摘（Abstract）及关键词（Keywords）字段通过主题检索文献，可用逻辑运算符（AND、OR、NOT、SAME 或 SENT）连接单词或短语，也可用截词符进行截词检索。

② Author（著者检索）。按著者或团体著者以及论文中提及的人物检索文献。其中，从论文著者及引文著者进行人物检索时，允许使用截词符，可输入人物姓的全称、空格及人物名字的首字母，也可只输入姓，在“姓”后加截词符；从主题人物查找时，可输入人物姓氏的全称及（或）

名字的全称，并允许使用逻辑运算符。

③ Title（来源出版物）。用期刊的全称检索，或用期刊刊名的起始部分加上通配符“*”检索。Source List 列出了 Web of Science 收录的全部期刊，可以通过它复制、粘贴准确的期刊名称。

④ Address（地址检索）。按著者所在机构或地理位置检索，包括大学学院、机构、公司、国家、城市等名称和邮政编码等。地址检索中可使用逻辑运算符（AND、OR、NOT、SAME 或 SENT）。

当通过著者机构进行地址检索时，可以输入机构名称中的单词或短语（经常采用缩写形式）。从机构名称检索时，可输入公司或大学的名字。检索某一地点的机构时，可用“SAME”连接机构及地点。

检索某一机构中的某个系或部门时，可用 SAME 连接机构、系或部门名称。

用检索窗口下方的下拉菜单限定原文的语种和文献类型，按住 Ctrl 或 Shift 键的同时单击可选多个选项。

（2）Cited Reference Search（引文检索）

引文检索是 ISI Web of Science 所特有的检索途径，目的要解决传统主题检索方式固有的缺陷（主题词选取不易，主题字段标引不易/滞后/理解不同，少数的主题词无法反映全文的内容）。引文检索将一篇文献（无论是论文、会议录文献、著作、专利、技术报告等）作为检索对象，直接检索引用该文献的文献，不受时间、主题词、学科、文献类型的限制，特别适用于检索一篇文献或一个课题的发展，并了解和掌握研究思路，如图 5.7 所示。

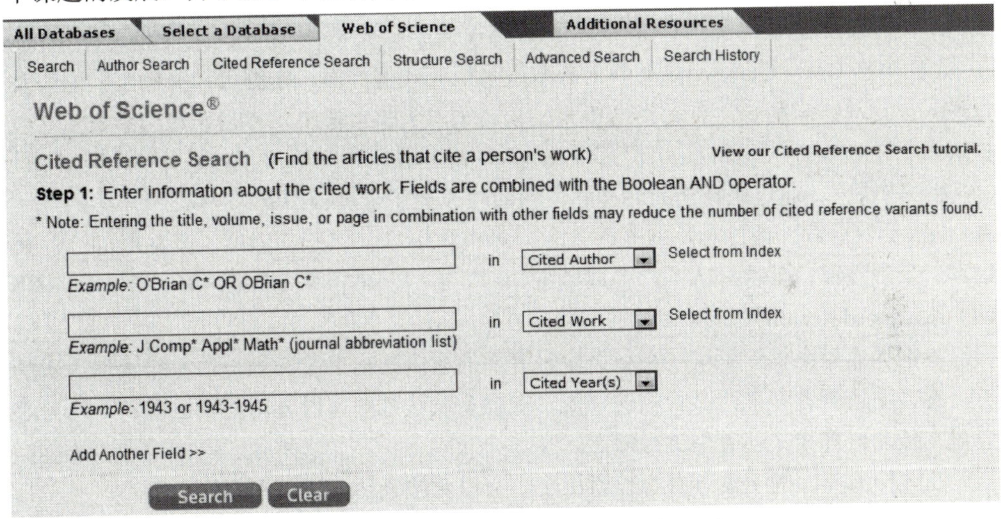

图 5.7　Cited Reference Search 检索主界面

检索主题主要包括以下内容：

① Cited Author（被引著者）。一般应以被引文献的第一著者进行检索，但如果被引文献被 Web of Science 收录，则可以用被引文献的所有著者检索。

② Cited Work（被引著作）。检索词为刊登被引文献的出版物名称，如期刊名称缩写形式、书名或专利号。单击“List”，查看并复制、粘贴准确的刊名缩写形式。

③ Cited Year（被引文献发表年代）。检索词为四位数字的年号。说明：Cited Author、Cited Work、Cited Year 三个检索字段可以单独使用，也可同时使用，系统默认多个检索途径之间为逻辑“与”的关系。当需要 AND、OR、NOT、SAME 或 SENT 作为检索词，而不是作为运算符时，可以用引号将这些词括起来。

（3）Structure Search（结构检索）

结构检索界面如图 5.8 所示，用于对化学反应和化合物进行检索。

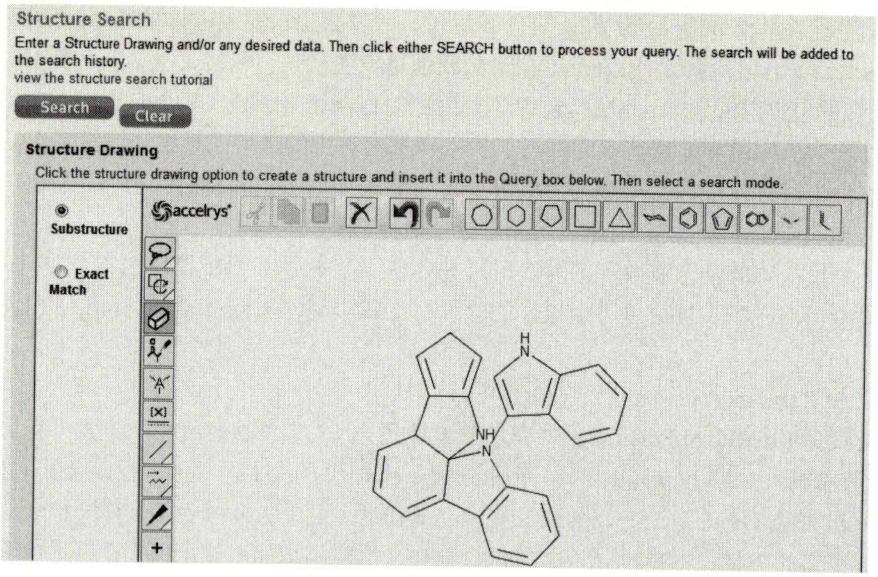

图 5.8　SCI 结构检索界面

① 结构图或反应式检索。绘制和显示反应式或结构式都需要下载并安装插件 Chemistry Plugin。之后单击 Draw Query，自动弹出画图或画反应式的界面，根据可选择的工具画好具体结构和反应式，再单击绿箭头，自动将结构和反应式添加到检索框中，并且选择检索方式（包含或精确检索）。

② 化合物检索。通过化合物的名称、生物活性或分子量进行检索。

③ 化学反应检索。通过对反应条件要求，如气体环境、气压、温度、反应时间、产量、反应关键词、反应注释、其他等选项，完成检索。

（4）Advanced Search（高级检索）

高级检索界面如图 5.9 所示。在高级检索界面的右侧列出字段标识符，在检索表达式的输入框中有著者、团体著者和来源出版物的列表，在检索表达式中可以使用逻辑运算符、括号等，同时可以对文献的语种和文献类型进行限定。

同时在该检索界面的主页下面有检索历史，可以对检索历史进行逻辑运算。

检索系统对高级检索中检索表达式的书写有一定的要求，所以一般能熟练运用逻辑运算符和字段标识符的用户使用该检索方法比较合适。

2. 检索规则

（1）逻辑运算符和截词符

① 逻辑运算符。Web of Science 的逻辑运算符包括 AND、OR、NOT、SAME，其中 SAME 这个运算符的功能比 AND 更强，用 SAME 运算符连接的检索词的位置更近，一般应出现在记录的同一个字段中。

② 截词符。Web of Science 的截词符包括后截断“*”和中间截断“?”。在输入人物姓名时可使用后截断，如 HOFFMAN E*；在输入关键词时可使用中间截断，如 DERMATOS?S。

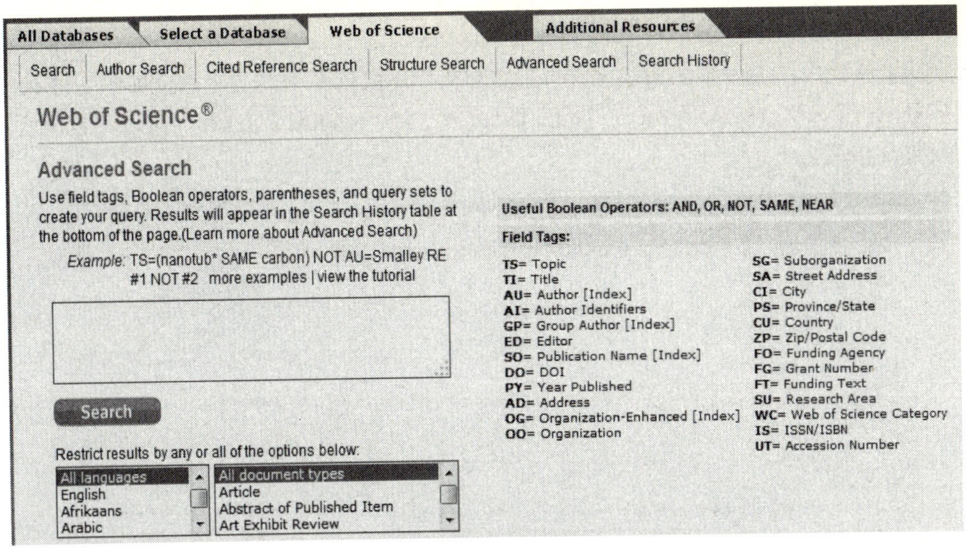

图 5.9　SCI 高级检索界面

（2）索引词表

Web of Science 对一些需要规范输入的字段提供有索引词表，如 Source 字段中的期刊名称或其他来源等，有全称及缩写等不同形式。为了帮助用户提高查全率和查准率，系统提供了相应的 Full Source Title List 索引词表，单击即可按字顺查看全部索引词条。其他索引词表还有 author index、group author index、abbreviations help、cited author index、cited work index 等。

3. 检索结果的输出

Web of Science 的检索结果输出主要有显示、打印、下载和 E-mail 几种方式。

（1）显示

图 5.10 是以“Title”为检索主题、“Image Processing”为检索词的检索结果。

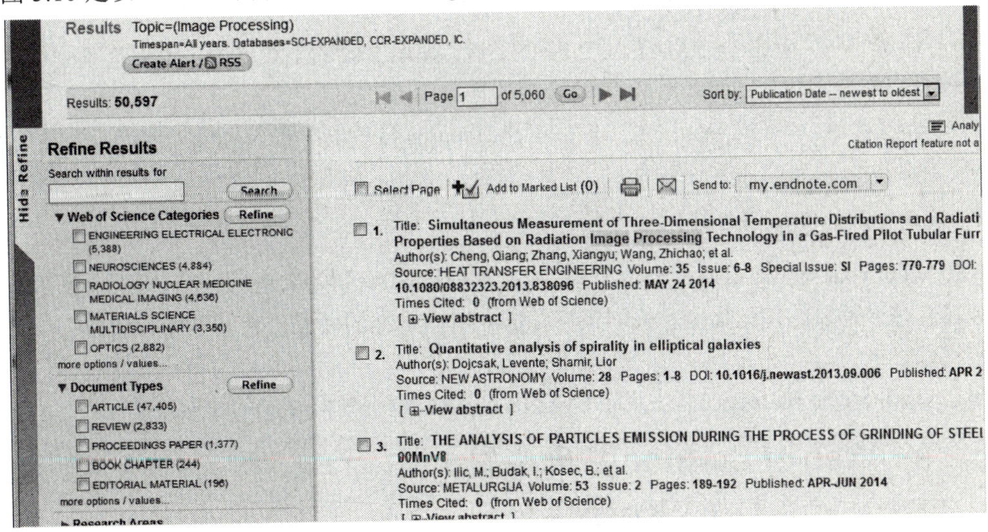

图 5.10　普通检索结果

检索后命中的结果在屏幕上以简洁格式显示。每条记录的内容包括：前 3 位著者，文献篇名及来源期刊名称、卷期、页码等信息。屏幕右侧显示命中结果的排序方式、检索结果的标记、检索分析等内容。屏幕最下方显示检索结果命中的记录数。

单击简洁格式中的文献篇名可以浏览该篇文献在 ISI 数据库中的全记录。如图 5.11 所示，在全记录屏幕上，单击 Cited Reference、Times Cited 及 View Related Records，可以查看引文文献、被引用次数及相关文献。

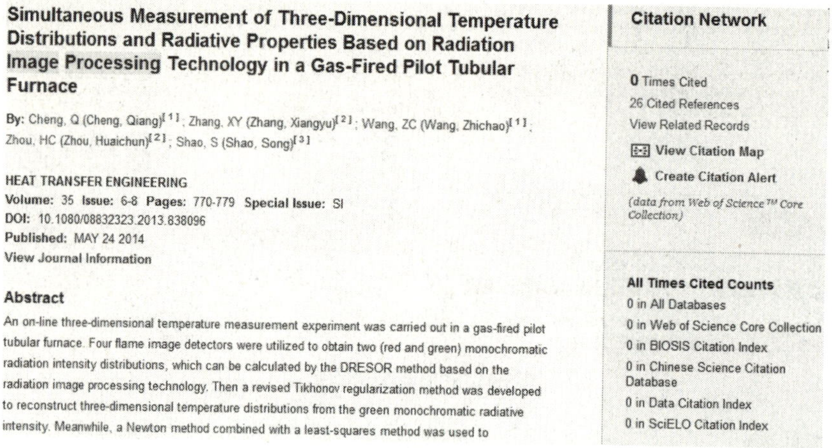

图 5.11　全记录屏幕结果

在引文检索结果的显示中，检索后命中的结果在 Cited Reference Search Results-Summary 界面以简洁格式显示。

（2）标记、打印、下载或者 E-mail

① 标记文献。在每条记录开始处的方框内作标记后，单击 SUBMIT，系统提示有多少篇文献被标记，直接单击数目，就会显示标记的文献，同时在上方列出输出选项表，包括输出格式、输出方式：FORMAT FOR PRINT、SAVE TO FILE、EXPORT TO REFERENCE SOFTWARE、E-mail 等的选择。常用的方式是 FORMAT FOR PRINT 或 E-mail。标记文献之后，系统提示用户选择进一步输出需要的文献字段及排序方式。

② 打印和下载。单击 FORMAT FOR PRINT 后，显示文献的下载格式。用浏览器命令可以打印或者保存结果。

③ E-mail 文献。单击 E-mail，在“E-Mail the records to:”框中输入收件人地址，单击“SEND E-mail”发送。

4. 检索策略的保存和调用

单击 View your search history，可以浏览检索前或检索后的检索历史，还可以保存新的检索策略，或者打开曾存储的检索历史。检索策略存储在用户本地的硬盘或者其他外存储器中，用户可以指定文件目录。

单击 Open Saved History，选定目录和文件后，就可调用先前存储的检索策略。

5.2.3 Web of Science 应用举例

1. 从检索结果中快速找到某学科的相关文献

可能经常遇到检索结果太多且并不全是需要的资料的情况，利用 Web of Science 的精确检索功能（Refine），可以快速地从检索结果中锁定所关心的学科领域的文献。例如，要了解虚拟现实（Virtual Reality）在计算机科学（Computer Science）领域的研究现状。

（1）访问 Web of Science 数据库来检索课题

检索过程如图 5.12 所示。检索结果如图 5.13 所示，可以看到总共检索到与 Virtual Reality 相关的论文 8567 篇。

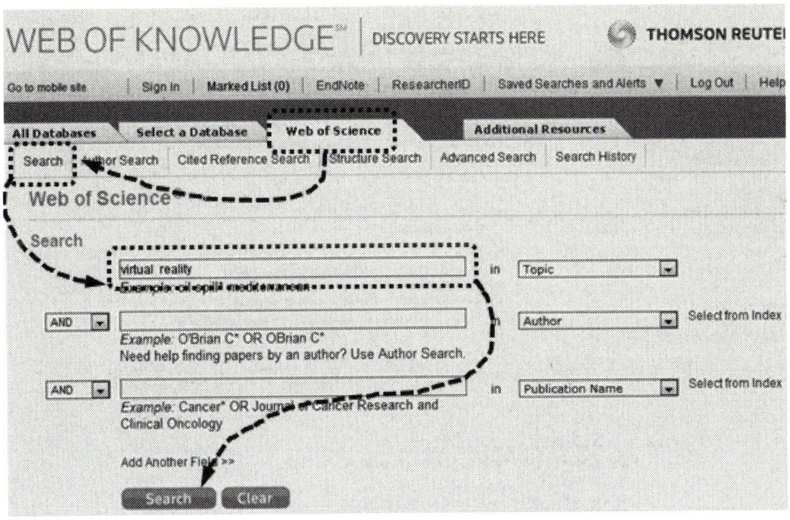

图 5.12　以 Virtual Reality 为关键词检索界面

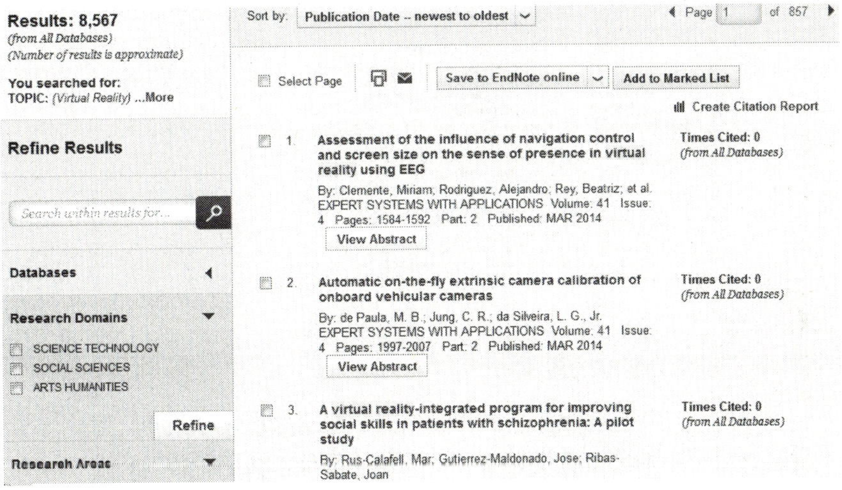

图 5.13　以 Virtual Reality 为关键词检索结果

（2）选择研究领域，缩小查找范围，精确查找结果

在检索结果界面上，通过左侧的“Refine Results”功能可以快速地了解该课题的学科、文献类型、作者、机构、国家等，通过 Research Areas 选项可以锁定某一学科的相关文献。选择学科为“COMPUTER SCIENCE”，单击“Refine”，结果如图 5.14 所示。

可以发现，在 COMPUTER SCIENCE 学科中，有 3938 篇文章与 Virtual Reality 有关。单击某篇文章下的“View Abstract”，可以查看该文章的摘要信息，如图 5.15 所示。

阅读摘要之后，若文章是自己所需要的，可单击文章下的“Full Text”获取全文。

（3）结论

通过 Web of Science 的 Refine Results 功能，可以在 Research Areas 选项下进行选择，从众多的检索结果中锁定关注学科的文献，在检索时更加精准，提高科研效率。

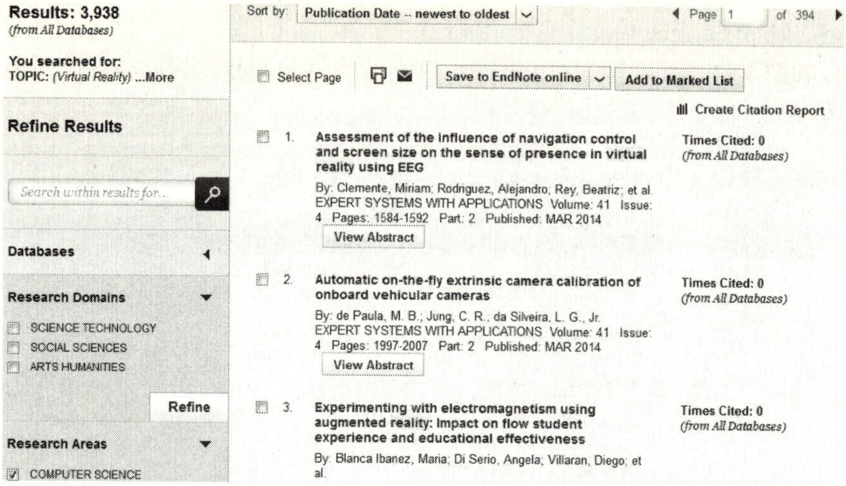

图 5.14 关键词 Virtual Reality 的 Refine Results 检索结果

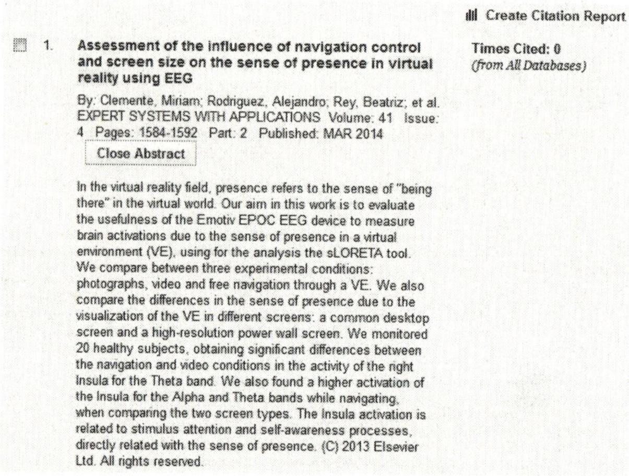

图 5.15 查看文章摘要

2. 查找某个研究中的高影响力论文

当我们查询文献时，往往会面临海量的检索结果。在这些检索结果中，哪些文章是高影响力的文献？哪些文献是研究中的经典论文？哪些研究论文最经常被同行们写作时引用？其实不难，通过统计每篇文章在 Web of Science 范围内的被引用次数，可以直观地看到一篇论文的被引用情况。通过对 Time Cited 进行排序，可以快速地从检索结果中锁定高影响力的论文。

例如，了解虚拟现实（Virtual Reality）领域中高影响力的论文。

（1）访问 Web of Science 数据库来检索课题

检索过程类似于图 5.12。

（2）排序检索结果

在检索结果界面的上方是排序选项“Sort by”，可以按照时间、被引次数、作者、期刊等对检索结果进行排序，默认的排序选项是按时间排序。如果想找到高影响力的文章，可以选择按被引次数排序“Times Cited-highest to lowest”。结果如图 5.16 所示。

（3）查看文章信息

单击文章标题，可以查看文章的相关信息，如图 5.17 所示。

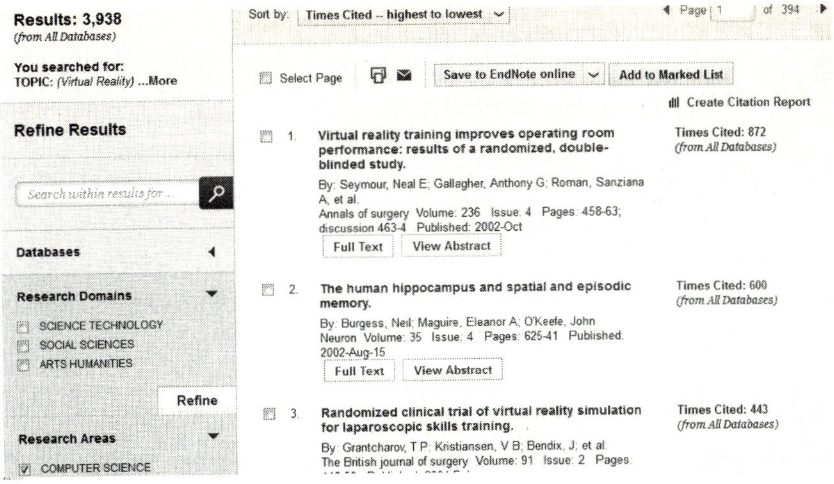

图 5.16 按引用次数将序排列查询结果

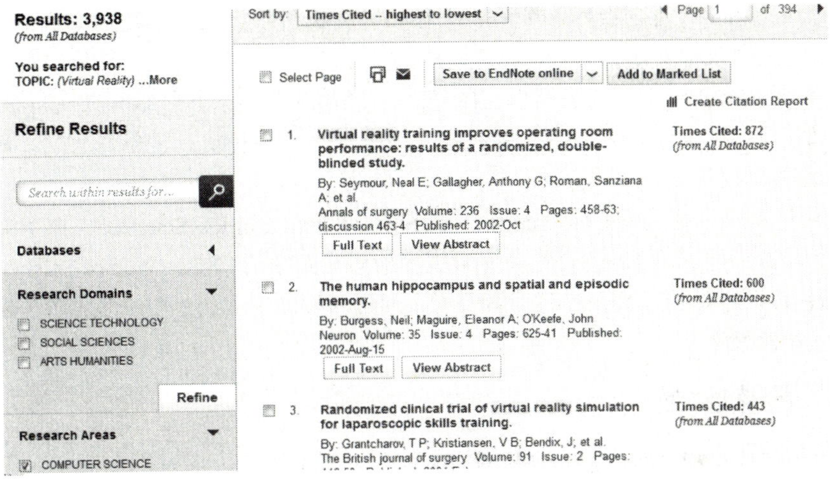

图 5.17 查看文章信息

从一篇高质量的文献出发可以发现研究的发展道路。① 通过 Cited References 可以越查越旧。② 通过 Times Cited 可以越查越新。③ 通过 Related Records 可以越查越深。三者之间的关系如图 5.18 所示。

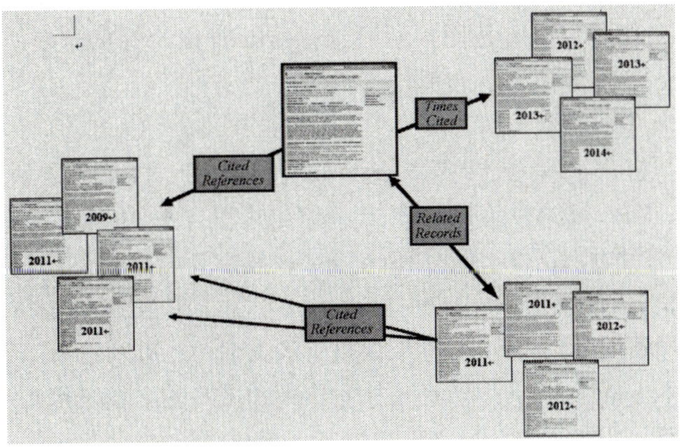

图 5.18 引用的相互关系

（3）结论

通过 Web of Science 提供的 Sort by 和 Time Cited 功能，可以从众多的检索结果中锁定高影响力的文章。

5.3 ISTP 的使用

ISTP 收录的数据包括农业、环境科学、生物化学、分子生物学、生物技术、医学、工程、计算机科学、化学、物理学等学科。1990 至 2003 年间，ISTP 和 ISSHP（后文会讲到 ISSHP）共收录了 60000 个会议的近 300 万篇论文的信息。

5.3.1 ISTP 简介

ISI Proceedings 是美国《科学技术会议录索引》（ISTP）的网络版，包括如下 2 个子数据库。

① 科学技术会议录索引（ISTP）：收录所有科技领域的会议文献，内容涉及农业、环境科学、生物化学与分子生物学、生物技术、医学、工程、计算机科学、化学和物理学等，收录了 1990 年以来的 190 万篇会议论文。

② 社会科学及人文科学会议录索引（ISSHP）：涵盖社会科学、艺术和人文科学领域的会议文献，包括心理学、社会学、公共卫生、管理、经济、艺术、历史、文学和哲学，收录了 1990 年以来的 20 万篇会议论文。

2008 年 9 月，ISTP 更名为 Conference Proceedings Citation Index-Science（CPCI-S），并与 SCI 数据库在统一检索平台下，单击图书馆外文数据库检索界面中的“SCI（Web of Science）”链接后，即可进入 ISTP 数据库和 SCI 数据库的检索界面，通过对页面下方的“引文数据库”项进行选择，可以确定具体的数据库。

5.3.2 检索方法

系统提供一般检索和高级检索两种检索方式。

1. 一般检索

一般检索界面如图 5.19 所示。一般检索有多个检索词输入框，并可在对应输入框的右侧打开字段下拉菜单选择检索字段。检索字段主要包括主题、标题、作者、团体作者、编者、出版物名称、出版年、地址、会议、语种等。

一般检索时，首先选择数据库范围，然后选择需要查找的信息类型：主题（Topic）、人物（Person）、地点（Place），分别进入各自的检索界面。

（1）Topic Search（主题检索）

在篇名、文摘及关键词字段通过主题检索文献的步骤为：① 输入描述文献主题的检索词，用逻辑运算符（AND、OR、NOT）连接；② 选择结果排序方式：Relevance（相关度）或 Reverse chronological order（年代倒序）；③ 单击“Search”按钮，开始检索。

（2）Person Search（人物检索）

对特定人物进行检索的步骤为：① 输入要检索的人名，标准写法为“姓氏全拼+名的缩拼”，如检索张小东则输入“zhang xd”；② 选择是检索该人物撰写的文献还是有关该人物的文献记录；③ 单击“Search”按钮，开始检索。

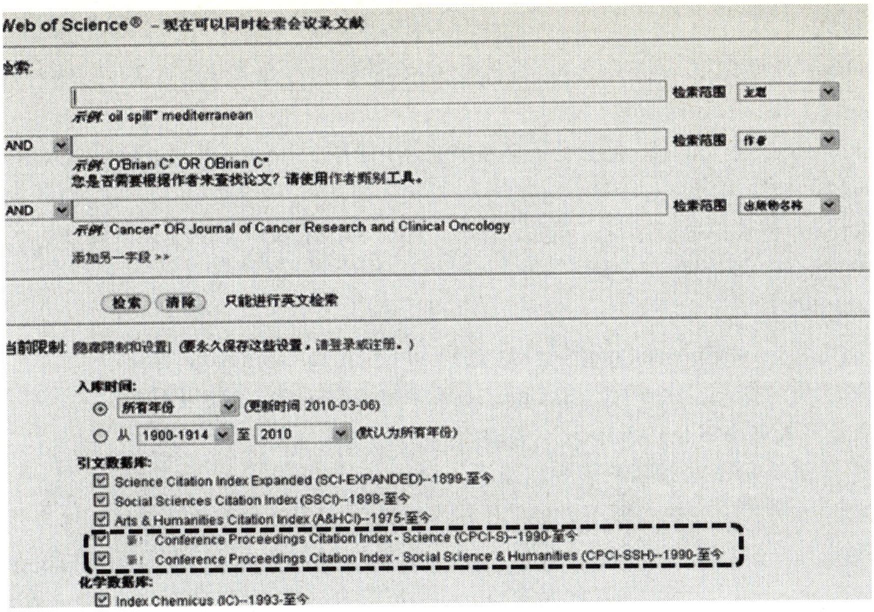

图 5.19　CPCI-S 一般检索界面

（3）Place Search（地址检索）

从著者所在机构或地理位置角度进行检索的步骤为：① 直接输入著者所在机构（如大学或公司名称中的关键词）或地理位置（如国别或邮编）；② 单击“Search”按钮，开始检索。

2．高级检索

高级检索提供较全面的检索功能，通过主题词、作者名、期刊名、会议或作者单位等途径检索，可限定检索结果的语种、文献类型、排序方式，可存储/运行检索策略。

进入数据库后，单击“Advanced Search”按钮，进入高级检索界面，如图 5.20 所示。

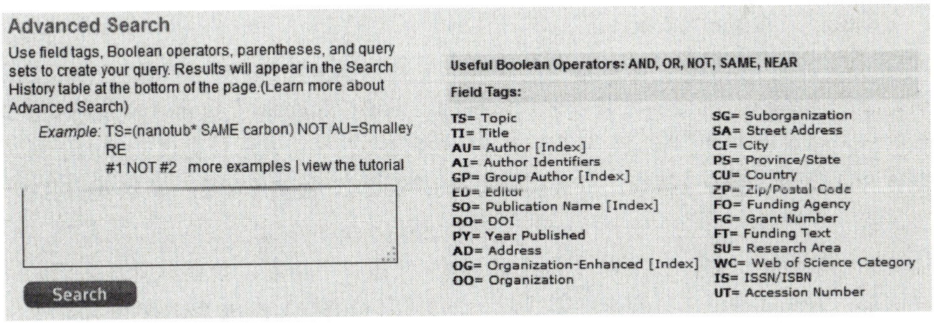

图 5.20　CPCI-S 高级检索界面

高级检索基本步骤如下：

① 选择数据库。科学技术会议录索引（Science & Technology-Proceedings）或社会科学及人文科学会议录索引（Social Sciences & Humanities-Proceedings），默认为两库都选。

② 选择年代范围。可以选择某年或最近几周上载的数据，默认为 All years（1998 至今）。

③ 单击“Search”按钮，进入检索词输入界面后，根据需要在以下 5 个字段中输入检索词，检索词间可用逻辑运算符（AND、OR、NOT、SAME）连接以下检索字段。

⊙ Topic：主题词，在文献篇名、文摘及关键词字段检索，也可选择只在文献篇名（Title）

中检索。

- ⊙ Author：作者姓名，标准写法为“姓氏全拼+名的缩拼”，如检索张小东，则输入“zhang xd”。
- ⊙ Source Title：来源出版物全名。
- ⊙ Conference：会议信息，包括会议名称、地点、日期、主办者，如“AMA and CHICAGO and 1994”。
- ⊙ Address：作者单位或地址。例如，输入“IBM SAME NY”，检索作者地址为“IBM's New York facilities”的会议文献。

检索时几点说明：

- ⊙ 截词符为*，如输入 automat*可以检索到 automation、automatic 等词。
- ⊙ 作者单位名称常常用缩写，如 Univ Sci & Technol Beijing，如果不能确定缩写名称，可以用 univ* AND Beijing AND tech*等检索。
- ⊙ 逻辑运算符 SAME 表示检索词出现在一句话中。
- ⊙ 高级检索方式还在输入框下方提供 3 组限定选项（用 Ctrl+单击可以进行多项选择）：文献语种选项，默认为所有语种“All Languages”；文献类型选项，默认为所有文献类型“All document types”；命中结果排序选项，可根据收录日期、相关性、第一作者姓名字顺、来源出版物名称字顺、会议名称字顺排序。默认为“Latest Date”，即根据文献的收录日期排序。

④ 输入检索词后，单击“Search”按钮检索，单击“Clear”按钮清除输入框中所有内容。

5.3.3 检索结果的处理

（1）简要格式的显示与标记

检索后命中记录以简要格式显示，包括题目、作者、会议信息、来源出版物信息。此时可以在记录左侧的小方块中勾选，然后单击“Submit”按钮来做标记，或者通过“Mark All”按钮给所有命中结果做标记。

（2）全记录格式的显示与标记

在简要格式下单击文献题目的链接即可看到全记录，包括文摘、作者单位、会议主办者等信息。单击上方的“Mark”按钮，可对该记录做标记。单击“Sumary”按钮，回到简要格式显示。部分文献的全记录显示中有“GO TO WEB OF SCIENCE”按钮，表示该会议文献由于同时刊登在期刊上而被 SCI 收录，单击该按钮，可链接到 Web of Science 数据库界面，从而获得其被引情况。

（3）下载

将需要的记录做标记后，会出现“Marked List”按钮，单击之，会显示所有标记记录的简要列表，在屏幕下方选择输出字段和排序方式后，再选择 FORMAT FOR PRINT 进行显示，然后利用浏览器的存盘和打印功能下载。也可以选择 E-mail 方式，将检索结果发至电子邮箱。

5.4 EI 的使用

EI 主要收录工程技术领域的论文（主要为科技期刊和会议录论文），数据覆盖了核技术、生物工程、交通运输、化学和工艺工程、照明和光学技术、农业工程和食品技术、计算机和数据处理、应用物理、电子和通信、控制工程、土木工程、机械工程、材料工程、石油、宇航、汽车工程等学科领域。

5.4.1 EI 简介

（1）EI Village 及其特点

EI Village（工程信息村）是美国工程信息公司为了满足人们对日益增长的信息查找要求，把工程数据库、商业数据库及 1500 多个 Web 站点和其他与工程有关的信息结合起来而形成的信息集成系统。EI Village 由国际工程中心、旅游服务、商业和经济区、大会堂、工业市场、科研开发区、图书馆、国际大厦、新闻与气象局、人才和教育中心、万象数据库 11 个区域组成，所集成的信息资源包括著名的《工程索引》（EI Compendex Web）和其他 40 个数据库，还包括专利和标准以及分布于世界各地的 1500 多个网络信息站，并提供了多种期刊与会议论文的全文数据等。

EI Village 的特点如下：

① 界面友好，操作方便。EI Village 的栏目是按类目来分的，还在各栏目下设立了多个专题，查找方便。比如，在“图书馆”大类中设置了 EI Compendex Web 数据库服务、书库、电子期刊阅览室、期刊等小类目，每个小类目下又设置了许多专题。如在书库类目中提供了与各种图书馆的连接，其中有一般图书馆、工程图书馆、虚拟图书馆等，还介绍了各类图书及其订购的途径和方法，在期刊类目中介绍和推荐了许多期刊，在电子期刊阅览室类目中提供了各种电子期刊的介绍等，这些都方便了读者使用。

② 检索点多。EI 的网络版除了有关键词、著者等检索点外，还有 EI 主题词、著者单位、文献类型等多种检索点。

③ 说明详细。EI Village 对给出的每个 Web 站点或研究机构都有较详细的说明，并且提供了多个著名的搜索引擎供读者使用，如 Infosek、Yahoo、Altavista 等。

（2）EI Compendex Web 及其特点

EI Compendex Web 是由《工程索引》和《EI PageOne》合并的网络版，每年新增 50 万条工程类文献，数据来自 5100 种工程类期刊、会议论文和技术报告，其中 2600 种提供文摘。20 世纪 90 年代以后，数据库又新增了 2500 种文献来源。化工和工艺的期刊文献约占 15%，计算机和数据处理占 12%，应用物理占 11%，电子和通信占 12%，还有土木工程（占 6%）和机械工程（占 6%）等。大约 22%的数据是有主题词和摘要的会议论文，90%的文献是英文文献。

5.4.2 Ei Compendex Web 检索方法

新的简化检索界面分为两类：基本检索模板和高级检索模板。单击界面上的提示条，即可在两个检索模板之间进行切换。

1．快速检索

快速检索界面如图 5.21 所示，基本检索的步骤如下。

（1）选择数据库

通过下拉式菜单 SELECT DATABASE 选择要检索的数据库，其中可使用的数据库为用户所在单位所购买或被批准可以访问的数据库，如图 5.22 所示。

常见的可选数据库如下。

① Compendex 数据库（Compendex）。Compendex 数据库由 Elsevier Engineering Information, Inc.编制。Compendex 数据库是目前全球最全面的工程检索二次文献数据库，包含选自 5000 多种工程类期刊、会议论文集和技术报告的超过 700 万篇论文的参考文献和摘要。Compendex 数据库每周更新数据，以确保用户可以跟踪其所在领域的最新进展。

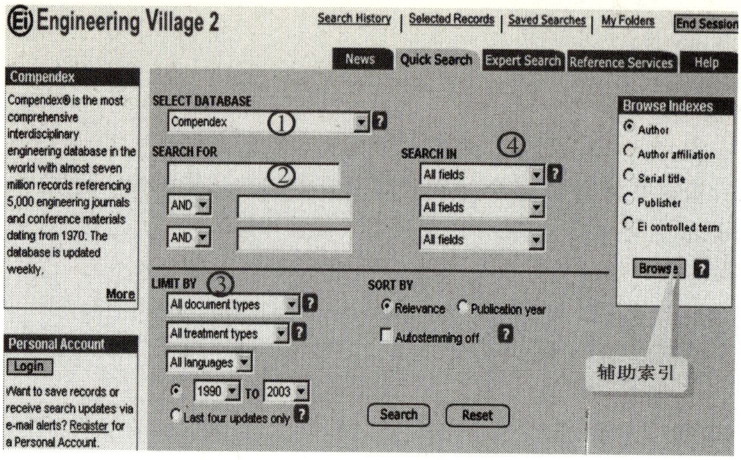

图 5.21　Quick Search 检索界面

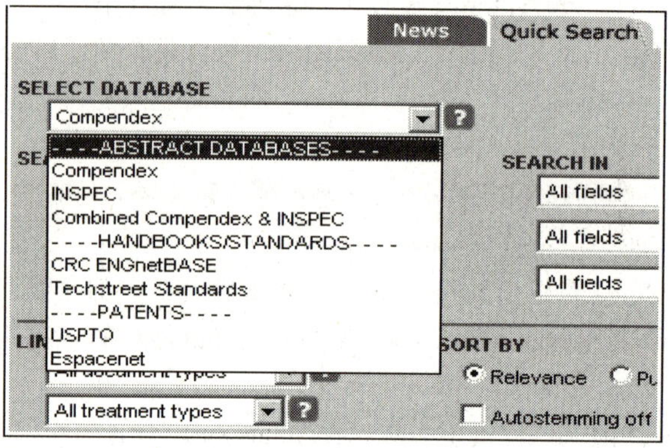

图 5.22　选择数据库

数据库涵盖工程和应用科学领域的各学科，涉及核技术、生物工程、交通运输、化学和工艺工程、照明和光学技术、农业工程和食品技术、计算机和数据处理、应用物理、电子和通信、控制工程、土木工程、机械工程、材料工程、石油、宇航、汽车工程以及这些领域的子学科与其他主要的工程领域。

② INSPEC 数据库（INSPEC）。INSPEC 数据库为一流的文献数据库，可以检索世界上关于电气工程、电子工程、物理、控制工程、信息技术、通信、计算机和计算等方面的科技文献。此数据库包含出自 3500 种科技期刊和 1500 种会议论文集的 700 万条文献记录。数据库每年大约增加 33 万条新记录。

③ Compendex 和 INSPEC 联合检索（Combined Compendex & INSPEC）。如果用户所在单位购买了 INSPEC 数据库，选择 Combined Compendex & INSPEC，可以联合检索 Compendex 数据库和 INSPEC 数据库中所有的科学、应用科学和工程技术学科的相关题目。此数据库每年增加科学和工程技术领域的大约 58 万条记录。联合检索功能使用户可在大约 1400 万个文献中检索所需的题目，而且可从任意一个数据库中删除重复的文献。

④ CRC ENGnetBASE。ENGnetBASE 数据库由 CRC Press 编制。如果用户所在单位购买了 ENGnetBASE 数据库，则用户可以访问由 CRC 出版的世界上一流的工程手册。ENGnetBASE 数据库包含网上可检索到的超过 145 部此类手册，而且一旦有新书出版或更新，将会更多。如果需要 ENGnetBASE 手册的目录，可访问网站 http://www.engnetbase.com。

如果要查找 Compendex、INSPEC、USPTO、esp@cenet 或 Scirus 数据库中检索到的专业词汇的进一步解释，只需把要查找的词语输入到 ENGnetBASE 检索栏中，问题就会被送到 CRC 出版社的 ENGnetBASE 站点，检索结果将以所查找的词语在某部手册某章中出现的次数送回用户，然后用户就可以在相应的手册（PDF 格式）中浏览所检索题目的详细资料。

⑤ Techstreet 标准（Techstreet Standards）。Techstreet 数据库由 Techstreet, Inc.编制。Techstreet 是世界上最大的工业标准集之一，收集了世界上 350 个主要的标准制定机构所制定的工业标准及规范。Techstreet 向技术专家提供关键信息资源和信息管理工具，用户可以找到和购买超过 50 万条技术信息。关于 Techstreet 更详细的信息，可访问其网站 http://www.techstreet.com。

⑥ USPTO 专利（USPTO Patents）。在 USPTO Patents 中可以访问美国专利和商标局（The United States Patent and Trademark Office（USPTO）的全文专利数据库，可以查找到 1790 年以来的专利全文，此数据库的内容也是每周更新一次。

要查找用户在 Compendex、INSPEC、esp@cenet 或 Scirus 数据库中检索到的有关流程、工艺和产品的专利，只需把所要查询的关键词输入到 Engineering Village 2 中 USPTO 检索栏中，此关键词就被送到 USPTO 的站点，用户就可以浏览与所检索主题相匹配的专利的详细背景信息。

⑦ esp@cenet。esp@cenet 数据库由欧洲专利局（EPO）编制，可以从中查找在欧洲各国家专利局及欧洲专利局（EPO）、世界知识产权组织（WIPO）和日本所登记的专利。此数据库的更详细信息可以访问其网站 http://ep.espacenet.com。

⑧ Scirus。Scirus 是迄今为止在 Internet 上最全面的科技专用搜索引擎，采用最新的搜索引擎技术，可以准确地查找科技信息、确定大学网址、简单快速查找所需的文献或报告。

为了给 Engineering Village 2 的用户补充并提供更多的内容及相关的信息，用 Scirus 可以从 Internet 上所有科学的及与科学有关的站点上检索，包括接入受控站点。Scirus 覆盖超过 1.05 亿个科技相关的网页，包括 9000 万个网页以及 1700 万个来自其他信息源的记录，这些信息源包括：Science Direct、IDEAL、MEDLINE on BioMedNet、Beilstein on ChemWeb、US Patent Office、E-Print ArXiv、Chemistry Preprint Server、Mathematics Preprint Server、CogPrints 和 NASA 等。

（2）在检索输入框输入检索关键字

系统提供了两个检索输入框，它们之间的逻辑关系可通过下拉菜单来限制。检索单元可以是单词或词组，但系统将词组视为用位置运算符 NEAR 连接的检索词（NEAR 运算符的含义：在检索记录中其连接的检索词之间的距离不超过 100 个单词，词序不限）。

（3）设置限定条件

通过高级下拉菜单 Year 和 document Type 可以对文献的出版年代和文献类型进行限制。如果只想检索 EI Compendex 的数据（即不需要 EI pageOne 的记录），可在 Document Type 栏中选择 Abstract only。

（4）选择检索字段（如图 5.23 所示）

① All fields：指 EI 数据库全部著录项目，为系统默认字段。

② Subjcct/Titlc/Abstract：检索将在文摘、标题、标题译文、主题词表、标引词、关键词等字段进行。检索词可以是词、词组或短语。

③ Author：指论文作者，输入时姓在前名在后。作者名后可以使用截词符，如 Smith,A*表示系统将就 Smith,a.、Smith,A.A.、Smith,A.B、Smith,Aarom、Smith,AaronC 等作者进行检索。用作者字段检索时可参考索引表。

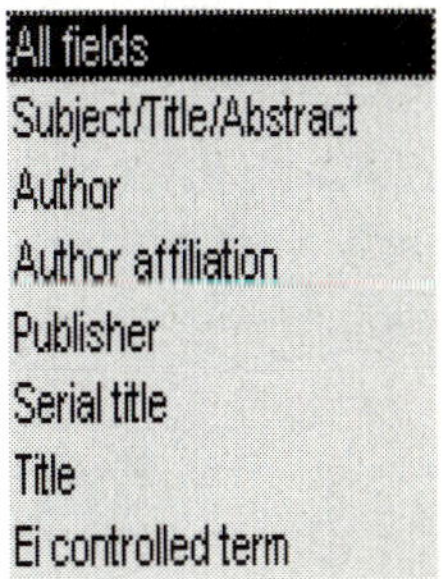

图 5.23 常见检索字段

④ Author affiliation：EI 数据库中，20 世纪 70 年代以前机构名称用全称表示，80 年代使用缩写加全称，90 年代用缩写。

⑤ Publisher：可以直接浏览出版者索引。

⑥ Serial title：包括期刊、专著、会议录、会议文集的名称。

⑦ Title：文章的标题。检索时可以输入词、词组或短语，如 radio frequency。如果标题是其他语种，则译成英文。

⑦ Ei controlled term：受控词来自 EI 叙词表，它从专业的角度将同一概念的主题进行归类，因此使用受控词检索比较准确。

说明：使用所有字段（All fields）、题目（Title Words）、文摘（Abstracts）和出版商（Publisher）字段检索时，不能使用 AND、OR 和 NOT 连接检索词。即使使用了 AND、OR 和 NOT，也将被自动去掉。检索时，系统默认词根运算（如输入检索词 manager，将会检索到含有 management 或 managerial 的文献）。

对于 EI 主题词（EI Subject Term）、作者（Authors）、第一作者单位（Author Affiliations）和刊名（Serial Tiltle）4 个字段，系统提供了相应的索引词典，供检索使用。在词典中可以选择多个检索词，系统将提词间的关系默认为逻辑“或”，可根据实际需要换为逻辑“与”或“非”。

例如，现在想了解 10 年前有关 carbon nanotubes 的研究状态，检索设置如图 5.24 所示，检索结果如图 5.25 所示，图 5.26 展示了文摘显示结果，图 5.27 显示全著录信息。

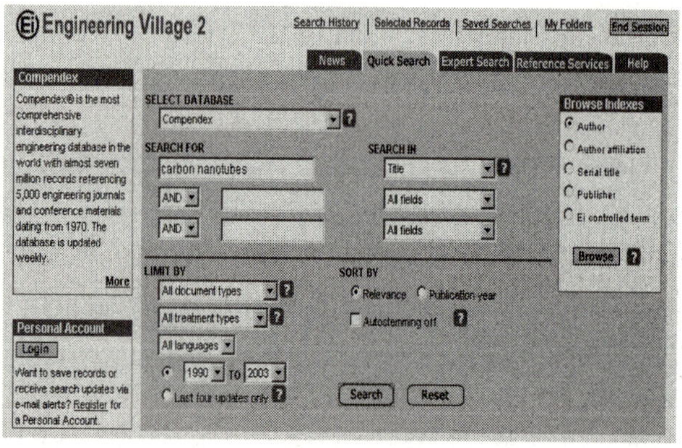

图 5.24　检索设置

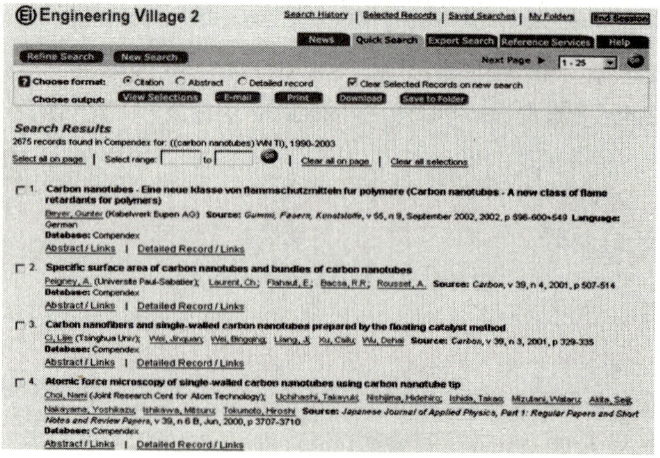

图 5.25　检索结果

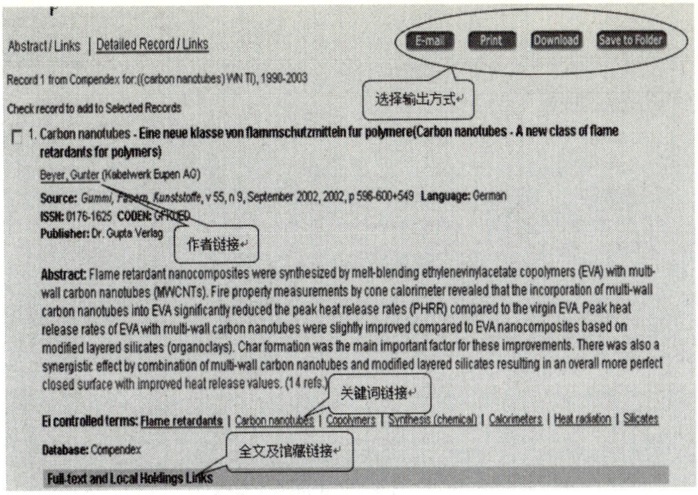

图 5.26　显示文摘信息

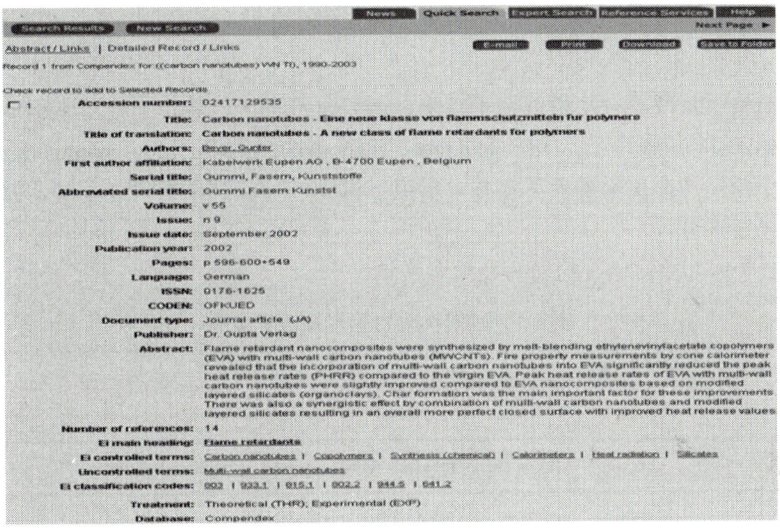

图 5.27　显示全著录信息

2．高级检索

通过高级检索模板可以进行更灵活、更准确地检索。用户可用运算符“within”限定在某一特定字段中检索，可以使用逻辑运算符、括号、位置运算符、截词符和词根符。系统严格地按输入的检索式进行检索，不自动进行词根运算。高级检索界面如图 5.28 所示。

在使用高级检索时，有如下几点需要注意。

（1）简单检索中的规则适用于高级检索。

（2）使用高级检索时，应在检索词后加入字段说明，否则系统默认在全字段检索。

高级检索输入格式为：

"linear induction motors"　wn　KY

"Bers,D*"　wn　AU

{X-ray spectrometry} wn ST

（3）检索式中，可以同时完成各种限定。例如：

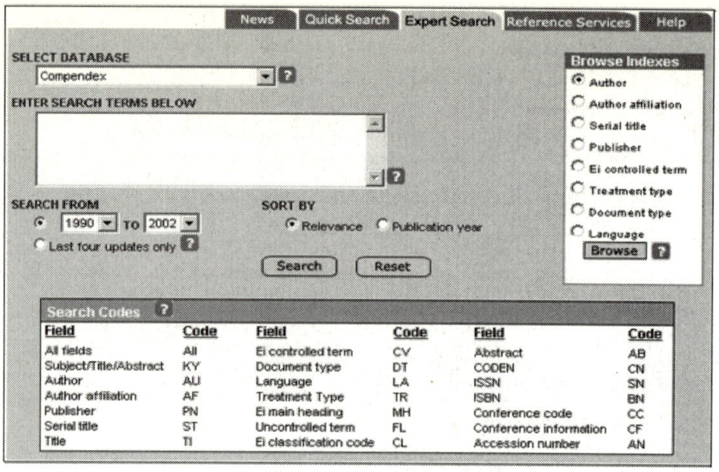

图 5.28　Expert Search 检索界面

diodes　wn　TI　and　ca　wn　DT

"international space station"　and　French　wn　LA

Apr 13 1992　wn　CF

（4）高级检索中系统不自动进行词干检索。若要进行词干检索，需在检索词前加上“$”。例如，$management 可检索到 managed、manager、managers、manageing、management 等词。

（5）同一个检索式在高级模板下和基本模板下得到的检索结果有可能不同，因为在基本模板下，系统默认词根运算。

（6）表 5.1 是各可检索字段的简写及检索实例。

表 5.1　检索字段的简写及检索实例

可检索字段	字段简写	检索实例
All Fields 所有字段	默认值	(Lossless compression) AND (image within TI)
EI Subject Terms EI 主题词	CV	(Lossless compression) AND ((pattern recognition） within CV)
Title Words 题目	TI	(Electric power) AND ((distribution cost*) within TI)
Authors 作者	AU	Relevance AND (Aalbersberg within AU)
Author Affiliations 作者单位	AF	(Intel within AF) OR Pentium
Serial Titles 刊名	ST	(Polymer* within ST) AND (Guadagno within AU)
Abstracts 文摘	AB	((solar cycle) within AB) OR ((diurnal variation) within AB)
Publishers 出版商	PN	(IEEE within PN) AND ((image processing) within TI)

注：在用 within 运算符检索时，项目选择下拉菜单应设在默认值“All Fields”上。

（7）表 5.2 是括号和截词符用法及检索实例。

（8）表 5.3 是位置运算符用法及检索实例。在高级检索模板下，不能使用 wn 和 adj 位置运算符，只能使用 NEAR 位置运算符。

（9）其他。

① 检索结果排列顺序。可选择按相关度和出版日期排序，默认状态为按相关度排序。

表 5.2　括号和截词符用法及检索实例

运算符	检索实例	解　释
括号	Relevance AND ((Aalbersberg within AU) OR (Cool within AU))	用括号对检索词进行逻辑分组，然后用逻辑运算符进行连接。本检索式得到的结果将是 Aalbersberg 或 Cool 写的包含词 Relevance 的文献
截词符	Optic*	检索的结果包括以 optic 及后面加任意多个字母的词，如 optic、optics、optical 等
词根算符	$manager	检索出与该词根具有同样语意的词，如$manage 将检出 managers、managerial 和 management 等词

表 5.3　位置运算符用法及检索实例

运算符	检索实例	解　释
NEAR	Bridge NEAR Piling*	所检出的文献要同时含有这两个词，这两个词要彼此接近，前后顺序不限。如按相关度排序，两个词越接近，文献就越排在前面

⊙ 按相关度排序：检索出匹配的文献后，文献按检索词之间的接近程度和检索词出现的频率排序。

⊙ 按 EI 出版时间排序：检索出匹配的文献后，文献按 EI 出版（收录）时间排序，最新的文献排在最前。

注意：无论按什么方式排序，命中的文献都一样，只不过是排列顺序不同。

② 检索限定。可以用检索模板中的下拉菜单 Year 和 Document Type 对文献的出版年和文献类型进行限制，默认状态为检索所有年份和所有类型的文献。

例如，年代限定在 2011—2014 年，则单击 2011，按住 Shift 键，再单击 2014。

例如，年代限定在 2009、2012、2014 年，则单击 2009，按住 Ctrl 键，再依次单击 2012、2014。

例如，年代限定在 2011—2012、2014 年，则单击 2011，按住 Shift 键，再单击 2012，按住 Ctrl 键，最后单击 2014。

用户如果只想检索 Compendex 数据库的数据，可在 Document Type 栏中选择 Abstract only。例如，通过高级检索模板检索“electromagnetic wave absorption”10 年前的研究状况。

检索设置如图 5.29 所示，检索结果如图 5.30 所示。

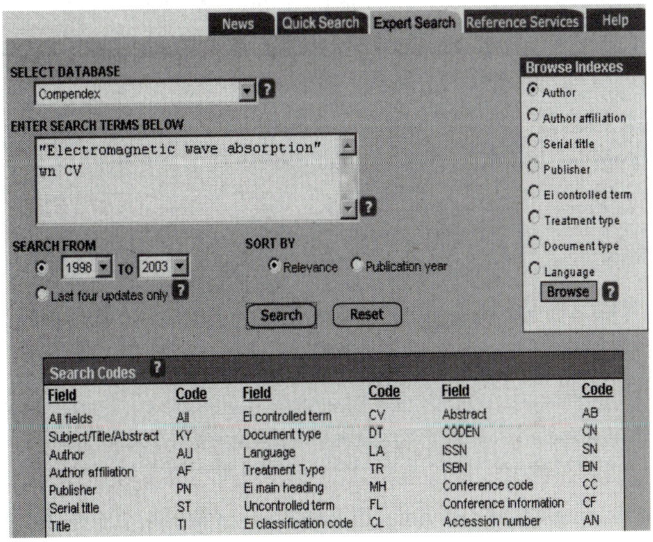

图 5.29　高级检索设置

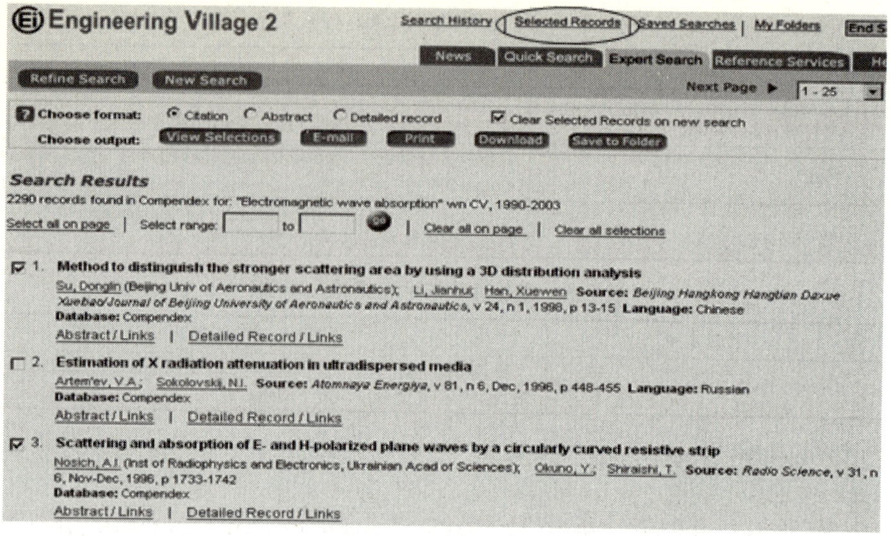

图 5.30　高级检索结果

3. 显示检索结果

命中记录以题录的形式显示。当计算机显示检索结果以后，用户可有以下选择：

① 单击某一条文献下的 Abstract 项，显示此条的文摘。

② 单击界面上方 Display format 下拉菜单，选择 Citation、Abstract 或 EI Tagged 格式，使所有检出的文献按选择的格式显示。在右上角的 Record range 下拉菜单中选择范围。

③ 检索时最多允许显示命中的 400 条文献，这 400 条文献被分为 20 组，每组一次可显示 10 条文献。单击 NEXT 或 BACK 按钮，可显示一组的前 10 条或后 10 条。

4. 保存检索结果

① 通过 E-mail：选中要发出的信息（要选中的信息置于高亮状态）、选择“Edit”→“Copy”，再打开 E-mail 系统，把光标放在正文栏中，选择“Edit”→“Paste”，然后发出。

② 打印：在浏览器中单击工具栏中的 Print 图标。

③ 通过字处理软件：先把选中的信息置于高亮状态，选择“Edit”→“Copy”，然后再打开字处理软件，选好光标的位置、选择“Edit”→“Paste”。

④ 还可以选择浏览器上的“File”，单击“Save As”，将文件存为以 .txt 为扩展名的文本文件，然后用字处理软件打开它。

5. 存储调用检索式

单击“Signup”来建立用户档案。要输入的项目包括 E-mail 地址、姓名、电话号码，然后通过 E-mail 登录保存当前检索结果。要重新执行此检索式时，单击“Recall Search”按钮，然后通过 E-mail 登录再调出检索式。

注意：① 每次重新检索前，都要单击“Clear”按钮清除历史记录，否则检索历史会干扰新的检索过程。② 中文刊名在数据库中的表达式为“中文刊名拼音/英文刊名”。例如，《中国激光》的刊名为“Zhongguo Jiguang/Chinese Journal of Lasers”，检索时应优先使用拼音进行检索。③ 同一个检索式在高级方式和基本方式下得到的检索结果有可能不同，因为在基本方式下，系统默认词根运算。

6．几个需要注意的问题

① 尽量使检索式简单。首先检索最基本的概念，再检索第二主题，对基本概念进行限制，逐渐缩小检索范围，直到检索出满意的文献为止。这样做，在检某一词出现了问题时，可以返回到上一步重检，但要避免使用一些范围较宽的词，如“electrical engineering”或“computers”。用这些词检索将检出太多的文献。

② 避免使用 of、the、or、from 等无意义的词。某些情况下系统将自动删除这些词，如果在检索时使用了这些词，有可能检出意想不到的结果。如果用一组词检不到文献，试用另外一组能表达同样概念的词检索。如果用“artificial reality”检不到文献，可试用“virtual reality”检索。

③ 建议先做初步的检索，浏览检出的文献，再进一步检索。看看相关文献使用了什么主题词来表达主题概念，然后用这些主题词再做进一步的检索。

④ 做完一个检索，不管检索式是长是短，都要单击“Clear”来清除此检索式，然后才能进行下次检索。否则，原来的检索式会干扰新的检索式，产生意想不到的检索结果。

⑤ 检索完毕，单击“EXIT”退出，关闭使用。不要让它一直开着直到超时退出。

⑥ 用作者名进行检索时，可能检出不是该作者所著的文章。例如检索“Zhang, Hong”时，可能会检出 Zhang, Qiang 和 Liu, Hong 合著的文章。

⑦ 表 5.4 描述了字段选择（Select Fields）各项的内容和检索方法。

表 5.4　字段检索

字段名	可检索字段	字段说明	检索规则	检索实例
All Fields	EI 主题词 题目 作者 自由词 作者单位 刊名 文摘 出版者	EI 主题词是标引员描述文献主题的词；所有 EI 主题词均出自于 EI 主题词表；自由词是标引员描述文献主题的词，自由词不是 EI 主题词表中的词	自动对输入的词做词根运算；不以词组为单位进行检索；连词、介词、冠词将被自动去掉	Computer interface Intelligent pig Abandoned mines TQMGate array
EI Subject Terms	EI 主题词	系统把主题词做为一个词组来检索。推荐使用 Lookup 对话框	不对输入的词做词根运算；以词组为单位进行检索	{Graphical User Interfaces} {Graphical User Interfaces} OR {Virtual reality} {Graphical User Interfaces} AND {Virtual reality}
Title Words	题目	检索整个题目、题目的一部分或题目中一个词	自动对输入的词做词根运算；不以词组为单位进行检索；连词、介词、冠词将被自动去掉	Improving the fuzzy system performance by fuzzy system ensemble Fuzzy system ensemble Fuzzy system
Author	作者	同一作者名其书写格式可能不同；可以输入作者的全名，也可以输入作者名的一部分，使用截词符扩大检索范围	不自动进行词根运算；输入的作者名被作为一个词来检索；推荐在检索中使用截词符	Chen, Kuan Chen*
Author Affiliation	作者单位 （EI 每篇文献只提供第一作者单位）	推荐使用 Lookup 方式，浏览同一个单位可能的各种名称；可以使用全称、全称的一部分（使用截词符*）或全称中的一个词来检索，一些常用的词（如 University、Laboratory 等）通常使用简写，建议检索时用截词符取代这些常用词后面的一些字母	不自动进行词根运算；整个词组当作一个词来检索；建议使用截词符	General Motors Merck Commonwealth Edison Temple Univ*

续表

字段名	可检索字段	字段说明	检索规则	检索实例
Serial Title	刊名	用刊名的全称进行检索；用部分刊名进行检索；用刊名中的词进行检索；推荐使用 Lookup 栏进行浏览检索	不自动进行词根运算；把整个词组当做一个词进行检索；建议使用截词符	Journal of Human-Computer Interaction Human-Computer Interaction Computer Interaction Computer Inter*
Abstract	文摘	检索文摘字段中的词或者词组；为了浏览方便，在检出的文献中，系统将检索词或词组置于高亮状态	自动对输入的词做词根运算；不以词组为单位进行检索；连词、介词、冠词将被自动去掉	Signal processing Rf pulses
Publisher	出版商	检索出版商字段中的词或词组	不自动进行词根运算；把整个词组当做一个词检索；建议使用截词符	Polytechnical Northwestern Polytech*

习 题 5

一、填空题

1．_________由 John Wiely & Sons 公司创建，收录了 360 多种科学、工程技术、医疗领域及相关专业期刊、30 多种大型专业参考书、13 种实验室手册的全文和 500 多个题目的 Wiley 学术图书的全文。

2．IEEE（Institute of Electrical & Electronics Engineers）是电子信息领域最著名的跨国性学术团体，其会员分布在世界 150 多个国家和地区。为了为会员提供更完善和全面的电子信息产品和服务，IEEE 建立了_________。

3．Springer-Verlag 是世界上著名的科技出版集团，通过_________系统提供学术期刊及电子图书的在线服务。

4．_________是自然科学领域基础理论学科方面的重要的期刊文摘索引数据库，是国内外学术界制定学科发展规划和进行学术排名的重要依据。

5．_________由美国科学情报研究所编制，主要收录国际上著名的科技会议文献。

6．_________主要收录工程技术领域的论文（主要为科技期刊和会议录论文）。

7．SCI 主要发行 3 个版本：书本式、光盘版及_________。

8．Web of Science 主要提供 General Search、Cited Reference Search、Structure Search 和_________四种检索方式。

9．ISTP 提供一般检索和_________两种检索方式。

10．_________是由《工程索引》和《EI PageOne》合并的网络版，该数据库每年新增 50 万条工程类文献。

二、选择题

1．在西文数据库检索中，检索符号"*"表示（　　）。

A．逻辑与　　B．逻辑乘　　C．逻辑和　　D．截词符

2．在西文数据库检索中，常用一些符号来表示位置检索，下列（　　）是位置检索符。

A．(*)　　B．(+)　　C．(-)　　D．(W)

3．在西文数据库检索中，常用一些符号来表示位置检索，下列（　　）一般不是位置检索符。

A．(W)　　B．(N)　　C．(nN)　　D．(*)

4. 外文数据库中经常使用字段代码进行检索，TI、SO、AU 分别表示（　　）。

A. 关键词 刊名 作者　　B. 题名 作者 刊名

C. 关键词 作者 刊名　　D. 题名 刊名 作者

5. 外文数据库中经常使用字段代码进行检索， AB 表示（　　）。

A. 刊名　　B. 作者　　C. 作者　　D. 摘要

6. 目前，国内公认的三大检索系统是（　　）。

A. SCI/EI/ISTP　　B. EI/ISTP/SSCI　　C. SCI/SA/ISTP　　D. SSCI/SA/EI

7. ISTP 收录了世界上所有自然科学与工程技术领域的重要（　　），其资料来源包括专著、期刊、报告、增刊及预印本。

A. 专利文献　　B. 会议论文　　C. 学位论文　　D. 标准文献

8.（　　）不直接提供期刊论文的全文。

A. Springer LINK　　B. EBSCOhost　　C. SCI　　D. Elsevier Science

9. ISI Web of Knowledge 是一个基于 Internet 所建立的新一代学术信息资源整合体系，利用此平台可以同时跨库检索多个数据库。（　　）不能通过 ISI Web of Knowledge 平台进行检索。

A. SCI　　B. SSCI　　C. A&HCI　　D. EI

10. 工程索引（EI）是一个主要收录工程技术期刊文献和会议文献的大型国际权威检索系统，EI 收录的文献只报道价值较大的工程技术论文，凡属纯理论或者（　　）文献则不进行报道。

A. 专利文献　　B. 会议论文　　C. 学位论文　　D. 标准文献

11. EI 是一个收录工程技术期刊文献和（　　）文献的大型国际权威检索系统，但不收纯理论文献和专利文献。

A. 科技报告　　B. 会议论文　　C. 学位论文　　D. 标准文献

三、简答题

1. 三大检索工具是什么？各有什么特点？

2. 简述 SCI 高级检索的基本过程。

3. 在 SCI 中，如何快速找到某学科的相关文献。

4. 在 SCI 中，如何查找某个研究中的高影响力论文。

四、操作题

1. 简要总结本校数字图书馆访问量排名前 6 名的外文数据库的功能及使用方法。

2. EI 数据库的使用。

（1）快速检索有关生命起源的文献。

（2）通过高级检索，检索本校有关生命起源研究的文献。

3. SCI 数据库的使用。

（1）通过通用检索，了解 2013 年诺贝尔物理学奖的研究领域及最新进展和相关资料。

（2）通过高级检索，了该领域的发展进程和相关资料。

4. ISTP 数据库的使用。

检索有关粒子旋转的会议文献。

5. 德国施普林格全文电子期刊数据库的使用。

（1）了解该数据库的检索方式及其检索流程。

（2）自选 1 个检索课题，要求写出：检索课题名称、检索方式、检索表达式、检索结果数、5～10 条检索命中记录的题录信息（题名、作者、文献出处）。

6．BSCO 期刊全文数据库的使用。

（1）查阅资料，了解该数据库的检索方式及其检索流程。

（2）自选 1 个检索课题，要求写出：检索课题名称、检索方式、检索表达式、检索结果数、5～10 条检索命中记录的题录信息（题名、作者、文献出处）。

第 6 章　PDF 文件和 CAJ 文件的处理

PDF 文件的平台无关性使它成为在 Internet 上进行电子文档发行和数字化信息传播的理想文档格式。越来越多的电子图书、产品说明、公司文告、网络资料、电子邮件开始使用 PDF 格式。CAJ 是中国期刊网提供的一种文件格式，同 PDF 格式类似，网络上的许多电子图书文献均使用这种格式存储。正确地理解和使用这两类文件是利用网络文献资源的基本要求。

6.1　PDF 文件处理

6.1.1　PDF 文件简介

PDF 全称 Portable Document Format，译为"便携文档格式"，是一种电子文件格式。这种文件格式与操作系统平台无关。也就是说，PDF 文件不管是在 Windows、UNIX 还是在苹果公司的 Mac OS 操作系统中都是通用的，这使它成为在 Internet 上进行电子文档发行和数字化信息传播的理想文档格式。

1．PDF 的特点

Adobe 公司设计 PDF 文件格式的目的是为了支持跨平台上多媒体集成信息的出版和发布，尤其是提供对网络信息发布的支持，所以 PDF 具有许多其他电子文档格式无法相比的优点。

（1）多媒体信息集成

PDF 文件可以将文字、字型、格式、颜色及独立于设备和分辨率的图形图像等封装在一个文件中，还可以包含超文本链接、声音和动态影像等电子信息，支持特长文件，集成度和安全可靠性都较高。

（2）便于阅读

对普通读者而言，用 PDF 制作的电子书具有纸版书的质感和阅读效果，可以逼真展现原书的原貌，而显示大小可任意调节，给读者提供了个性化的阅读方式。由于 PDF 文件可以不依赖操作系统的语言和字体及显示设备，阅读起来很方便。这些优点使读者能很快适应电子阅读与网上阅读。

（3）易于传输与储存

PDF 文件使用了工业标准的压缩算法，通常比 PostScript 文件小，易于传输与存储。

（4）易于处理

PDF 文件还是页独立的，一个 PDF 文件包含一个或多个"页"，可以单独处理各页，特别适合多处理器系统的工作。此外，一个 PDF 文件中还包含了文件所使用的 PDF 格式版本，以及文件中一些重要结构的定位信息。

正是由于 PDF 文件的种种优点，它广泛应用于出版业中。

2．与 PDF 文件相关的软件

（1）Word

新版 Word 软件具有制作 PDF 文件的功能，在安装 Microsoft Save as PDF 加载项后可以使用 Word 2007 将 Word 文档保存为 PDF 文件，或者使用 Word 2010 直接制作 PDF 文件。

（2）Foxit PDF Editor

许多人都希望找到一个能像编辑其他类型的文档一样编辑 PDF 文档的编辑器，事实上，在 Foxit PDF Editor 出现之前，根本没有这样的工具。Foxit PDF Editor 是第一个真正的 PDF 文件编辑软件，它不像其他“PDF 编辑器”只能对注释和有限的页面内容进行修改，而是能够对任何 PDF 文档的页面内容进行各种编辑修改。不但可以选择、插入、修改、删除、旋转、复制、粘贴文字、图像和图形，插入、导入、导出、删除页面，还可以对版面进行编辑。完成编辑操作之后，可以选择对结果 PDF 文档进行打印、保存或另存等操作。

（3）Adobe Acrobat Reader

Adobe Acrobat Reader 是官方出品的阅读器，允许阅读 PDF 文档，填写 PDF 表格，查看 PDF 文件信息，快速编辑 PDF 文档，转换 Word、Excel 格式。稳定性和兼容性好。缺点是体积庞大，启动速度慢。

（4）iBooks

iBook 程序不仅可以阅读 PDF 格式文件。可以用两种方式将 PDF 格式文件添加到 iBook 当中。

① 在 iPad 上收取邮件，然后利用 iBook 去打开该附件，之后该 PDF 文件就会被自动添加到 iBook 的书架上。

② 将 PDF 文件添加到 iTunes 的资料库之中然后同步到 iPad。

在 iBook 笔记本中，可以查看 iBook 书籍与 PDF 格式文书。PDF 文件打开时会自动全屏显示，以阅读电子书的方式来阅读 PDF 格式，也可以翻阅书页，添加书签或是放大文书的内容。

（5）易捷 PDF Word 转换器

易捷 PDF 能够轻松地将文字的 PDF 格式转换成 Word 格式，同时能够很好地保留原始 PDF 文档的样式与排名，同时支持批量转换，是办公必备的好用小软件。

6.1.2 Adobe Reader 的使用

虽然无法在 Adobe Reader 中创建 PDF 文件，但是可以使用 Adobe Reader 查看、打印和管理 PDF 文件。在 Adobe Reader 中打开 PDF 文件后，可以使用多种工具快速查找信息。

1．界面介绍

启动 Adobe Reader 9，界面如图 6.1 所示。

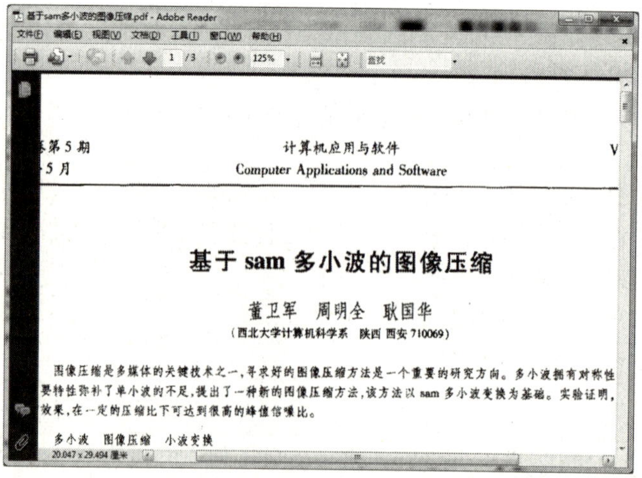

图 6.1 Adobe Reader 9 主界面

默认工具栏如图 6.2 所示。

图 6.2　默认工具栏

文件工具栏命令按钮功能如图 6.3 所示，“页面导览”工具栏命令按钮功能如图 6.4 所示。

在 Adobe Reader 工具栏中，使用缩放工具和“放大率”菜单可以放大或缩小页面。

使用“视图”菜单中的选项可以更改页面显示方式。使用“工具”菜单中的选项可以以更多种方式调整页面，以获取更好的显示效果。

图 6.3　工具栏按钮

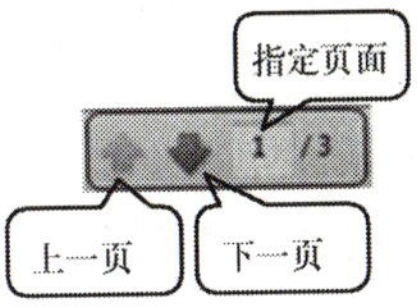

图 6.4　“页面导览”工具栏按钮

2. 基本操作

（1）打开 PDF

单击“文件”→“打开”，弹出“打开文件”对话框，选择所需打开文件即可。

如果是受到口令保护的 PDF，应使用指定的口令打开文档。某些受保护的文档具有禁止打印、编辑和复制文档中内容的限制。如果文档包含受限功能，则与这些功能相关的工具和菜单项都会变暗，不可选择。

如果出现错误消息“一项或多项 Adobe PDF 扩展功能被禁用”，则可使用以下步骤解决该问题。

① 打开“控制面板”中的“Internet 选项”，然后单击“高级”标签。

② 选中复选框“启用第三方浏览器扩展”。

③ 单击“确定”按钮，然后重新启动计算机。

（3）文字内容的复制

如果需要把 PDF 文件中的部分内容复制到另外一个编辑器中，可经如下步骤实现：

① 鼠标指向工作区的任意位置，单击右键，弹出如图 6.5 所示的快捷菜单，选择“选择工具”。

② 鼠标指针变为“选择文本状态”，拖动鼠标，选择所需内容，结果如图 6.6 所示。

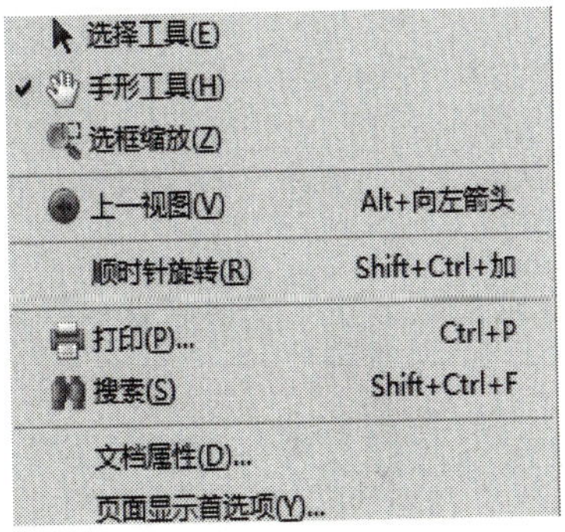

图 6.5　快捷菜单

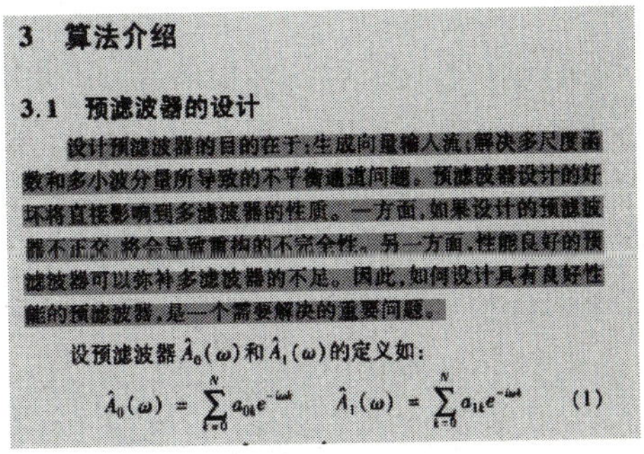

图 6.6　选择文本

③ 鼠标指向被选内容，单击右键，在弹出的快捷菜单中选择“复制”。

④ 切换到目标编辑器，移动插入点到需要插入内容的位置，单击右键，在弹出的快捷菜单中选择“粘贴”。

（3）从 PDF 复制图片

使用“快照”工具从 PDF 复制图片，步骤如下：

① 选择菜单“工具”→“选择和缩放”→“快照”，鼠标指针变为“快照选择状态”。

② 拖动鼠标，围绕要保存的图像拖画一个矩形，然后释放鼠标按钮，如图 6.7 所示。

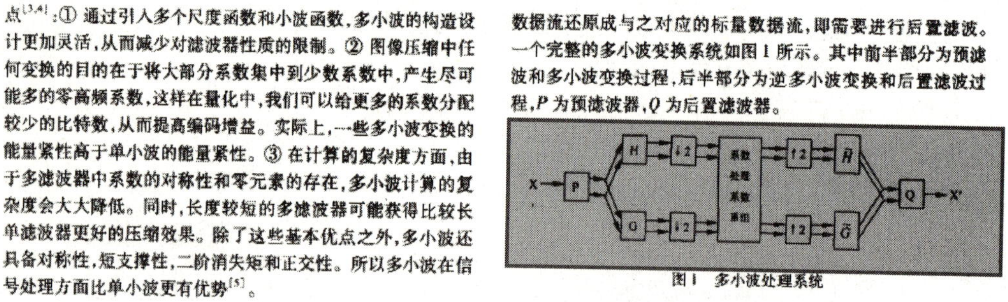
点[3,4]：① 通过引入多个尺度函数和小波函数，多小波的构造设计更加灵活，从而减少对滤波器性质的限制。② 图像压缩中任何变换的目的在于将大部分系数集中到少数系数中，产生尽可能多的零高频系数，这样在量化中，我们可以给更多的系数分配较少的比特数，从而提高编码增益。实际上，一些多小波变换的能量紧性高于单小波的能量紧性。③ 在计算的复杂度方面，由于多滤波器中系数的对称性和零元素的存在，多小波计算的复杂度会大大降低。同时，长度较短的多滤波器可能获得比较长单滤波器更好的压缩效果。除了这些基本优点之外，多小波还具备对称性，短支撑性，二阶消失矩和正交性。所以多小波在信号处理方面比单小波更有优势[5]。

数据流还原成与之对应的标量数据流，即需要进行后置滤波。一个完整的多小波变换系统如图 1 所示。其中前半部分为预滤波和多小波变换过程，后半部分为逆多小波变换和后置滤波过程，P 为预滤波器，Q 为后置滤波器。

图 1 多小波处理系统

图 6.7 选择图像

③ 所选内容自动复制到剪贴板上，切换到目标编辑器，移动插入点到需要插入内容的位置，单击右键，在弹出的快捷菜单中选择“粘贴”，将复制的图像粘贴到其他文档中。

3. PDF 文件常见问题及处理办法

（1）没有 Adobe Acrobat，如何创建 PDF 文件？

解决方法：安装免费的 DoPDF 会在 Windows 中增加一个虚拟打印机，可以以打印方式生成 PDF 文件。

（2）不想安装任何软件，如何创建 PDF 文件？

解决方法：将文档通过浏览器，上传到 Google Docs，再选择以 PDF 格式输出。

（3）有些 PDF 文件不允许打印或用鼠标选择文字，怎么办？

解决方法：安装 PDF Unlocker，这是一个免费的 Windows 平台软件，可以除去 PDF 文件中常见的限制，但是前提是这个 PDF 文件没有设置密码；另一个方法是访问 ensode.net。

（4）不知道密码，能否打开一个设置了密码的 PDF 文件？

解决方法：没有好的办法，只能用暴力破解，通过尝试不同的字符组合，试出密码。这样可能需要很长时间，推荐 ElcomSoft 软件公司的 Advanced PDF Password Recovery Professional edition。

（5）如何将中文 PDF 文件翻译成英语？

解决方法：将文件上传到 Zoho Viewer，然后系统会提供给一个直接访问的网址，再将这个网址输入 Google Translate，查看翻译。

如果源 PDF 文档中同时包含多种语言，可以将它上传到 Slideshare，会直接输出文本，然后手工选取相应的段落，到 Google Translate 中进行翻译。

（6）如何在 PDF 文件中加入注释？

解决方法：安装 PDF-X Viewer，这是一个允许添加注解的 PDF 阅读器；另外 PDF Escape 网站也可以在线提供类似的功能。

（7）没有 Acrobat Reader，能否在线填写 PDF 表格？

解决方法：访问 PDF Filler，上传表格，就可以开始填写了。

（8）能否在 PDF 文件中加入水印或者手写的签名？

解决方法：先将要添加的标志或签名保存成图片，然后在 PDF-X Viewer 中打开这个文件，将图片复制、粘贴即可。

（9）PDF 文件如何转化成 Word 文件？

解决方法：pdftoword 网站让这一切变得易如反掌，不需要任何注册，在线上传文档，会把翻译好的文档直接发到你的邮箱，方便快捷，关键是转换后的质量非常高，很多地方可以任意修改。

（10）PDF 文件能修改么？

解决方法：对 PDF 文件的修改可以分为 3 类。

① 对文档一些元信息的更改，如修改访问权限、修改 Bookmark、添加/删除批注等。

② 基于页面的修改，如添加/页面、重新排列页面、合并多个 PDF 文件、为页面添加页眉页脚等。

③ 对 PDF 文字内容的修改。通过 Adobe Reader 修改 PDF 文件。

Adobe Acrobat 可以完成以上 3 种修改。

（11）如何修改已有 PDF 文件上的文字？

解决方法：本质上，PDF 文件并不是用来编辑的，所以如果有原始文件，如 DOC、PSD、AI 等文档时，应该直接修改原始文档，然后重新生成新的 PDF 文件；如果必须直接修改 PDF 文件，可以使用 TouchUp Text 工具来修改其中的文字。

TouchUp Text 工具在 Adobe Acrobat 的“Tools”→“Advanced Editing”→“TouchUp Text”菜单中。选中这个工具后，用鼠标选中或者单击要编辑的文字，这时 Acrobat 会重载文档中的字体和系统字体，确定能不能用选中文字的字体进行修改，如果可以，就可以输入字符了。

但是，使用这个工具有几点要求。

① PDF 文件必须开放了修改权限。

② 要编辑文字的字体必须要么嵌入在文档中，要么本机有同样的字体。并且，如果字体只是嵌入在了文档中，本机没有而这个字体又没有开放使用权限，也无法用这个字体编辑。当然，可以选择其他字体，但是这样会使文档看起来不一致（注：PDF 文件使用的绝大部分字体都是 Adobe 公司向各个字体公司购买的，不开放使用权限）。

③ 编辑进限于单行编辑。也就是说，在 PDF 文件中进行文本编辑，不会根据页边距自动换行。必要的情况下，必须手动插入换行符。方法是：在使用 TouchUp Text 时，右键单击文档，在弹出的快捷菜单中选择“Insert”→“Line Breaking”。如果修改带来更大的问题，最好去修改原始文档。

类似地，如果想添加文字，可以选中 TouchUp Text 工具，然后按住 Ctrl 键，再单击文档中想插入文字的位置，会弹出对话框，可从中选择字体和添加方式（横排或纵排），选好后，就可以输入文字了。

（12）如何在 PDF 文件中添加页眉、页脚？

解决方法：通过 Adobe Acrobat 的菜单“Document”→“Header & Footer”→“Add”，可以添加页眉、页脚，但是支持的格式比较有限。最好是在 Word 那样的软件中做好页眉、页脚。

（13）如何添加水印？

解决方法：通过 Adobe Acrobat 的菜单“Document”→“Watermark”→“Add”，可以添加水

印。不过更好的方法是为文档设置权限，并添加数字签名。

（14）如何删除 PDF 文件中的某个元素？

解决方法：有时可能希望删除 PDF 文件中的某些元素，如 Logo、水印等，这时可以使用 Acrobat 的 TouchUp Object 工具，位置同 TouchUp Text 工具。TouchUp Object 工具可以直接用鼠标选中一个元素，然后按 Delete 键。有时难以选中某个元素，可以使用 Content 视图。Content 视图可以将文档中所有内容结构的树状结构显示出来。这时就可以直接找到这个元素，然后删除它。

6.1.3 Foxit PDF Editor 的使用

Foxit PDF Editor 只有 2MB 左右，软件占用资源极小，并且打开 PDF 文件的速度非常快。在默认条件下，该软件可以自动与 PDF 文件建立关联，用户可以通过双击 PDF 文件图标直接启动软件来打开文件，也可以在软件中通过“打开”功能导入需要阅读的 PDF 文件。

1. Foxit PDF Editor 简介

Foxit PDF Editor 是第一个真正的 PDF 文件编辑软件，具有强大的 PDF 文件编辑功能，其界面如图 6.8 所示。

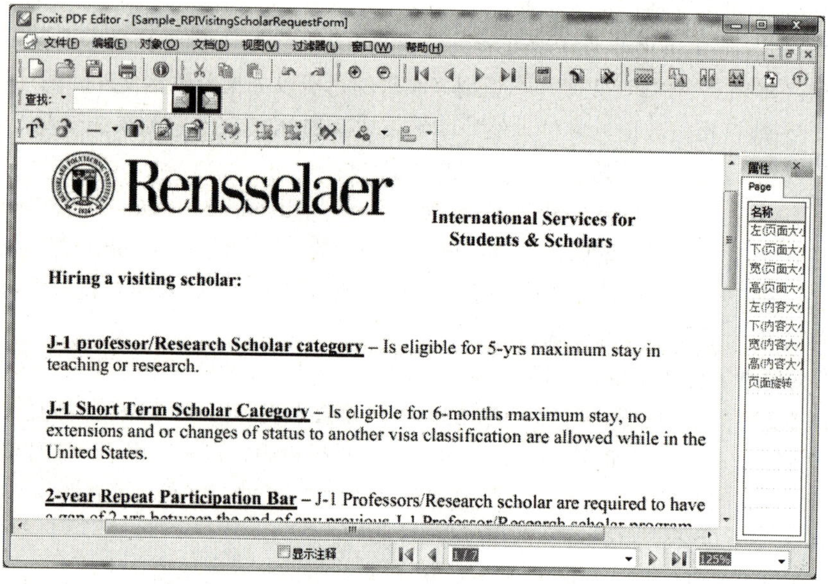

图 6.8 Foxit PDF Editor 启动界面

Foxit PDF Editor 提供以下基本功能。

（1）显示、浏览、保存 PDF 文件

⊙ 打开现有文档或新建全新文档。

⊙ 高质量显示 PDF 页面所有细节。

⊙ 将修改的 PDF 文件保存到同一文件或另存为新文件。

⊙ 保留原文件的全部属性。

（2）插入、撤销、修改 PDF 页面

⊙ 在文档里插入新页面或删除旧页面。

⊙ 插入含内嵌字体或非内嵌字体的新文本。

⊙ 插入线条、填充矩形或无填充矩形或椭圆形。

⊙ 在含有图像格式的 PDF 文件中插入图像。

（3）选择、修改、删除页面对象

⊙ 选定单个对象或一组对象。

⊙ 修改文本的字体、颜色、大小和其他文本属性。

⊙ 修改图形的颜色、宽度、大小和其他图形属性。

⊙ 修改图像位置、大小和其他图像属性。

⊙ 修改颜色、面积、样式和其他渐变属性。

⊙ 移动、测量或旋转文本、图形、图像或渐变对象。

⊙ 在页面中删除文本、图形、图像或渐变对象。

（4）充分使用完整的编辑功能

⊙ 在修改之后立即查看修改的页面。

⊙ 撤销任何编辑（如插入、删除或修改）。

⊙ 在同一文档或两个不同文档之间复制、粘贴任何 PDF 页面内容。

⊙ 将文本或图像信息复制、粘贴到其他 Windows 程序去。

2. 创建文档

创建文档的基本步骤如下。

（1）新建文档

选择菜单“文件”→“新建”，弹出“新建页面属性”对话框，如图 6.9 所示；定义页面大小，可以默认，也可按照 A4 等常见尺寸来定义。单击“确定”按钮，新建的文档窗口如图 6.10 所示。

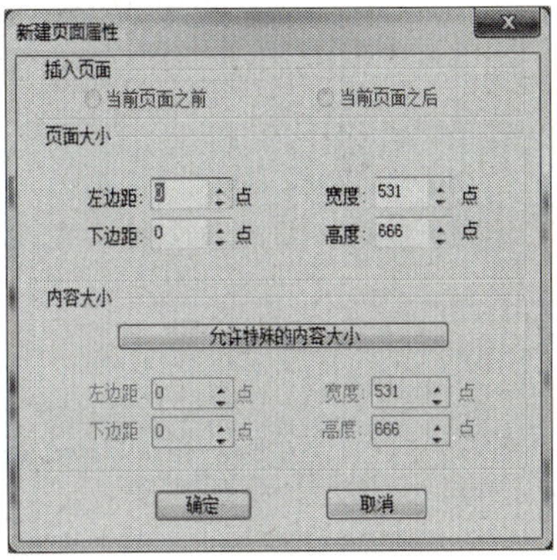

图 6.9　新建页面属性设置

（2）添加对象

单击“对象”菜单，如图 6.11 所示。

可以添加文本，添加图像，添加新的图形，添加直线，添加矩形，添加填充的矩形，添加椭圆，添加填充的椭圆。

① 添加文本对象。单击“添加文本”，弹出“新建文本对象对话框”，如图 6.12 所示。在文本框中输入文字，或者通过已有的文字进行粘贴。效果如图 6.13 所示。

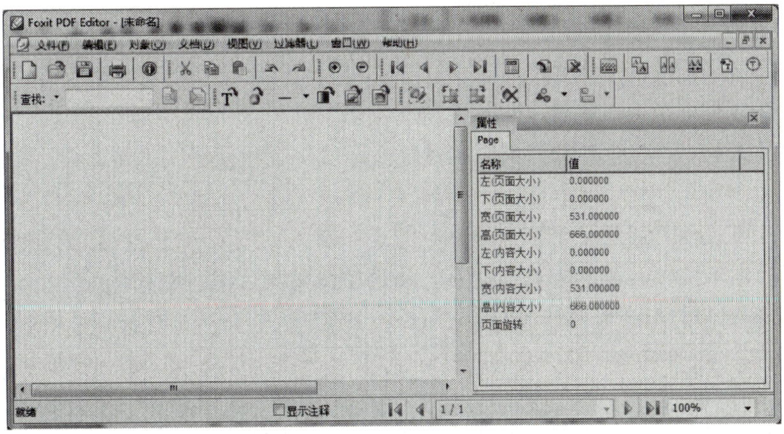

图 6.10　新建文档窗口

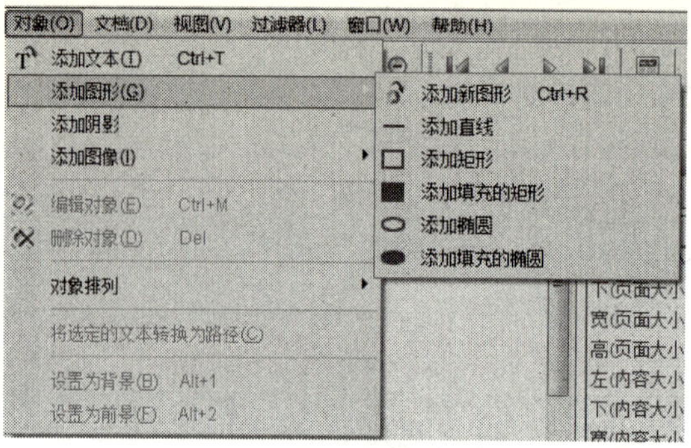

图 6.11　对象菜单

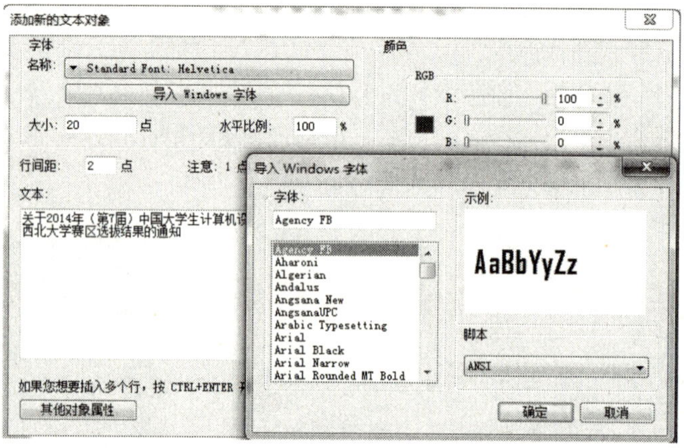

图 6.12　新建文本对象设置

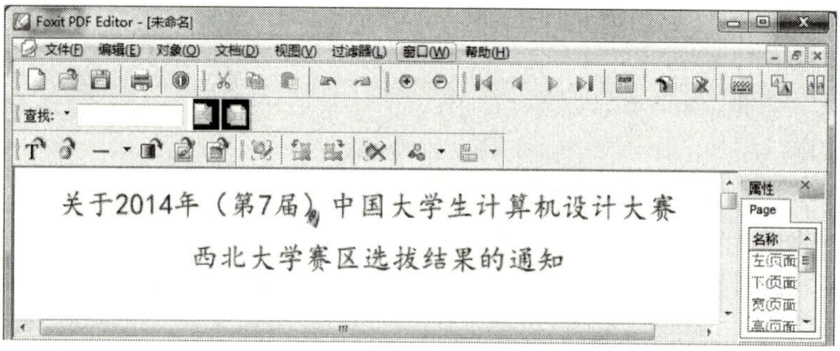

图 6.13　添加文本效果

输入的文字成为一个块，就像 Word 中的“绘图”工具中的“矩形”可以到处移动。对于输入的文字，可以选中，然后通过右下角的属性更改区域进行相应更改，如大小、字体、填充颜色、文本模式等。

在编辑时，可以将大段的文字分成块粘贴或逐一输入。按 Ctrl+Enter 组合键换行，用拖拽轻松地改变位置；图形插入时要适当修改比例，协调整体效果。编排时比例缩小了，但丝毫不影响在用 PDF 阅读器浏览的时放大并清晰显示。

② 添加图形、图像对象。在“添加一个新对象”→“添加图像”中选择要插入的图像文件，格式有 BMP、JPG 等。图形、图像添加效果如图 6.14 所示，图中添加了校徽图像。

⑤ 文档的保存。单击“文件”，选择“保存”，将文档保存为 PDF 文件后，也可用其他 PDF 阅读器打开阅读。

3. 编辑文档

在 Foxit PDF Editor 中，既能针对文档的原有内容进行修改，也能像新文档一样随意添删对象。

（1）文字的替换与删除

文字的替换与删除最简单，先将待处理文档调入 Foxit 中打开，然后双击需要调整的文字段落。此时，被调整段落将会以浅蓝色覆盖显示，在这里，就能像 Word 一样对选中的文字轻松地进行替换与删除了，如图 6.15 所示。

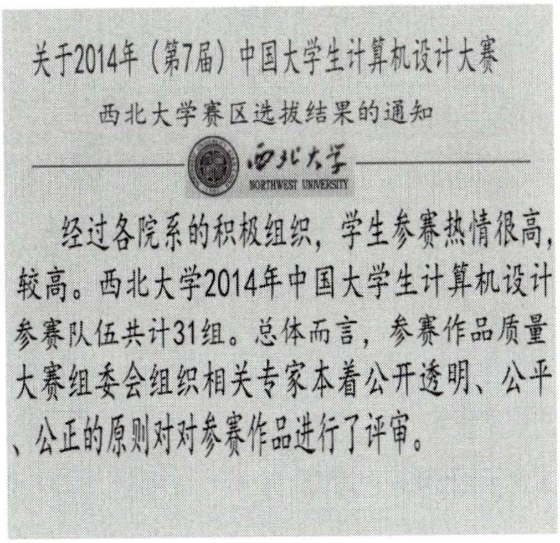
关于2014年（第7届）中国大学生计算机设计大赛
西北大学赛区选拔结果的通知
西北大学 NORTHWEST UNIVERSITY
经过各院系的积极组织，学生参赛热情很高，
较高。西北大学2014年中国大学生计算机设计
参赛队伍共计31组。总体而言，参赛作品质量
大赛组委会组织相关专家本着公开透明、公平
、公正的原则对对参赛作品进行了评审。

图 6.14　添加图形图像对象

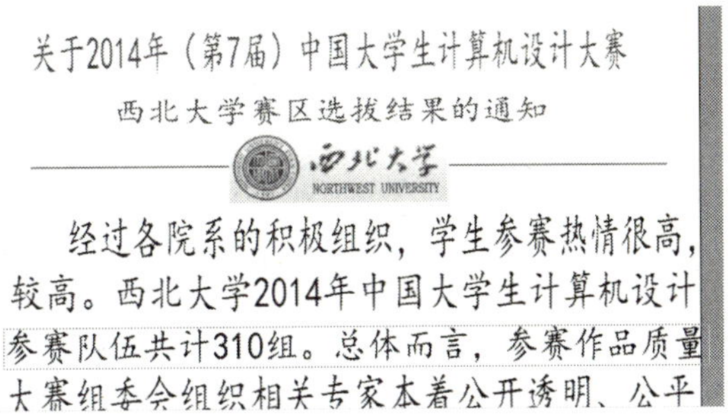
关于2014年（第7届）中国大学生计算机设计大赛
西北大学赛区选拔结果的通知
西北大学 NORTHWEST UNIVERSITY
经过各院系的积极组织，学生参赛热情很高，
较高。西北大学2014年中国大学生计算机设计
参赛队伍共计310组。总体而言，参赛作品质量
大赛组委会组织相关专家本着公开透明、公平

图 6.15　文字编辑

有时，在文字替换与添加时会发现文字变成乱码，这一般都是由于默认字体不支持中文所致。可通过如下方法解决：在 Foxit 的主界面中选择“编辑”→“导入 Windows 字体”，然后将所需中文字体导入，随后选中要编辑的文字，将右下角的文字属性区切换到对应中文字体标签，再将里面的默认字体修改为刚刚导入的中文字体即可。

（2）使用属性对话框设置文字属性

单击需要更改属性的文字对象，属性对话框内容如图 6.16 所示，可以进行文本对象的修改。

① 修改内容。单击 Text 属性，在其值域中直接修改文本内容。

② 修改文本模式。系统提供的文本模式主要有 5 种，如图 6.17 所示。图 6.18 描述了不同文本模式的效果。

③ 旋转。通过设置旋转角度，可以实现对象的旋转。图 6.19 展示了添加矩形图形和文本对象，并对其进行 45° 旋转的效果。

（3）图文混排

在 Foxit PDF Editor 中，用户不仅可以直接修改和插入文本，还能插入各种精美图片，对于新插入的图片和 PDF 文件中原有的图片，软件均支持对其进行二次编辑。

下面说明新添一个图像对象的过程。先打开要编辑的 PDF 文件，然后选择“对象”→“添加图像”→“来自文件”，弹出“打开文件”对话框，选择所需文件即可。系统弹出图像编辑窗口，如图 6.20 所示，从中可以更改图像，直到满足要求为止，最后添加效果如图 6.21 所示。

如果用户需要在 PDF 文件中编辑图像，则可以双击图像，软件会自动调用所内置的图像编辑器。这个图像编辑器功能非常强大，可以对导入的图像进行魔棒/磁性套索等特定区域选取、画笔填涂、区域裁剪、颜料喷涂、淡化/加深色彩、斑点修复、图章克隆、图像旋转/翻转和图像的对比度/亮度调整等操作。

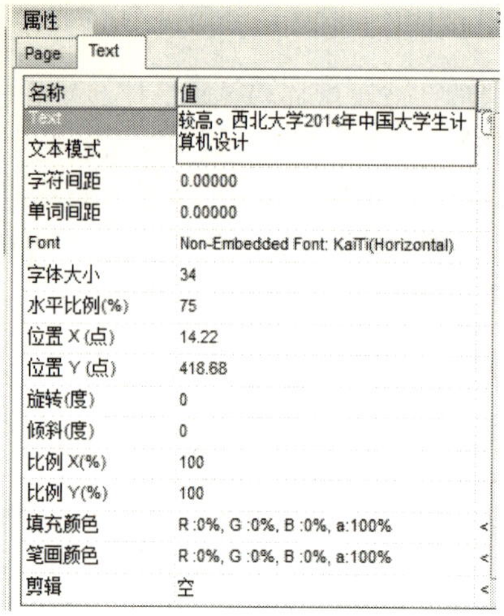

图 6.16　通过属性对话框编辑文件

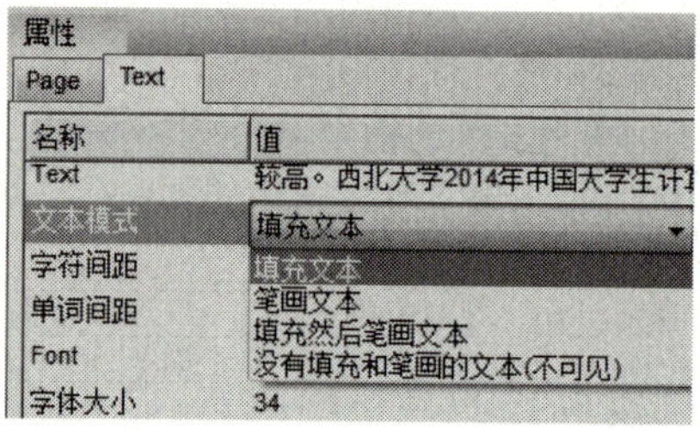

图 6.17　文本模式

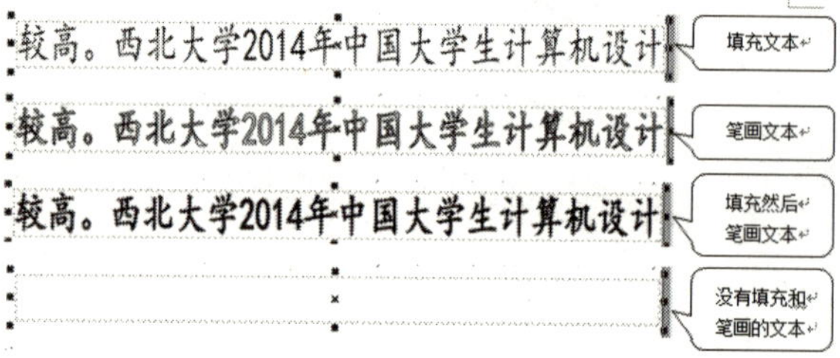

图 6.18　不同文本模式的效果

图 6.19　旋转效果

图 6.20　图像编辑

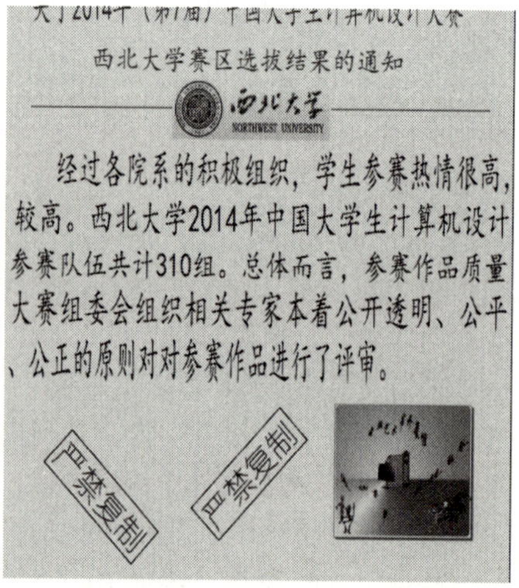

图 6.21　设置效果

（5）去除 PDF 文件水印

选择菜单“文件”→“打开”，将目标 PDF 文件打开。找到 PDF 文件中的水印位置，双击水印，这样就会选中水印，再单击右键，选择快捷菜单中的“删除对象”，即可将该水印删除了。

执行一次删除操作后，针对文件中的其他水印将会自动清除干净，适用于批量去除水印。

（6）表格处理

在 Foxit PDF Editor 中，表格是通过添加矩形图形对象和直线图形对象来实现的。图 6.22 展示了表格的产生过程。

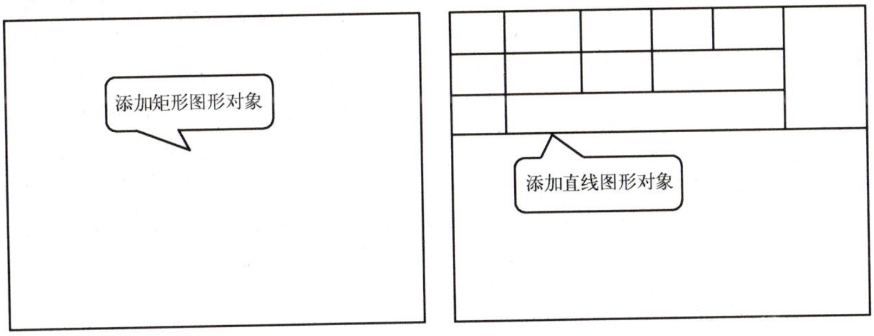

图 6.22　绘制表格过程

表格中的文字是通过添加文字对象来实现的，图 6.23 展示了表格的实际效果。

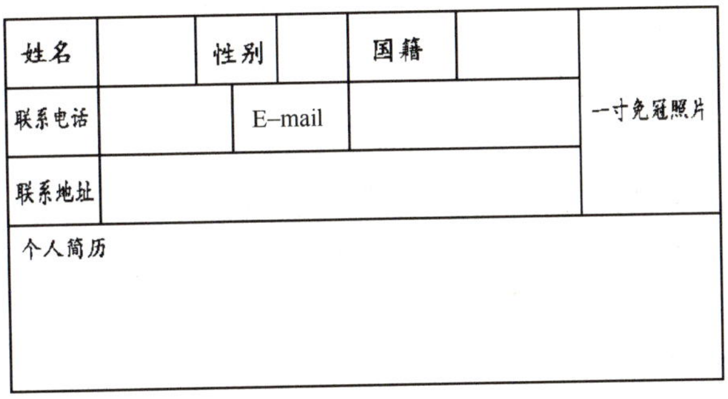

图 6.23　表格效果

在对象添加过程中，可以通过“复制”→“粘贴”快速生成一个相同的对象。

（4）快速导出电子书指定页面

快速导出电子书指定页面是 Foxit PDF Editor 的一项非常实用的功能，对于一本拥有数十甚至数百页的 PDF 电子图书，如果想将其中的某一页或某些页面提取出来单独作为资料进行保存，一般的常规作法可能很难来实现，但在 Foxit PDF Editor 中很容易实现。

在软件中打开 PDF 格式电子图书，选择菜单“文档”→“导出页面”，弹出“导出页面对话框”，如图 6.24 所示。

在打开的“导出页面”对话框中，用户只要指定导出页面保存路径和导出页面的范围，软件即可进行自动导出。在默认条件下是导出“当前页面”。但这款软件还可以进行批量导出，在“导出页面”对话框的“原始页面范围”中先选中“页面”，然后指定需要导出的页面页码或页面页码范围即可，如“1,5,6,8,19”、“5-10”等。

在 Foxit PDF Editor 中，对 PDF 文件进行的所有编辑均支持保存和导出，作为目前最小巧的一款 PDF 格式文件编辑与阅读替代软件，它更适合普通办公用户提高日常办公效率，同时非常适合初级用户快速上手和使用。

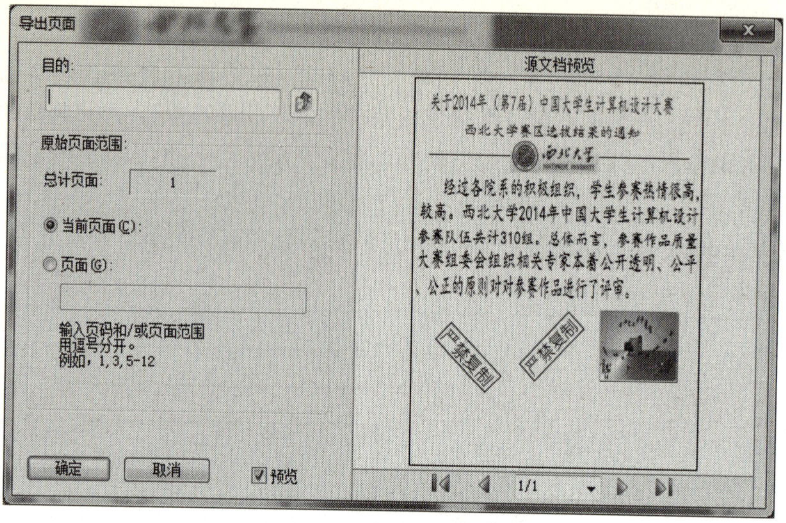

图 6.24　导出页面

6.1.4　通过 Word 生成 PDF 文件

通过 Word 生成 PDF 文件是产生 PDF 文件最简单的方法。其基本思路是，先通过 Word 输入内容并进进行版面设计，达到所需效果，然后将其保存为 PDF 文件即可。如果以后需要对该文件进行修改，使用 Foxit PDF Editor 便可。

（1）输入内容并进行版面设计

启动 Word，输入内容，并进行版面设计，直到满足要求。效果如图 6.25 所示。

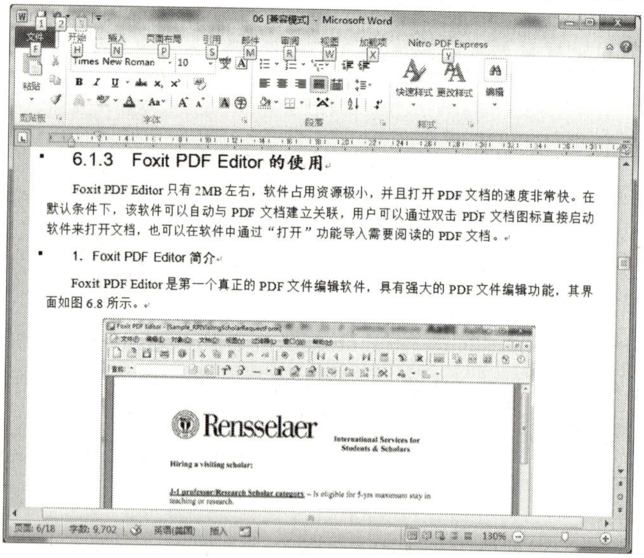

图 6.25　在 Word 中编辑内容

（2）存储文件

选择"文件"→"另存为"，在打开的"另存为"对话框中选择"保存类型"为 PDF，然后选择 PDF 文件的保存位置并输入 PDF 文件名称，再单击"保存"按钮。

完成 PDF 文件发布后，如果当前系统安装有 PDF 阅读工具（如 Adobe Reader），则保存生成的 PDF 文件将被打开。效果如图 6.26 所示。

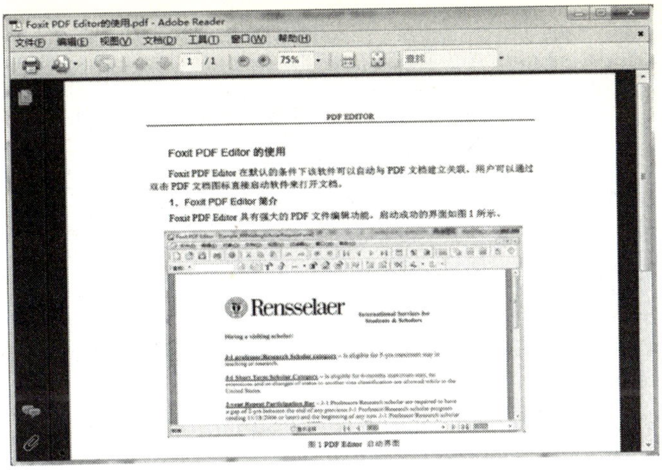

图 6.26　显示 PDF 文件

6.2　CAJ 文件处理

CAJ 是电子刊物的一种格式，可以使用 CAJ 全文浏览器来阅读。CAJ 全文浏览器是中国期刊网的专用全文格式阅读器，支持中国期刊网的 CAJ、NH、KDH 和 PDF 格式文件。CAJ 文件可以在线阅读中国期刊网的原文，也可以阅读下载到本地硬盘的中国期刊网全文。

6.2.1　CAJViewer 阅读器基本功能

CAJViewer 阅读器具有以下基本功能。

① 页面设置：可通过放大、缩小、指定比例、适应窗口宽度、适应窗口高度、设置默认字体、设置背景颜色等功能改变文章原版显示的效果。

② 浏览页面：可通过首页、末页、上下页、指定页面、鼠标拖动等功能实现页面跳转。

③ 查找文字：对于非扫描文章，提供全文字符串查询功能。

④ 切换显示语言：软件除了提供简体中文，还提供了繁体中文、英文显示方式，方便海外用户使用。

⑤ 文本摘录：通过鼠标选取、复制、全选等功能，可以实现文本及图像摘录。摘录结果可以粘贴到 WPS、Word 等文本编辑器中进行任意编辑，方便读者摘录和保存（适用于非扫描文章）。

⑥ 图像摘录：通过复制位图等功能，可以实现图像摘录，摘录结果可以粘贴到 WPS、Word 等文本编辑器中进行任意编辑，方便读者摘录和保存（适用于非扫描文章）。

⑦ 打印及保存：可将查询到的文章以 CAJ、KDH、NH、PDF 等文件格式保存，并可将其按照原版显示效果打印。

6.2.2　CAJViewer 的使用

CAJViewer 启动成功之后如图 6.27 所示。常用的工具栏包括：文件工具栏、选择工具栏、导航工具栏、查找工具栏、搜索工具栏、布局工具栏、帮助工具栏和任务工具栏。

1. 打开浏览文档

① 选择菜单“文件”→“打开”，打开一个文档，打开的文档必须是以下后缀名的文件类型：CAJ、PDF、KDH、NH、CAA、TEB。

② 打开指定文档。一般情况下，屏幕正中间最大的一块区域代表主页面，显示的是文档中的实际内容。

③ 控制主页面，浏览内容。可以通过鼠标、键盘直接控制主页面，也可以通过菜单“目录窗口”来浏览页面的不同区域，还可以通过菜单项或者工具条来改变页面布局或者显示比率。

当屏幕光标是手的形状时，可以随意拖动页面。

若选择菜单“查看”→“全屏”，当前主页面将全屏显示。

2．浏览不同的页面

选择菜单“工具”→“手形”，或者直接单击工具条上的手状按钮，进入纯粹的浏览模式（浏览模式是打开一个文档时的默认模式，所以刚打开文档时忽略本步骤），然后可以通过以下方法浏览页面的不同区域。

① 单击主页面，同时按下鼠标左键，确保此时鼠标没有选中在注释图表上，然后移动鼠标，整个页面将跟随鼠标的挪动而切换到相应的区域。

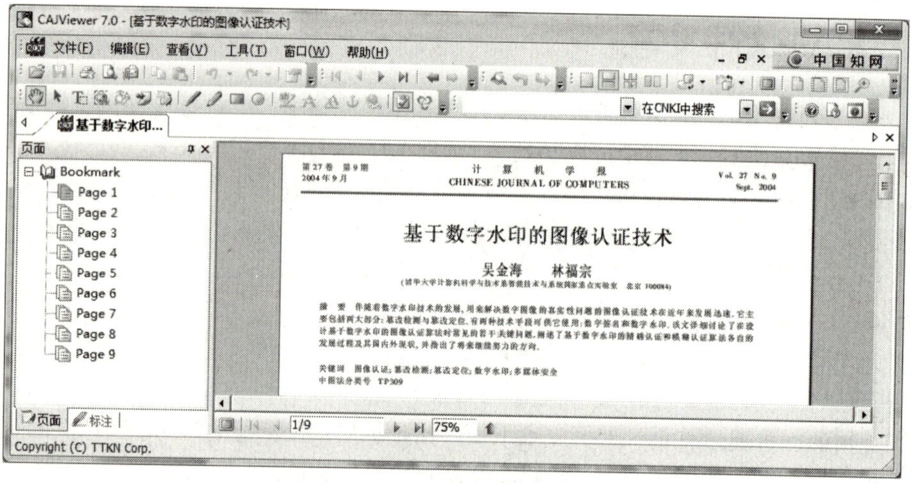

图 6.27 CAJViewer 启动界面

② 滚动鼠标轮，主页面将随之上下移动到不同位置。

③ 单击鼠标，拖动水平和纵向滚动条都能把主页面移动到不同位置。

④ 按 Ctrl+G 组合键，或者选择菜单“查看”→“跳转”→“数字定位”，然后输入合适的页码，页面将跳转到指定的页。

⑤ 单击页面窗口上指示的某一页的位置，主页面将自动跳转到指定位置。

⑥ 单击目录窗口上的某一项，主页面将自动跳转到指定位置。

3．内容的搜索

具体步骤如下：

① 选择菜单“编辑”→“搜索”，弹出“搜索”对话框，如图 6.28 所示。

② 在编辑窗口中输入将要搜索的文本，选择搜索的范围。

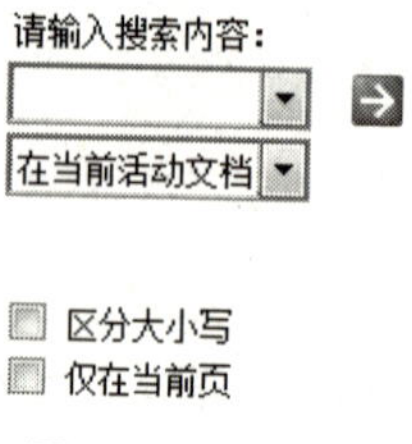

图 6.28 搜索设置

检索范围一般包括以下几种：

⊙ 在当前活动文档中搜索。搜索结果都将在窗口下部的列表框中显示，搜索完成后，主页面上将显示搜索到的第一条文本，单击不同的搜索结果，主页面将进入到相应的区域。

⊙ 在所有打开的文档中搜索。搜索结果都将在窗口下部的列表框中显示，搜索完成后，主页面上将显示搜索到的第一条文本，单击不同的搜索结果，主页面将进入到相应的区域。

⊙ 在 PDL 中搜索。如果安装了个人数字图书馆将打开该软件，并在该软件中搜索，搜索结果在个人数字图书馆中显示。

⊙ 选择一个目录进行搜索。将搜索所有 CAJViewer 可以打开的文件，搜索结果都将在窗口下部的列表框中显示，搜索完成后，主页面上将显示搜索到的第一条文本，单击不同的搜索结果，主页面将进入到相应的区域。如果文件没有打开，将首先打开文件。

⊙ 在 CNKI 中搜索。将弹出浏览器（一般是 Internet Explorer）显示搜索结果。

⊙ 在 Google 中搜索。将弹出浏览器（一般是 Internet Explorer）显示搜索结果。

③ 单击“开始搜索”按钮，进行搜索。

4．标注的使用

使用标注可以突出重点。CAJViewer 提供的标注有 10 种：直线、曲线、矩形、椭圆、文本注释、高亮文本、下划线文本、删除线文本、知识元链接和书签。

（1）添加标注

在工具栏先选择对应的标注工具，在需要添加标注的位置拖动鼠标便可。图 6.29 展示了椭圆、曲线和直线标注的效果。

（2）管理标注

选择菜单“查看”→“标注”，即可在当前文档的主页面左边出现标注管理的窗口，在该窗口下，可以显示并管理当前文档上所作的所有标记。

右键单击需要管理的标注，弹出“标注管理”的快捷菜单，如图 6.30 所示。

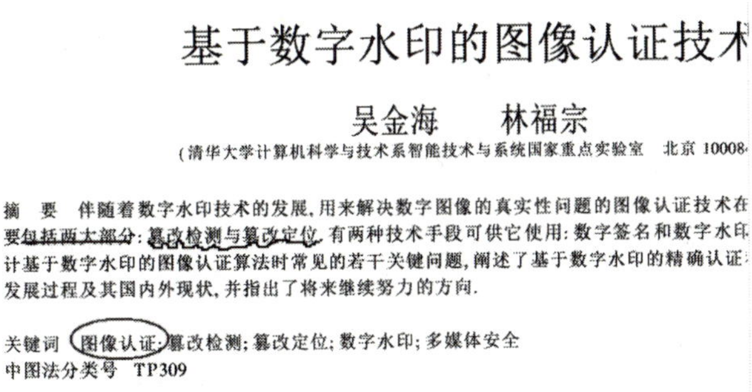

图 6.29　添加标注

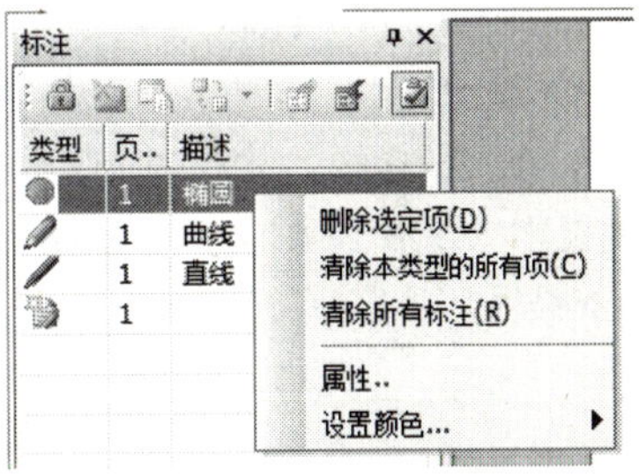

图 6.30　管理标注

⊙ 删除选定项：将把当前选择的一个标注从文档主界面上删除。

⊙ 清除本类型的所有项：将弹出确认对话框，如果选择“是”，将把文档上本类型的所有标注清除。

⊙ 清除所有标注：将弹出确认对话框，如果选择“是”，将把文档上的所有标注清除。

⊙ 属性：弹出对话框，让用户编辑标注的描述信息。

⊙ 设置颜色：改变所选中的标注的颜色。

（3）添加注释

选择菜单“工具”→“注释”，在需要注释的位置单击左键，弹出注释窗口，如图 6.31 所示。

输入注释文本，关闭该窗口之后，主页面的相应位置将被画上一个小的注释图标，单击该图标，可以修改注释文本。

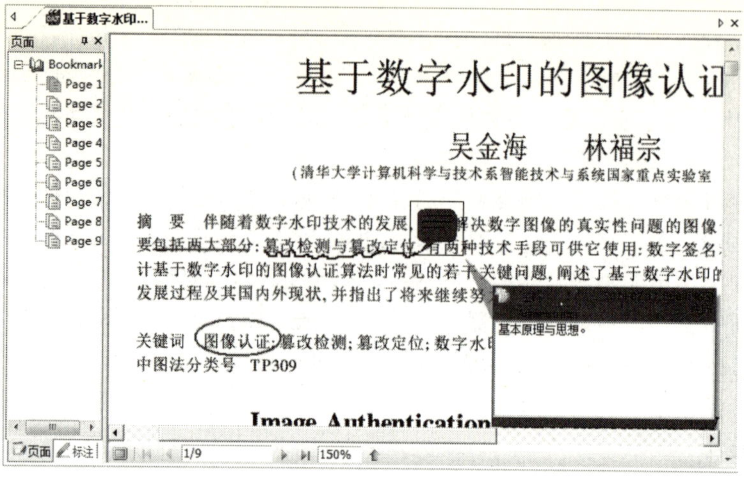

图 6.31　添加注释

习 题 6

一、填空题

1．PDF 全称 Portable Document Format，译为_________，是一种电子文件格式，这种文件格式与操作系统平台无关。

2．Foxit PDF Editor 是第一个真正的_________编辑软件，可以选择、插入图像和图形，插入、导入、导出、删除页面，还可以对版面进行编辑。

3．在 Adobe Reader 中_________，但是可以使用 Reader 查看、打印和管理 PDF。在 Reader 中打开 PDF 后，可以使用多种工具快速查找信息。

4．在 Foxit PDF Editor 中，用户不仅可以直接修改和插入文本，还能插入各种精美图片，对于用户新插入的图片和 PDF 文档中原有的图片，软件均支持对其进行_________。

5．通过_________生成 PDF 文件是产生 PDF 文件最简单的方法。其基本思路是，首先输入内容并进行版面设计，达到所需效果，然后将其保存为 PDF 文件即可。如果以后需要对该文件进行修改，使用 Foxit PDF Editor 编辑便可。

6．_________是电子刊物的一种格式，可以使用 CAJ 全文浏览器来阅读。

7．_________是中国期刊网的专用全文格式阅读器，支持中国期刊网的 CAJ、NH、KDH 和 PDF 格式文件。

二、操作题

1．下载 Adobe Reader，按照默认安装路径进行安装软件，并完成如下操作：

（1）认识 Adobe Reader 的界面布局，了解 Adobe Reader 的主要功能。

（2）分别使用菜单命令、页面导览工具栏和键盘快捷方式来快速浏览、翻阅当前文档。

（3）调整文档的视图，包括放大、缩小、旋转页面，以及决定是否一次显示几页或连续页面。

（4）将 PDF 文档中的文本、图像复制到剪贴板，然后将复制的项目粘贴到记事本中。

2．使用 Word 创建一份 PDF 格式的电子期刊。

3．使用 Foxit PDF Editor 对创建的电子期刊进行处理。

4．使用 CAJViewer 阅读器阅读 CAJ 文件和 PDF 文件，并添加阅读笔记。

第7章 论文的撰写

论文常指用来进行科学研究和描述科研成果的文章，它既是探讨问题进行科学研究的一种手段，又是描述科研成果进行学术交流的一种工具。论文包括学术论文、毕业论文、学位论文、科技论文、成果论文等。掌握论文的基本结构和写法是科学研究的基本要求。

7.1 科技论文的常见形式

7.1.1 学术论文、科技报告和专题研究论文

（1）学术论文

国家标准 GB7713—1987 所指的学术论文是：“某一学术课题在实验性、理论性或观测性上具有新的科学研究成果或创新见解和知识的科学记录，或是某种已知原理应用于实际中取得新进展的科学总结。”

学术论文不同于实验报告、阶段报告和工作总结，而是对实验工作素材的整理和提高，要形成论点。实验报告和工作总结多属于如实地汇报实验工作经过，可以没有创新成果和见解，可以模仿和重复前人必要的结果，可以不作判断和推理，不形成论点。学术论文的内容应提供新的科技信息，有所发现、有所发明、有所创新，而不是重复、模仿、抄袭前人的工作。

（2）科技报告

国际标准 ISO5966-1982 给出的科技报告的定义是：科技报告是记述科学技术研究进展或结果的文件，或是陈述科学技术问题现状的文件。按类型，科技报告可分为报告、札记、论文、备忘录和通报 5 种；按内容，科技报告可分为可行性报告、开题报告、进展报告、考察报告、实验报告等。

相比于学术论文，科技报告是实验、考察、调查结果的如实记录，侧重于报告科技工作的过程、方法和说明有关情况。不论结果如何，是经验或教训都可以写入报告。而学术论文则要求有见解或理论升华。科技报告作为内部的科研记录，内容具体，一般不公开发表，保密性强于学术论文。

科技实验报告是描述、记录某项科研课题实验过程和结果的一种报告。实验报告有两种：一种是为验证某定理或其结论所进行实验而撰写的实验报告。其实验步骤和方法是事先拟定的，是重复前人的实验。另一种是创新型实验报告，是研究者自己设计，从过程到结果都是新的实验，要求有所发现、发明和创造。

与学术论文比较，实验报告的侧重点是介绍实验过程中的新发现，不要求在理论上进行细致的论证。实验报告的主要表达方式是说明，要求说明准确，言之有序。但不是全部科研工作及其实验过程和观察结果都要写出或可以写出学术论文。

（3）专题研究论文

专题研究是指对某专项课题的研究。专题研究论文是对其创造性的科学研究成果所做的理论分析和总结。专题研究论文与科技报告和学术论文有所不同。科技报告侧重过程记录；学术论文主要体现创造性成果和理论性、学术性。可以通俗地说，专题研究论文介于二者之间。

7.1.2 学位论文

国家标准 GB7713—1987 对学位论文的定义是:"学位论文是表明作者从事科学研究取得创造性的结果或有了新的见解，并以此为内容撰写而成、作为提出申请授予相应的学位时评审用的学术论文。"学位论文分为学士学位论文、硕士学位论文和博士学位论文三种。

学位论文不同于一般学术论文。学位论文为说明作者的知识程度和研究能力，一般都较详细地介绍自己论题的研究历史和现状、研究方法和过程等。学术论文则大多开门见山，直切主题，把论题的背景等以注解或参考文献的方式列出。学位论文中一些具体的计算或实验等过程都较详细，而学术论文只需给出计算或实验的主要过程和结果即可。学位论文比较强调文章的系统性，而学术论文是为公布研究成果，强调文章的学术性和应用价值。

（1）学士学位论文

学士学位论文应能表明作者确已较好地掌握了本门学科的基础理论、专门知识和基本技能，并具有从事科学研究工作或担负专门技术工作的初步能力，应能体现作者具有提出问题、分析问题和解决问题的能力。学士论文的篇幅一般为 0.6～2 万字，是对选定的论题所涉及的全部资料进行整理、分析、取舍、提高，进而形成自己的论点，做到中心论点明确，论据充实，论证严密。学位论文写作时还可以借鉴前人的研究思路、研究方法，甚至重复前人的研究工作，但应具有自己的结论或见解。

学士学位论文格式一般按学术论文格式写作，选题可从如下几方面考虑：

① 选择具有创新意义的研究内容为题（对一些定理、命题给出新的证明、解释，通过实验和调查研究发现一些新的规律和结果）。

② 在前人研究的基础上，从发展、提高的角度选题（对已发表的论文或书籍上的一些结论、结果做一些订正、改进、推广、深化和提高等工作）。

③ 采用"移植"方法选题（运用不同学科的理论、研究思想、方法、实验技术去解决另一学科的有关问题）。

④ 进行不同学术观点的讨论。

⑤ 用所学知识去解决实际问题。

⑥ 对有关学科、领域或研究专题等进行综述、评述。

（2）硕士学位论文

国务院学位委员会明确要求硕士学位论文应在导师指导下，研究生本人独立完成，论文具有自己的新见解，有一定的工作量。可见，硕士学位论文只要求在某方面有改进、革新，即有新见解。硕士学位论文应能表明作者确已在本学科上掌握了坚实的基础理论和系统的专门知识，并对所研究课题有新的见解，具有从事科学研究工作或独立担负专门技术工作的能力。硕士学位论文的篇幅一般不受限制。

但下列内容的论文不能算有新见解，不能作为硕士学位论文。

① 只解决实际问题而没有理论分析。

② 仅用计算机计算，而没有实践证明和没有理论意义。

③ 对于实验工作量比较大，只探索了实验全过程，做了一个实验总结而未得出肯定的结论。

④ 重复前人的实验或自己设计工作量不大的实验，得出的结论是显而易见的，或者只做过少量几个实验，又没有重复性和再现性，就匆忙提出一些见解和推论的。

⑤ 资料综述性文章。

（3）博士学位论文

博士学位论文应能表明作者确已在本门学科上掌握了坚实宽广的基础理论和系统深入的专门知识，并具有独立从事科学研究工作的能力，在科学和专门技术上做出了创造性的成果。博士学位论文应具有系统性和创造性。博士学位论文应是一本独立的著作，自成体系。有本课题研究历史与现状、预备知识、实验设计与装备、理论分析与计算、经济效益与实例、遗留问题与前景、参考文献与附录等。

博士学位论文的创造性从以下几条来衡量：① 发现有价值的新现象、新规律、建立新理论；② 设计实验技术上的新创造、新突破；③ 提出具有一定科学水平的新工艺、新方法，在生产中获得重大经济效益；④ 创造性地运用现有知识、理论，解决前人没有解决的工程关键问题。

博士学位论文的结构是书的章节形式，每章节的写作均可按一般学术论文的格式写作。博士学位论文的摘要一般不要超过 6000 字。美国学者 A.D.罗伯特认为，博士学位论文应将自己的原始资料（不管是否发表）都收编进去，博士学位论文是对多年研究和所著论文的总结和评论。

7.1.3 简报、综述和评论

（1）简报

由于受到版面字数等的限制，有些专题研究论文常以研究简报（研究快报和研究通讯）的形式发表。研究简报主要展现作者的观点和独到的研究方法。其篇幅以 2500～3000 字为限。

可以写研究简报的情况有：① 重要科研项目的阶段总结或小结（有新发现）；② 某些方面有突破的成果；③ 重要技术革新成果，包括技术或工艺上取得突破，经济效益好。

（2）综述

综述是以当代某领域科学技术成果为对象，通过对广泛的国内外资料的鉴别、整理、重新汇编组合，并反映自己见解观点的文章。其目的是使读者在短期内了解某问题的历史、现状、存在问题、最新成果及发展方向等。

（3）评论

评论是在综述基础上进行分析、推断、评论、预测未来和提出建议的文章。一般来说综述和评论合为一体写作，只“综”不“评”的文章不受欢迎。综述和评论可以节约科技工作者查阅专业文献时间，了解动态，提供文献线索，从而帮助选择科研方向，寻找科研课题等。

7.1.4 设计计算、理论分析和理论推导

（1）设计计算

设计计算一般是指为解决某些工程问题、技术问题和管理问题而进行的计算机程序设计；某些系统、工程方案、机构、产品的计算机辅助设计和优化设计，以及某些过程的计算机模拟；某些产品（包括整机、部件或零件）或物质（材料、原料等）的设计、调制或配制等。这类论文相对要“新”；数学模型的建立和参数的选择要合理；编制的程序能正常运行；计算结果要合理、准确；设计的产品或调配制的物质要经试验证实或生产、使用考核。

（2）理论分析

理论分析的论文主要是对新的设想、原理、模型、材料、工艺、样品等进行理论分析，对已有的理论分析加以完善、补充或修改。其论证分析要严谨，数学运算要正确，资料数据要可靠，结论要准确并且需要经过实（试）验验证。

（3）理论推导

理论推导的论文主要是对提出的新假说通过数学推导和逻辑推理，得到新的理论，包括定义、定律和法则。其写作要求是：数学推导要科学、准确，逻辑推理要严密，准确使用定义和概念，结论要力求无懈可击。

7.2 科技论文的撰写

科技论文在情报学中又称为原始论文或一次文献，是科学技术人员或其他研究人员在科学实验（或试验）的基础上，对自然科学、工程技术科学以及人文艺术研究领域的现象（或问题）进行科学分析、综合的研究和阐述，进一步的进行一些现象和问题研究，总结和创新另外一些结果和结论，并按照各个科技期刊的要求进行电子和书面的表达。

按照研究方法不同，科技论文可分理论型、实验型、描述型三类。理论型论文运用的研究方法是理论证明、理论分析、数学推理。实验型论文运用实验方法，进行实验研究获得科研成果。描述型论文运用描述、比较、说明方法，对新发现的事物或现象进行研究而获得科研成果。

7.2.1 科技论文的特点

作为科技研究成果的科技论文可以在专业刊物上发表，可在学术会议及科技论坛上报告、交流，并力争通过开发使研究成果转化为生产力。科技论文主要功能是记录、总结科研成果，促进科研工作的完成，是科学研究的重要手段。科技论文又是科技人员交流学术思想和科研成果的工具。科技论文具有以下特点。

① 学术性。学术性是科技论文的主要特征，它以学术成果为表述对象，以学术见解为论文核心，在科学实验的前提下阐述学术成果和学术见解，揭示事物发展、变化的客观规律，探索科技领域中的客观真理，推动科学技术的发展。学术性是否强是衡量科技论文价值的标准。

② 创新性。科技论文必须是作者本人研究的，并在科学理论、方法或实践上获得的新的进展或突破，应体现与前人不同的新思维、新方法、新成果，以提高国内外学术同行的引文率。

③ 科学性。论文的内容必须客观、真实，定性和定量准确，不允许丝毫虚假，要经得起他人的重复和实践检验。论文的表达形式也要具有科学性，应清楚明白，语言准确、规范。

7.2.2 科技类论文的基本结构

科技论文一般由标题、作者、摘要、关键词、前言、材料与方法、结果、讨论、结论等部分组成，如图 7.1 所示。

（1）标题

标题包括中文标题和英文标题，标题要能够简明、准确地表现课题研究的基本内容，基本格式如图 7.2 所示。

（2）作者和单位

作者和单位包括姓名、职称（或职务），基本格式如图 7.3 所示。

（3）摘要和关键词

摘要概括地说明研究的目的及重要性，并极其扼要地表述是以何种实验材料与方法得出的何种研究结论，突出论文的新见解和研究结果的意义。

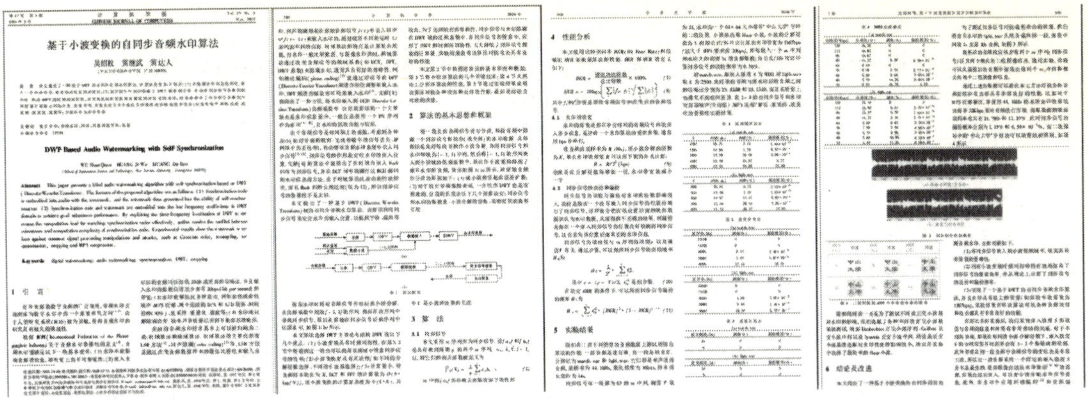

图 7.1　论文的基本结构

基于小波变换的自同步音频水印算法

DWT-Based Audio Watermarking with Self-Synchronization

图 7.2　中、英文标题

吴绍权　黄继武　黄达人

(中山大学信息科技学院　广州 510275)

WU Shao-Quan　HUANG Ji-Wu　HUANG Da-Ren

(*School of Information Science and Technology, Sun Yat-Sen University, Guangzhou 510275*)

图 7.3　中英文作者和单位

关键词是表达文献主题概念的词汇，一般可以提出 3～4 个关键词，关键词可供检索性期刊（或数据库）编入关键词索引，供国内外科技人员查阅。一般包括中英文摘要和关键词，摘要和关键词基本格式如图 7.4 所示。

摘　要　该文提出了一种基于 DWT 的自同步音频水印算法. 该算法具有如下特点: (1) 在隐藏水印信息的同时, 嵌入一个同步信号, 使水印具有自同步能力; (2) 同步信号与水印隐藏于 DWT 域低频子带, 在改善同步信号鲁棒性的同时, 利用 DWT 的时频局部特性, 有效地提高在变换域内搜索同步信号的效率, 较好地解决了同步信号鲁棒性与其搜索计算量之间的矛盾. 实验表明, 所提出的方法在抵抗各种通用的音频处理和攻击(如高斯噪声 、MP3 压缩 、重采样 、重量化 、裁剪等) 方面具有良好的性能.

关键词　数字水印; 音频水印; 同步; 离散滤波变换; 裁剪

Abstract　This paper presents a blind audio watermarking algorithm with self-synchronization based on DWT (Discrete Wavelet Transform). The features of the proposed algorithm are as follows: (1) Synchronization code is embedded into audio with the watermark, and the watermark thus generated has the ability of self-synchronization. (2) Synchronization code and watermark are embedded into the low frequency coefficients in DWT domain to achieve good robustness performance. By exploiting the time-frequency localization of DWT to decrease the computation load for searching synchronization codes effectively, author resolve the conflict between robustness and computation complexity of synchronization code. Experimental results show the watermark is robust against common signal processing manipulations and attacks, such as Gaussian noise, resampling, re-quantization, cropping and MP3 compression.

Keywords　digital watermarking; audio watermarking; synchronization; DWT; cropping

图 7.4　中英文摘要和关键字

（4）引言

引言简要表述本研究课题的背景、前人的研究结果和未能解决的问题，以及本研究的主要实验（试验）内容和研究目的。

（5）正文

正文要客观描述和科学分析实验（试验）过程中发生的现象，写明应用的公式、反应方程式，用表格、坐标图或曲线图准确列出实验中得出的数据，表述实验得出的最终结果。

（6）结论

结论是将实验研究中的感性认识提高到理性认识高度。其重点内容是对实验数据和现象进行科学分析，并对数据误差和影响实验结果的因素进行解释，探讨对实验材料及方法的改进。在讨结论的撰写中，表述要全面、辩证、客观、切忌武断。

（7）参考文献

参考文献列出与本研究课题直接有关的前人发表的文献（包括参考前人的成果、方法、材料等）。参考文献的格式如下：作者、论文标题、期刊名、卷、期、页、年份（图书主编、书名、页、出版社、出版年份），基本格式如图 7.5 所示。

参　考　文　献

1 Arnold M.. Audio watermarking: features, applications and algorithms. In: Proceedings of IEEE International Conference on Multimedia & Expo, New York, USA, 2000, 2: 1013~ 1016

2 Swanson M. D., Bin Zhu, Tewfik A. H.. Current state of the art, challenges and future directions for audio watermarking. In: Proceedings of IEEE International Conference on Multimedia Computing and Systems, Florence, Italy, 1999, 1: 19~ 24

3 Katzenbeisser S., Fabien A., Petitcolas P. eds.. Wu Qiu-Xin *et al*. translation. Information Hiding Techniques for Steganography and Digital Watermarking. Beijing: Posts & Telecom Press, 1999(in Chinese) (Katzenbeisser S., Fabien A., Petitcolas P. 编. 吴秋新, 钮心忻, 杨义先, 罗守山, 杨晓兵译. 信息隐藏技术——隐写术与数字水印. 北京: 人民邮电出版社, 2001)

4 Gerzon M. A., Graven P. G.. A high-rate buried-data channel for audio CD. Journal of the Audio Engineering Society, 1995, 43(1~ 2): 3 ~ 22

图 7.5　参考文献

7.2.3　科技论文的基本写法

1．主题的选择

科技论文只能有一个主题，这个主题要具体到问题而不是问题所属的领域，更不是问题所在的学科，换言之，研究的主题切忌过大。因此，其表述要严谨简明，重点突出，专业常识应简写或不写，做到层次分明、数据可靠、文字凝练、说明透彻、推理严谨、立论正确。论文中如出现一个非通用性的新名词、新术语或新概念，需随即解释清楚。

2．确定论文的标题

科技论文题目应简明扼要地反映论文工作的主要内容，切忌笼统。由于别人要通过论文题目中的关键词来检索论文，所以用语精确是非常重要的。论文题目应该是对研究对象的精确、具体描述，这种描述在一定程度上要能体现研究结论，因此论文题目不仅应告诉读者论文研究了什么问题，更要告诉读者这个研究得出的结论。

科技论文标题选择与确定问题，除了遵循前述的方法外，还应尽量少用副标题。同时，标题不能用艺术加工过的文学语言，更不得用口号式的标题。它最基本的要求是醒目，能鲜明概括出文章的中心论题，以便引起读者关注。科技论文标题还要避免使用符号和特殊术语，应该使用一般常用的通俗化的词语，以使本学科专家或同行一看便知，而且外学科的人员和有一定文化程度的群众也能理解，这才有利于交流与传播。

3．作者和单位的署名顺序

由于现代科学技术研究工作趋于综合化、社会化，需要较多人员参加研究，署名时可按其贡献大小，排序署名。只参加某部分，某一实验及对研究工作给以支助的人，不再署名，可在致谢中写明。署名时，可用集体名称，或用个人名义。个人署名只用真实姓名，不可使用笔名，别名。并写明工作单位和住址，以便联系。

4．摘要和关键词

摘要是为了方便读者概略了解论文的内容，以便确定是否阅读全文或其中一部分，也是为了方便科技信息人员编写文摘和索引检索工具。摘要虽然放在前面，但它是在全文完稿后才撰写的。有时，为了国际学术交流，还要把中文摘要译成英文或其他文种。

摘要所撰写内容大体如下：① 本课题研究范围，目的以及在该学科中所占的位置；② 研究的主要内容和研究方法；③ 主要成果及其实用价值；④ 主要结论。

摘要应该准确的高度概括论文的主要内容，一般不作评价。文字要求精炼、明白，用字严格推敲。摘要中一般不举例证，不讲过程，不做工作对比，不用图、图解、简表、化学结构式等，只用标准科学命名、术语、惯用缩写、符号。其字数一般不超过正文的 5%。近年来，为了便于制作索引和电子计算机检索，要求在摘要之后提出论文的关键词以供检索之用。

5．引言

引言是一篇科技论文的开场白，它写在正文之前。论文引言主要用以说明论文主题、总纲。一篇科技论文的引言，大致包含如下几部分：

① 问题的提出：讲清所研究的问题“是什么”。

② 选题背景及意义：讲清为什么选择这个题目来研究。

③ 文献综述：对本研究主题范围内的文献进行详尽的综合述评。

④ 研究方法：讲清论文所使用的科学研究方法。

⑤ 论文结构安排：介绍本论文的写作结构安排。

论文引言的作用是开宗明义提出本文要解决的问题。引言应开门见山、简明扼要。很多论文在引言中简要叙述前人在这方面所做过的工作，这是必要的。特别是那些对前人的方法提出改进的文章更有必要。注意，对前人工作的概括不要断章取义，有意歪曲别人的意思而突出自己方法的优点就更不可取。

6．正文的书写

正文是论文的主体，占全篇幅的绝大部分。论文的创造性主要通过这部分表达出来。写好正文要有材料、内容，然后有概念、判断、推理、最终形成观点，也就是说，应该按照逻辑思维规律来安排组织结构。正文的基本构成如下：

（1）研究目的

研究目的是正文的开篇。该部分要写得简明扼要，重点突出。实验性强的论文，先写为什么要进行这个实验，通过实验要达到的目的是什么。

（2）实验材料和方法

科研课题从开始到成果的全过程，都要运用实验材料、设备及观察方法，因此应将选用的材料（包括原料、材料、样品，添加物和试剂等）、设备和实验的方法加以说明，以便他人据此重复验证。如果采用通用材料，设备和通用方法，只需简单提及。

方法可行性的验证相对简单一些，实验只要说明所用的方法解决了问题即可。

方法（特别是算法）有效性的验证在很多论文里做得不好。所谓有效性，应该是比别的方法更快或更简单地解决了问题，或是计算复杂性低，或是计算速度更高，或是占用的内存小。要说明有效性，一是要有比较，二是要有相应的数据支持。

从这个意义上来说，论文中的实验往往是一种为说明问题而专门设计的实验。实验的设计非常重要的。

（3）实验过程

实验过程主要说明制定研究方案和选择技术的路线，以及具体操作步骤，主要说明试验条件的变化因素及其考虑的依据。叙述时，不要罗列实验过程，而只叙述主要的、关键的步骤。并说明使用不同于一般实验设备和操作方法，从而使研究成果的规律性更加鲜明。如果引用他人之法，标出参考文献序号即可，不必详述，如有改进，可将改进部分另加说明。

（4）实验结果与分析

该部分是整篇论文的心脏部分。因此，应该充分表达，并且采用表格、图解、照片等附件。本部分内容中，对实验结果和具体判断分析，要逐项探讨。数据是表现结果的重要方式，其计量单位名称、代号，必须采用统一的国际计量单位制的规定。文中要尽量压缩众所周知的结论，突出本研究的新发现，及经过证实的新观点、新见解。要让读者反复研究数据，认真估价判断和推理的正确性。有些实验结果，在某些方面出现异常，无法解释，虽不影响主要论点，但要说明，供其他研究者参考。实验结果与分析一般应包括以下具体内容：

① 主要原理或概念

② 实验条件。尤其是依靠人力未能控制的缺点，要突出讲明。

③ 研究的结果与他人研究结果的相同或差异要讲明，突出研究中的新发现或新发明。

④ 解释因果关系，论证其必然性或偶然性。

⑤ 提出本研究存在的难解或尚需进一步探索的问题。

有不少论文由于各种原因不能用严格的理论证明方法的正确性和有效性，也暂时做不了实验，于是就用仿真的方法来说明。这时应注意的是，尽管文章中只能给出个别的仿真实例，但做仿真时应该尽可能对各种可能发生的情况多做一些实例，因为，用一、两个实例的仿真结果说明的结论很可能被另一个实例推翻。

7．结论

结论部分是整个课题研究的总结。是全篇论文的归宿，起着画龙点睛的作用。一般说来，读者选读某篇论文时，先看标题、摘要、前言，再看结论，才能决定阅读与否。因此，结论写作也是很重要的。

撰写结论时，不仅对研究的全过程、实验的结果、数据等进一步加以综合分析，准确反映客观事物的本质及其规律，而且对论证的材料，选用的实例，语言表达的概括性，科学性和逻辑性等方面也都要进行总判断、总推理、总评价。同时，撰写结论不是对前面论述结果的简单复述，而要与引言相呼应，与正文其他部分相联系。

总之。结论要有说服力，恰如其分。语言要准确、鲜明，使人看后就能全面了解论文的意义、目的和工作内容。同时，要严格区分自己取得的成果与导师及他人的科研工作成果。

8．致谢

科学研究通常不是只靠一两个人的力量就能完成的，需要多方面力量支持，协助或指导。特别是大型课题，参与的人数很多。在论文结论之后或结束时，应对整个研究过程中，对曾给予帮助和支持的单位和个人表示谢意。尤其是参加部分研究工作，未有署名的人，要肯定他的贡献，予以致谢。如果提供帮助的人过多，就不必一一提名，除直接参与工作，帮助很大的人员列名致谢，一般人均笼统表示谢意。

9．参考文献

论文之中凡是引用他人报告、论文等文献中的观点，数据、材料、成果等，都应按本论文中引用先后顺序排列，文中标明参考文献的顺序号或引文作者姓名。每篇参考文献按篇名、作者、文献出处排列。列上参考文献的目的，不只是便于读者查阅原始资料，也便于自己进一步研究时参考。

7.2.4　摘要的书写

摘要的以提供文献内容梗概为目的，有些读者只阅读摘要而不读全文或常根据摘要来判断是否需要阅读全文，因此摘要的清楚表达十分重要。好的英文摘要对于增加论文被检索和引用机会，吸引读者，扩大影响起着不可忽视的作用。

1．摘要的类型与基本内容

根据内容的不同，　摘要可分为三大类：报道性摘要、指示性摘要和报道-指示性摘要。

（1）报道性摘要

报道性摘要也称信息型摘要或资料性摘要。其特点是全面、简要地概括论文的目的、方法、主要数据和结论。通常，这种摘要可部分地取代阅读全文。

（2）指示性摘要

指示性摘要也称为说明性摘要、描述性摘要或论点摘要，一般只用二、三句话概括论文的主题，而不涉及论据和结论，多用于综述、会议报告等。此类摘要可用于帮助读者决定是否需要阅读全文。

（3）报道-指示性摘要

报道-指示性摘要是以报道性摘要的形式表述一次文献中信息价值较高的部分，以指示性摘要的形式表述其余部分。

传统的摘要多为一段式，在内容上大致包括引言、材料与方法、结果和讨论等主要方面，即IMRAD（Introduction Methods Results and Discussion）结构的写作模式。

1980年代出现了另一种摘要文体，即“结构式摘要”，是报道性摘要的结构化表达，强调论文摘要应含有较多的信息量。结构式摘要与传统摘要的差别在于，前者便于读者了解论文的内容，行文中用醒目的字体（黑体、全部大写或斜体等）直接标出目的、方法、结果和结论等标题。

2．摘要的基本结构和内容

摘要本质上是一篇高度浓缩的论文，所以其构成与论文主体的IMRAD结构是对应的。

（1）IMRAD 结构摘要的基本内容

IMRAD 结构摘要应包括以下内容梗概：

① 目的：研究工作的前提、目的和任务，所涉及的主题范围。

② 方法：所用的理论、条件、材料、手段、装备、程序等。

③ 结果：观察、实验的结果、 数据、性能等。

④ 结果的分析、比较、评价、应用，提出的问题，今后的课题、假设、启发、建议、预测等。

⑤ 其他：不属于研究、研制、调查的主要目的，但具有重要的信息价值。

一般地说，报道性摘要中②、③、④应相对详细，①、⑤相对简略。指示性摘要则相反。结构式摘要与传统一段式摘要的区别在于，其分项具体，可使读者更方便、快速地了解论文的各项内容。统计表明，MEDLINE 检索系统所收录的生物医学期刊目前已有 60%以上采用了结构式摘要。我国有些医学类期刊在 20 世纪 90 年代初开始采用结构式摘要，并对其使用效果和进一步优化进行了较为深入的探讨。

（2）结构式摘要的基本内容

结构式摘要应包括以下内容梗概：

① 目的：研究的问题、目的或设想等。

② 设计：研究的基本设计，样本的选择、分组、诊断标准和随访情况等。

③ 单位：说明开展研究的单位（是研究机构、大专院校，还是医疗机构）。

④ 对象：研究对象（患者等）的数目、选择过程和条件等。

⑤ 处置：处置方法的基本特征，使用何种方法以及持续的时间等。

⑥ 主要结果测定：主要结果是如何测定、完成的。

⑦ 结果：研究的主要发现（应给出确切的置信度和统计学显著性检验值）。

⑧ 结论：主要结论及其潜在的临床应用。

实际上，8 个层次比较适合于临床医学类原始论文。

（3）综述类论文摘要的基本内容

对于综述类论文，其结构式摘要应包括以下 6 方面：目的，资料来源，资料选择，数据提炼，资料综合，结论。

有些期刊为节省篇幅，在使用中对上述结构式摘要进行了适当简化，如“New England Journal of Medicine”采用背景、方法、结果、结论等 4 方面，“The Lancet”则采用背景、方法、发现和解释等 4 方面。

与传统摘要比较，结构式摘要的长处是易于写作（作者可按层次填入内容）和方便阅读（逻辑自然、内容突出），表达也更为准确、具体、完整。应该说，无论是传统的一段式摘要，还是结构式摘要，实际上都是按逻辑次序发展而来，没有脱离 IMRAD 的范畴。

3. 摘要撰写技巧

（1）摘要撰写的一般技巧

为确保摘要的“独立性”或“自明性”，撰写中应遵循以下规则：

① 适当强调创新性和重要性。为确保简洁而充分地表述论文的 IMRD，可适当强调研究中的创新、重要之处（但不要使用评价性语言），尽量包括论文中的主要论点和重要细节（重要的论证或数据）。

② 使用简短的句子。表达要准确、简洁、清楚，注意表述的逻辑性，尽量使用指示性词语

表达论文的不同部分（层次）。如在英文摘要中使用“We found that…”表示结果，使用“We suggest that…”表示讨论结果的含义等。

③ 应尽量避免引用文献、图表，用词应为读者所熟悉。若无法回避使用引文，应在引文出现的位置将引文的书目信息标注在方括号内。如确有需要（如避免多次重复较长的术语）使用非同行熟知的缩写，应在缩写符号第一次出现时给出其全称。

④ 为方便检索系统转录，应尽量避免使用化学结构式、数学表达式、角标和希腊文等特殊符号。

（2）英文摘要写作的时态

英文摘要所采用的时态应因情况而定，力求表达自然、妥当。写作中可大致遵循以下原则。

① 介绍背景资料。如果句子的内容是不受时间影响的普遍事实，应使用现在式。如果句子的内容是对某种研究趋势的概述，则使用现在完成式。

② 叙述研究目的或主要研究活动。例如，采用“论文导向”，多使用现在式（如 This paper presents…）；采用“研究导向”，则使用过去式（如 This study investigated…）。

③ 概述实验程序、方法和主要结果通常用现在式。

④ 叙述结论或建议。可使用现在式、臆测动词或 may、should、could 等助动词。

（3）英文摘要写作的人称和语态

有相当数量的作者和审稿人认为科技论文的撰写应使用第三人称、过去时和被动语态。但调查表明，科技论文中被动语态的使用在 1920 至 1970 年比较流行。但由于主动语态的表达更为准确，且更易阅读，因而目前大多数期刊都提倡使用主动态。国际知名科技期刊《Nature》、《Cell》等尤其如此，其中第一人称和主动语态的使用十分普遍。

可见，为简洁、清楚表达研究成果，在论文摘要的撰写中不应刻意回避第一人称和主动语态。

4．撰写摘要应注意的问题

（1）文字要求

如果一篇文章文字方面的问题太多，不顺口，会给人留下不好的印象。送审稿中，比较突出的文字、标点方面的常见问题有：

① 天一句，地一句，想到哪里，说到哪里，语气、语意不连贯。

② “而”、“故”、“然”、“其”之类的虚构词用得太多。

③ 技术术语使用不当或生造术语。如果某一领域的名词术语已经有了国家标准，虽然这类标准一般是推荐性标准，但也应首先使用标准核定的术语，为的是与别人有“共同语言”。在论文中不应使用俗名（即使这样的名词已被较多的人使用）。术语是有内涵的，在制定术语标准时，对收纳的每条术语都有严格的定义。如果在论文中不得不创造一条新的术语，对它的内涵一定要说清楚，要有严格的定义。

④ 乱用标点符号。错得最多的是句号，或是长句不断，或是断句不当。最不容易用错的只有问号和感叹号。

（2）英文稿的特殊问题

英语不是我们的母语，用英语写作论文当然就会出现一些问题。大多数人还不具有用英语思考的能力。在这种情况下，比较好的做法是先写中文稿再译成英语，这样至少能避免直接写英文稿时容易出现的语意不连贯的问题。

英文稿中最容易出现的用词问题如下：

① 按汉语硬译，形成所谓的“中式英语”。

② 介词的使用不当，用“of”、“to”较多，其他介词用得少。

③ 代词“this”、“that”用得多，“it”用得少，而后者恰在科技文章中用得多。

④ 句型单调，喜欢用“to be”构成句子。

⑤ 不注意动词的词性。有些动词既可是及物动词也可是不及物动词，应该优先用不及物动词成句，而不要用及物动词的被动语态成句。

⑥ 冠词“a”、“the”使用不当，尤其容易忘记使用定冠词“the”。

⑦ 不注意名词的单、复数，不注意主、谓语的人称配合。

7.2.5 如何面对审稿意见

一般来说，投送的稿件至少要经过一次技术性审查，英文稿还有一次文字性审查。审查通常是学报或杂志的编辑部聘请同领域的专家进行。编辑部的责任是统一论文的格式、审查文字、处理审稿意见。审稿人的责任是对论文的创新性和正确性进行审查，审稿意见一般应包括为提高稿件质量而应做的修改的建议。

（1）重视审稿意见

对审稿人提出的审查意见首先应重视，考虑他为什么要提出这些建议。有的作者觉得审稿人没有读懂自己的文章，对审稿意见就不认真考虑，这是不对的。审稿人是论文的第一读者，如果他都没有读懂，作者也得考虑自己的文章有什么问题让人家不懂，否则发表后如何让更多的读者明白自己的表述

（2）分析审稿意见

虽然编辑部聘请的审稿人是同领域的专家，但是审稿人可能并不熟悉文章作者所研究的某个具体专题，提出一些并不十分中肯的意见也不奇怪。所以，不一定完全按照审稿人的意见去做。

（3）实事求是的修改

如果要对稿件做修改，一定要实事求是，认真修改，不能应付。

7.3 学士学位论文的撰写

学士论文是大学本科毕业生为获得学士学位和毕业资格所需要撰写的学术论文，学士论文应反映出作者能够掌握大学阶段所学的专业知识，掌握综合运用所学知识进行科学研究的基本方法，并对研究课题有一定自己的独立见解。

学士论文是教学科研过程的一个环节，也是学业成绩考核和评定的一种重要方式。学士论文的目的在于总结学生在校期间的学习成果，培养学生具有综合性、创造性地运用所学的全部专业知识和技能解决较为复杂问题的能力，并使他们受到科学研究的基本训练。

7.3.1 学士学位论文的特点

（1）学位论文与一般学术论文的区别

① 写作目的不同。学术论文是为了传播和总结科研成果。学位论文则作为考察学位申请人学术水平的依据。

② 写作要求不同。学术论文是为公布研究成果，大多发表在各类刊物或会议论文集上，强调文章的学术性和应用价值，它必须是成果的总结，或是新观点的阐述，行文简洁，篇幅不宜过

长，一般在 8000 字左右。学位论文则带有一定的考察性，反映作者对某一学科领域掌握知识的广度和深度，要求有一定的理论性和综合性，比较强调文章的系统性，一般不公开发表，篇幅的限制也不是很严格。

学位论文为说明作者的知识程度和研究能力，一般都较详细的介绍自己论题的研究历史和现状、研究方法和过程等。一般学术论文则大多开门见山，直切主题，把论题的背景等以注解或参考文献的方式列出。

学位论文中一些具体的计算或实验等过程都较详细，而学术论文只需给出计算或实验的主要过程和结果即可。

（2）学士学位论文的要求

学士学位论文应能表明作者确已较好地掌握了本门学科的基础理论、专门知识和基本技能，并具有从事科学研究工作或担负专门技术工作的初步能力，应能体现作者具有提出问题、分析问题和解决问题的能力。学士论文的篇幅一般为 6000～20000 字。

学士学位论文是对选定的论题所涉及的全部资料进行整理、分析、取舍、提高，进而形成自己的论点，做到中心论点明确，论据充实，论证严密。学位论文写作时还可以借鉴前人的研究思路、研究方法，以至重复前人的研究工作，但应具有自己的结论或见解。

总的来说，应做到以下几点：

① 科学性。科研设计应符合对照、随机、重复三原则，调查研究要有足够的样本量而且要有代表性。要求数据准确，结果可靠，实事求是。

② 创新性。提出了新理论、新思想，找到了新方法或探索出新规律。

③ 系统性和完整性。围绕论文主题展开研究，内容要有连贯性，结构要完整，分析推理符合逻辑。

7.3.2 学士学位论文的选题

1. 选题原则

遵循科学、新颖、需要、可行、具体的原则：① 选择专业范围内的课题；② 选择有兴趣的课题；③ 选择大小适中、难易适度的课题；④ 选择资料、时间有利的课题。

2. 选题技巧

（1）结合本人的学业和研究兴趣选题

对众多老师和同学们而言，结合本人的学业和研究兴趣选取论文题目无疑是一种明智之举。因为长期处于学习第一线，对自己学习涉及范围内的问题经常接触，认识深刻，思考较多，其中不乏“文章”可做。

有人认为，从事某一具体课程学习，许多选题已被同行捷足先登，再难以找到合适选题。之所以存在这种困惑，不是选题少了，而是潜意识里有一种畏难情绪。

（2）从实践和社会需要中选题

人类的生产、生活是最基本的实践活动，其中存在大量的研究课题，要求老师和同学们去研究和探索，揭示它的基本规律，并提出提高生产率、改善生活质量的方法。大量的科研论文都来自这一领域。

（3）从新理论、新技术、新方法的应用上选题

近年来，信息技术、神经网络、知识管理等一系列新的理论和研究方法进入科学领域，使得

大量科研新成果相继问世。文章的精髓是“新”，新理论、新观点、新观测事实、新技术、新装备等都是写文章的最好素材。选题要紧密联系前沿课题，要做到选题准确，一个重要的途径是紧密联系前沿课题和技术。

（4）从不同学科的结合部位选题

现代各学科呈现出了互相渗透、交叉和综合的趋势，可从学科的交叉点上找到突破点。如果能从本学科与其他学科之间寻找到“接触点”、“结合部”，从中选定课题，并寻根究底，较容易取得突破性成果，也可据此写出学术价值较高的论文。

（5）针对已有的学术观点和科研成果选题

在继承已有学术观点和科研成果的基础上还要敢于突破，依据科技发展变化，不断审视科学定论，或发现偏差进行纠正，或发现缺漏加以弥补，或发现错误予以更正，这都可作为学术论文的选题。

（6）从社会关注的热点选题

热点是指人们在一段时期经常谈论而又迷惑不解的涉及学科领域的新话题。从一定意义上说，热点本身就是一个学术问题。如预警系统、基因技术、经济全球化等现象，无一不在影响人类社会。如果能够就此类问题展开研究，一定可以写出具有很高学术价值的科技论文。应对相关（并非全部）热点问题有浓厚的兴趣，否则，所学知识必然日渐老化，获得科技信息的敏感性也会变得迟钝。

（7）用创造性思维来选题

运用创造性思维选题就是创新性。而创新性课题获得则依赖于选题者的创造性思维能力。这主要借助于想象者潜意识和不循常规的思路，从而产生认识上的突发性飞跃，这种飞跃最终导致新观点、新方法、新工艺和新产品的产生。

（8）通过学术交流，发现和选定课题

学术交流往往是针对某些特定课题而展开的最新研究成果的学术对话，通过这样的学术交流，能及时了解信息，掌握动态，预测趋势，从而发现和选定有意义的课题。

（9）查阅文献资料，从中发现和选定课题

文献资料是各学科历史、现状的真实记录和客观反映，经常阅读专业文献，能从中了解本学科进行了哪些研究，取得了哪些成果，达到了什么样的程度，以及哪些问题尚未解决，本学科发展的新动向、新问题是什么等，使选题具有针对性和时代性。

3．选题思路

选题可遵循以下思路：

① 可选择具有创新意义的研究内容为题（对一些定理、命题给出新的证明、解释；通过实验和调查研究发现一些新的规律和结果。这类选题难度较大）。

② 可在前人研究的基础上，从发展、提高的角度选题（对已发表的论文或书籍上的一些结论、结果做一些订正、改进、推广、深化和提高等工作）。

③ 以不同学术观点的讨论作为论文的选题。

④ 对有关学科、领域或研究专题等进行综述、评述作为论文选题。

对于大多数同学来说，首先可以考虑的是第二个方面，也就是在前人研究的基础上，从发展、提高的角度选题。这就要求同学们要注意书籍上自己感兴趣内容的表述，同时关注学术期刊网上所发表的相关论文，从而确定自己的选题。其次，可以考虑的选题是第四点，也就是对有关学科、领域或研究专题等进行综述、评述作为论文选题。只要拥有充分资料、认真阅读与领会，再经过合理系统的概括和归纳，就能写好一篇合格的学位论文。再次可以考虑的是第三点，即以不同学术观点的讨论作为论文的选题，也可以将学界中对于同一论题的不同观点进行比较和讨论，然后选择一个自己比较赞同的观点作为结论。当然，如果能够对某些学术观点提出自己的不同看法并进行讨论那就更好了。至于第一方面，选择具有创新意义的研究内容为题，对于一般的同学来说，是很难达到的。

7.3.3 学士学位论文的开题

（1）开题报告的概念

开题报告是对论文研究目的和计划的陈述，提供充足的证据，说明所要从事的研究具有价值，并且研究计划是可行的。

开题报告需要回答的问题包括：① 计划研究什么（选题来源）；② 为什么要进行这一研究（目的与意义）；③ 如何进行这项研究（研究方案）。

（2）开题报告的目的

① 以充分的证据使人相信选题值得研究。

② 通过文献回顾和评价展示对选题的了解程度，及完成研究工作的可行性。

③ 通过选择适当的研究方法使人相信已经具备了完成所设定的研究目标的能力和技能。

（3）如何撰写开题报告

① 构思论文题目。通过过去和正在进行的研究、现实的观察、学术交流、现实的需要、个人的兴趣等各种途径寻找论文研究题目。

② 筛选研究问题。通过考虑下列问题来筛选：研究这一问题有何意义？研究是否能够导出一个具有普遍意义的结论？解决所提出的问题在哪些方面能提高人们对问题的认识水平？拟进行的研究是否对解决这一问题所采用的方法有所贡献？研究的结果是否有直接或者间接的应用价值？进行这一研究是否能引起人们进一步研究的兴趣？

③ 定义研究界限。一是对问题的相关概念进行清楚的定义；二是划定研究的范围，清楚表明哪些方面要研究，哪些方面将不在本文的研究范围之内。

④ 查阅文献。

⑤ 开题报告的内容。论文标题、选题依据与文献回顾、研究内容和实施方案、预期结果及其创新性、主要观点与基本框架、工作计划、参考文献。

7.3.4 学士学位论文的书写

学士论文选题范围不宜过宽，一般选择所学专业领域中某重要问题的一个侧面或难点为研究对象，运用所学理论知识，深入细致地剖析。同样道理，论文选题还应避免过于狭窄和陈腐，要有时代感和创新性，还要把握价值原则和可行性原则。通常在正式撰写学士论文之前，先要拟定提纲，安排好全文的整体结构，构建论文的基本框架。

论文的基本格式包括：标题、摘要、关键词、目录、前言、正文、参考文献等7方面内容。

1．标题

标题是文章的眉目。各类文章的标题样式繁多，但无论是何种形式总要以全部或不同的侧面体现作者的写作意图和文章的主旨。毕业论文的标题一般分为总标题、副标题、分标题几种。

（1）总标题

总标题是文章总体内容的体现。常见的写法如下。

① 揭示课题的实质。这种形式的标题，高度概括全文内容，往往就是文章的中心论点。它具有高度的明确性，便于读者把握全文内容的核心。诸如此类的标题很多，也很普遍。如《关于经济体制的模式问题》、《经济中心论》、《县级行政机构改革之我见》等。

② 提问式。这类标题用设问句的方式，隐去要回答的内容，实际上作者的观点十分明确，只不过语意婉转，需要读者加以思考罢了。这种形式的标题因其观点含蓄，能激起读者的注重，如《商品经济等同于资本主义经济吗》等。

③ 交代内容范围。这种形式的标题从其本身的角度看不出作者所指的观点，只是对文章内容的范围做出限定。拟定这种标题，一方面是文章的主要论点难以用一句简短的话加以归纳；另一方面，交代文章内容的范围可引起同仁读者的注重，以求引起共鸣。这种形式的标题也较普遍，如《基于小波分析的图像检索技术研究》、《战后西方贸易自由化剖析》等。

④ 用判定句式。这种形式的标题给予全文内容的限定，可伸可缩，具有很大的灵活性。文章研究对象是具体的，但引申的思想又有很强的概括性。这种从小处着眼，大处着手的标题，有利于科学思维和科学研究的拓展，如《从十八大看中国的改革方向》、《科技进步与农业经济》等。

标题的样式还有多种，作者可以在实践中大胆创新。

（2）副标题和分标题

为了点明论文的研究对象、研究内容和研究目的，对总标题加以补充解说，有的论文还可以加副标题。凡是一些商榷性的论文一般都有一个副标题，如在总标题下方添上“与××商榷”之类的副标题。

另外，为了强调论文所研究的某个侧重面也可以加副标题。如《图像处理技术分析——小波变换》等。

设置分标题的主要目的是为了清楚地显示文章的层次。有的用文字，一般都把本层次的中心内容昭然其上；也有的用数码标明“一、二、三”等顺序，起承上启下的作用。注意：无论采用哪种形式，都要紧扣所属层次的内容以及上下文的紧密联系。

2. 目录

一般说来，篇幅较长的毕业论文，都设有分标题。设置分标题的论文，因其内容的层次较多，整个理论体系较庞大、复杂，故通常设目录。

目录按章、节、条三级标题编写，要求标题层次清晰。目录中的标题要与正文中标题一致。目录中应包括绪论、论文主体、结论、致谢、参考文献、附录等。

（1）设置目录的主要目的

① 使读者能够在阅读该论文之前对全文的内容和结构有一个大致的了解，以便读者决定是否阅读，是精读还是略读等。

② 为读者选读论文中的某个分论点时提供方便。长篇论文，除中心论点外，还有许多分论点。当读者需要进一步了解某个分论点时，就可以依靠目录而节省时间。

（2）目录的基本要求

目录一般放置在论文正文的前面，因而是论文的导读图。要使目录真正起到导读图的作用就必须注重以下问题：

① 准确。目录必须与全文的纲目相一致。也就是说，本文的标题、分标题与目录存在着一

一对应的关系。

② 清楚无误。目录应逐一标注该行目录在正文中的页码，标注页码必须清楚无误。

③ 完整。目录既然是论文的导读图，因而要求具有完整性。也就是要求文章的各项内容都应在目录中反映出来，不得遗漏。

3．摘要与关键词

摘要是全文内容的缩影，一般放置在论文的篇首。

（1）写作摘要的目的

① 为了使读者在未审阅论文全文时先对文章的主要内容有大体上的了解，知道研究所取得的主要成果，研究的主要逻辑顺序。

② 为了使其他读者通过阅读内容提要，就能大略了解作者所研究的问题，假如产生共鸣，则再进一步阅读全文。

因此，摘要应把论文的主要观点提示出来，便于读者直观了解论文的内容要点。摘要要求写得简明而又全面。

（2）摘要的常见类型

内容提要可分为报道性摘要和指示性摘要。

① 报道性摘要：介绍研究的主要方法与成果及成果分析等，对文章内容的提示较全面。

② 指示性摘要：简要叙述研究的成果（数据、看法、意见、结论等），对研究手段、方法和过程等均不涉及。毕业论文一般使用指示性摘要。

（3）摘要的书写

中文摘要约200字左右，外文摘要约250个实词左右。英文摘要应与中文摘要内容相同。一般在毕业论文全文完成后再写摘要。在写作中要注意以下几点：

① 用精练概括的语言表达，每项内容均不宜展开论证。

② 要客观陈述，不宜加主观评价。

③ 成果和结论性意见是摘要的重点内容，在文字上用量较多，以加深读者的印象。

④ 要独立成文，选词用语要避免与全文尤其是前言和结论雷同。

⑤ 既要写得简短扼要，又要行文活泼，在词语润色及表达方法和章法结构上要尽可能写得有文采，以唤起读者对全文的阅读的兴趣。

（4）关键词的书写

关键词属于主题词中的一类。主题词除关键词外，还包含有单元词、标题词的叙词。

主题词是指以概念的特性关系来区分事物，用自然语言来表达，并且具有组配功能，用以准确显示词与词之间的语义概念关系的动态性的词或词组。正是由于主题词的出现和发展，才使得情报检索计算机化（计算机检索）成为可能。

关键词是供检索用的主题词条，应采用能覆盖论文主要内容的通用技术词条。应在摘要下方另起一行注明论文的关键词。关键词一般列3～5个，按词条的外延层次从大到小排列。

4．前言

前言是全篇论文的开场白，包括：① 选题的缘由，对本课题已有研究情况的评述；② 说明所要解决的问题和采用的手段方法；③ 概括成果及意义。

摘要和前言的内容虽然大体相同，但仍有很大的区别。区别主要在于：摘要一般要写得高度概括、简略，前言则可以稍微具体些；摘要的某些内容，如结论意见可以作为笼统的表达，前言中所有的内容则必须明确表达；摘要不写选题的缘由，前言则明确反映；在文字量上，前言一般多于摘要。

5．正文

一般来说，学术论文主文的内容应包括以下 3 方面。

① 事实根据。事实根据是指通过本人实际考察所得到的语言、文化、文学、教育、社会、思想等事例或现象。提出的事实根据要客观真实，必要时要注明出处。

② 前人的相关论述（包括前人的考察方法、考察过程、所得结论等）。理论分析中应将他人的意见观点与本人的意见观点明确区分。无论是直接引用还是间接引用他人的成果，都应该注明出处。

③ 本人的分析、论述和结论等。做到使事实根据、前人的成果和本人的分析论述有机地结合，注意其间的逻辑关系。

6．结论

结论应是整篇论文的结局、是整篇论文的归宿，应当体现作者更深层的认识，且是从全篇论文的全部材料出发，经过推理、判断和归纳等逻辑分析过程而得到的学术总观念、总见解。结论可采“结论”等字样，要求精炼准确地阐述自己的创造性工作或新见解及其意义和作用，还可提出需要进一步讨论的问题和建议。结论应该准确完整、明确精练。

（1）结论包含的内容

该部分内容一般应包括以下几方面：

① 本文研究结果说明了什么问题。

② 对前人有关的看法做了哪些修正、补充、发展、证实或否定。

③ 本文研究的不足之处或遗留未予解决的问题，以及对解决这些问题的可能的关键点和方向。

（2）应注意的问题

结论集中反映作者的研究成果，表达作者对所研究课题的见解和主张，是全文的思想精髓，是文章价值的体现。撰写时应注意下列事项：

① 结果要简单明确。在措辞上应严密，容易被人领会。

② 结果应反映个人的研究工作，属于前人和他人已有的结论可不提。

③ 要实事求是地介绍自己研究的成果，切忌言过其实，在无充分把握时，应留有余地。因为对科学问题的探索是永无止境的。

7．致谢

致谢语句可以放在正文后，体现有关致谢：国家科学基金、资助研究工作的奖学金基金、合同单位、资助和支持的企业、组织或个人；协助完成研究工作和提供便利条件的组织或个人；在研究工作中提出建议和提供帮助的人；给予转载和引用权的资料、图片、文献、研究思想和设想的所有者；其他应感谢的组织和人。

学士毕业论文的致谢中主要感谢导师和对论文工作有直接贡献及帮助的人士和单位。

8．参考文献

在论文后一般应列出参考文献，目的有 3 种：① 为了能反映出真实的科学依据；② 为了体现严肃的科学态度，分清是自己的观点（成果）还是别人的观点（成果）；③ 为了对前人的科学成果表示尊重，同时也是为了指明引用资料出处，便于检索。

毕业论文的撰写应本着严谨、求实的科学态度，凡有引用他人成果之处，均应按论文中所出现的先后次序列于参考文献中，并且只列出正文中以标注形式引用或参考的有关著作和论文。

9．附录

对于一些不宜放入正文中，但作为毕业论文又是不可缺少的部分，或有重要参考价值的内容可编入毕业论文附录中，如问卷调查原件、数据、图表及其说明等。

7.3.5 学位论文写作应注意的问题

1．材料的选择

材料是论文的支撑，选择材料时应考虑以下因素：

（1）根据主题需要决定取舍

凡是选择总会有一个标准，而首要的一条就是要根据文章主题的需要决定材料的取舍。凡是和主题有关并能有力地烘托、说明以及突出主题的材料应当留下；要坚决去除和主题无关，不能说明、烘托主题的材料”，要克服材料越多越好的错误观点。

（2）选择典型的材料

典型就是要求选择的材料能够揭示事物的本质，具有广泛的代表性和强大的说服力。选择典型材料，通过个别反映一般，通过个性反映共性，是撰写毕业论文的一条共同规律。

（3）选取新颖的材料

新颖就是要选取具有新意的、能反映时代气息的材料，尤其是别人没有用过的新事实、新观点和新情况。新颖的材料有助于进行创造性思考，能够表现更生动活泼的内容，也具有更强的感染力。

（4）选取充分的、全面的材料。

2．论文提纲的编写

论文提纲体现作者的总体思路，有利于作者谋篇布局，编写提纲可以避免写作上出现大的失误。编写论文提纲的步骤如下。

（1）构思提纲

① 通过课题研究，弄清所写课题的来龙去脉。

② 通过课题研究，激发创造性思维。

③ 根据客观事物变化发展的规律来考虑。

④ 根据写作意图的需要来考虑。

（2）编写提纲

① 先拟标题。

② 写出总论点。

③ 考虑全篇总的安排。

④ 逐个考虑每个项目的下位论点。

⑤ 准备使用的材料按顺序编码。

⑥ 全面检查，作必要的增删。

（3）修改、调整提纲

① 看立论是否正确，是否符合客观实际，是否符合党的路线、方针和政策，是否具有科学价值。

② 看框架是否合理，需不需要调整。

③ 看各个部分的论证能否站得住脚，有没有新的论点、论据需要补充。

④ 看逻辑体系有无问题。

3．学位论文的结构比例

前面：封面、摘要（中文英文）、目录。

中间：正文，包括

前言（现状、研究方法）（约 15%）；
文献评论（约 20%）；
研究的实施过程（约 25%）；
数据与资料的分析与说明（约 20%）；
研究结果的评论与评价（约 10%）；
结论或总结（约 10%）。

后面：参考文献、研究成果、致谢。

7.3.6 学位论文答辩

1．答辩的意义

形式意义：论文是否符合规范？

实际意义：考察作者能否在最短时间内，把论文的精华之处展现出来。

既是对研究课题的考察，又是对人各方面素质的全面考察，包括经验材料的质量，题材的熟悉程度，研究的深入程度以及有没有独立创见、表达能力、应变能力。

2．答辩前的准备

（1）答辩内容的准备

论文资料（装订）：完整、美观。

精心制作的 PPT：言简意赅，多用图表，避免大段文字。

多次演练：时间控制很重要（集体演练，相互审查）。

（2）答辩前的思想准备

衣着：正规、得体、大方。

心情：自信而放松（自信的来源）。

神态和语气：严肃、自然而平和（要避免走极端，不要太严肃或太随意）。

3．答辩程序

（1）学生自述和作答辩简要报告（向答辩委员会或答辩小组）。

（2）主辩教师提问。

（3）回答问题：依问作答，从容陈述、吐词清楚、语速适当、态度端正（含仪表）。

4．答辩注意事项

陈述的原则：开门见山、提纲挈领、突出创见。

答辩不是讲座：避免陷入细枝末节。

全程脱稿，用自己的语言陈述，忌照本宣科。

开始和结尾：礼貌语。

习 题 7

一、简答题

1. 简述科技论文的常见形式。
2. 科技论文由哪些部分组成？
3. 在书写摘要时，应注意什么问题？
4. 简述学士学位论文的基本组成。
5. 学士学位论文如何选题，如何书写开题报告？
6. 学士学位论文答辩的基本过程是什么？应注意什么问题？

参考文献

[1] 董卫军．计算机导轮（第 2 版）．北京：电子工业出版社，2013.

[2] 董卫军．大学文科计算机基础．北京：科学出版社，2012.

[3] 教育部高等学校文科计算机基础教学指导委员会．高等学校文科类专业大学计算机教学基本要求（2010 年版）．北京：高等教育出版社，2010.

[4] 教育部高等学校计算机基础课程教学指导委员会．高等学校计算机基础教学发展战略研究报告暨计算机基础课程教学基本要求．北京：高等教育出版社，2009.

[5] 马桂琴．网络信息检索．北京：中国铁道出版社，2011.

[6] 罗敏．文献信息检索与利用．北京：人民邮电出版社，2013.